中学教科書ワーク　学習カード

ポケット
スタディ

数学3年

1 かっこをはずす

次の計算をすると？

$3x(2x-4y)$

 **2 乗法公式①**

次の式を展開すると？

$(x+3)(x-5)$

3 乗法公式②③

次の式を展開すると？

$(x+6)^2$

4 乗法公式④

次の式を展開すると？

$(x+4)(x-4)$

5 共通な因数をくくり出す

次の式を因数分解すると？

$4ax-6ay$

6 因数分解①'

次の式を因数分解すると？

$x^2-10x+21$

7 因数分解②' ③'

次の式を因数分解すると？

$x^2-12x+36$

8 因数分解④'

次の式を因数分解すると？

x^2-100

9 式の計算の利用

$a=78$，$b=58$のとき，次の式の値は？

$a^2-2ab+b^2$

使い方

- ミシン目で切り取り，穴をあけてリングなどを通して使いましょう。
- カードの表面が問題，裏面が解答と解説です。

$(x \pm a)^2 = x^2 \pm 2ax + a^2$

$(x+6)^2$

$= x^2 + 2 \times 6 \times x + 6^2$

　　　　6の2倍　　6の2乗

$= x^2 + 12x + 36$ …答

$(x+a)(x+b) = x^2 + (a+b)x + ab$

$(x+3)(x-5)$

$= x^2 + \{3 + (-5)\}x + 3 \times (-5)$

　　　　　　和　　　　　　積

$= x^2 - 2x - 15$ …答

できるかぎり因数分解する！

$4ax - 6ay$

$= 2 \times 2 \times a \times x - 2 \times 3 \times a \times y$

$= 2a(2x - 3y)$ …答

2aをかっこの外に

$(x+a)(x-a) = x^2 - a^2$

$(x+4)(x-4)$

$= x^2 - 4^2$

　　(2乗)－(2乗)

$= x^2 - 16$ …答

$x^2 \pm 2ax + a^2 = (x \pm a)^2$

$x^2 - 12x + 36$

$= x^2 - 2 \times 6 \times x + 6^2$

　　　6の2倍　　6の2乗

$= (x-6)^2$ …答

$x^2 + (a+b)x + ab = (x+a)(x+b)$

$x^2 - 10x + 21$

$= x^2 + \{(-3) + (-7)\}x + (-3) \times (-7)$

　　　　　和が－10　　　　　積が21

$= (x-3)(x-7)$ …答

因数分解してから値を代入！

$a^2 - 2ab + b^2 = (a-b)^2$ ← はじめに因数分解

これにa，bの値を代入すると，

$(78-58)^2 = 20^2 = 400$ …答

$x^2 - a^2 = (x+a)(x-a)$

$x^2 - 100$

$= x^2 - 10^2$

　　(2乗)－(2乗)

$= (x+10)(x-10)$ …答

次の数の平方根は？

(1) 64

(2) $\dfrac{9}{16}$

次の数を根号を使わずに表すと？

(1) $\sqrt{0.25}$

(2) $\sqrt{(-5)^2}$

次の数を $a\sqrt{b}$ の形に表すと？

(1) $\sqrt{18}$

(2) $\sqrt{75}$

次の数の分母を有理化すると？

(1) $\dfrac{1}{\sqrt{5}}$

(2) $\dfrac{\sqrt{2}}{\sqrt{3}}$

$\sqrt{5}=2.236$ として，次の値を求めると？

$\sqrt{50000}$

次の計算をすると？

$(\sqrt{5}+\sqrt{3})(\sqrt{5}-\sqrt{3})$

次の2次方程式を解くと？

$(x+4)^2=1$

2次方程式 $ax^2+bx+c=0$ の解は？

次の2次方程式を解くと？

$x^2-3x+2=0$

次の2次方程式を解くと？

$x^2+4x+4=0$

$\sqrt{a^2}=\sqrt{(-a)^2}=a(a\geqq0)$

(1) $\underline{\sqrt{0.25}=\sqrt{0.5^2}}=0.5$
$\underset{0.5\times0.5=0.25}{}$

(2) $\underline{\sqrt{(-5)^2}=\sqrt{25}}=5$
$\underset{(-5)\times(-5)=25}{}$

…答

$x^2=a\to x$はaの平方根

答 (1) 8と-8　(2) $\dfrac{3}{4}$と$-\dfrac{3}{4}$

(1) $8^2=64,\ (-8)^2=64$

(2) $\left(\dfrac{3}{4}\right)^2=\dfrac{9}{16},\ \left(-\dfrac{3}{4}\right)^2=\dfrac{9}{16}$

分母に根号がない形に表す

(1) $\dfrac{1}{\sqrt{5}}=\dfrac{\sqrt{5}}{\sqrt{5}\times\sqrt{5}}=\dfrac{\sqrt{5}}{5}$

(2) $\dfrac{\sqrt{2}}{\sqrt{3}}=\dfrac{\sqrt{2}\times\sqrt{3}}{\sqrt{3}\times\sqrt{3}}=\dfrac{\sqrt{6}}{3}$

…答

根号の中を小さい自然数にする

答 (1) $3\sqrt{2}$　(2) $5\sqrt{3}$

(1) $\sqrt{18}=\sqrt{3^2\times2}=3\sqrt{2}$
$\underset{\sqrt{3^2}\times\sqrt{2}=3\times\sqrt{2}}{}$

(2) $\sqrt{75}=\sqrt{5^2\times3}=5\sqrt{3}$
$\underset{\sqrt{5^2}\times\sqrt{3}=5\times\sqrt{3}}{}$

乗法公式を使って式を展開

$(\sqrt{5}+\sqrt{3})(\sqrt{5}-\sqrt{3})$　$\begin{matrix}(x+a)(x-a)\\=x^2-a^2\end{matrix}$

$=(\sqrt{5})^2-(\sqrt{3})^2$

$=5-3$

$=2$ …答

$a\sqrt{b}$ の形にしてから値を代入

$\sqrt{50000}=\sqrt{5\times10000}$

$=\sqrt{5}\times\sqrt{100^2}$

$=\sqrt{5}\times100$

$=2.236\times100=223.6$ …答

2次方程式の解の公式を覚える

2次方程式 $a\,x^2+b\,x+c=0$の解は

$x=\dfrac{-b\pm\sqrt{b^2-4ac}}{2a}$ …答

$(x+m)^2=n\to x+m=\pm\sqrt{n}$

$(x+4)^2=1$

$x+4=\pm1$　← $x+4$が1の平方根

$x=-4+1,\ x=-4-1$

$x=-3,\ x=-5$ …答

$x^2+2ax+a^2=(x+a)^2$で因数分解

$x^2+4x+4=0$　　左辺を因数分解

$(x+2)^2=0$

$x+2=0$

$x=-2$ …答 ←解が1つ

$x^2+(a+b)x+ab=(x+a)(x+b)$で因数分解

$x^2-3x+2=0$　　左辺を因数分解

$(x-1)(x-2)=0$　$AB=0$ならば
　　　　　　　　$A=0$または
$x-1=0$または$x-2=0$　$B=0$

$x=1,\ x=2$ …答

20 関数の式を求める

yはxの2乗に比例し，
$x=1$のとき，$y=3$です。
yをxの式で表すと？

21 関数$y=ax^2$のグラフ

ア～ウの関数のグラフは
①～③のどれ？

ア $y=-x^2$　イ $y=2x^2$
ウ $y=-3x^2$

22 変域とグラフ

関数$y=-x^2$のxの変域が
$-2 \leqq x \leqq 1$のとき，
yの変域は？

23 変化の割合

関数$y=x^2$について，xの値が
1から2まで増加するときの
変化の割合は？

24 相似な図形の性質

$\triangle ABC \backsim \triangle DEF$のとき，
xの値は？

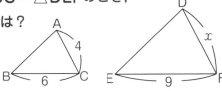

25 相似な三角形⑴

相似な三角形を$\backsim$
を使って表すと？
また，使った相似
条件は？

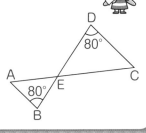

26 相似な三角形⑵

相似な三角形を$\backsim$
を使って表すと？
また，使った相似
条件は？

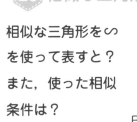

27 三角形と比

DE//BCのとき，
x，yの値は？

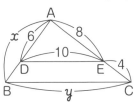

28 中点連結定理

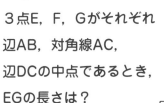

3点E，F，Gがそれぞれ
辺AB，対角線AC，
辺DCの中点であるとき，
EGの長さは？

29 面積比と体積比

2つの円柱の相似比が2：3のとき，
次の比は？

(1) 表面積の比

(2) 体積比

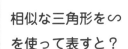
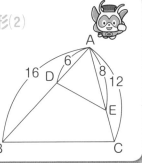
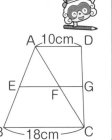

中学教科書ワーク　数学3年　カード③

グラフの開き方を見る

答 ⑦②，⑦①，⑦③

$a>0$

$a<0$

グラフは，$a>0$ のとき上，$a<0$ のとき下に開く。a の絶対値が大きいほど，グラフの開き方は小さい。

$y=ax^2$ とおいて，x,y の値を代入！

答 $y=3x^2$

・$y=ax^2$ とおいて，
　$x=1$，$y=3$ を代入すると，
　$3=a\times1^2$　$a=3$

y が x の2乗に比例
↓
$y=ax^2$

変化の割合は一定ではない！

答 3

・(変化の割合)$=\dfrac{(y \text{の増加量})}{(x \text{の増加量})}$

$\dfrac{2^2-1^2}{2-1}=\dfrac{3}{1}=3$

y の変域は，グラフから求める

答 $-4\leqq y\leqq0$

・$x=0$ のとき，$y=0$ で最大

・$x=-2$ のとき，
　$y=-(-2)^2=-4$ で最小

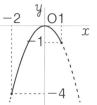

2組の等しい角を見つける

答 $\triangle ABE\backsim\triangle CDE$
2組の角がそれぞれ
等しい。
↑
$\angle B=\angle D$，$\angle AEB=\angle CED$

対応する辺の長さの比で求める

・$BC:EF=AC:DF$ より，
　$6:9=4:x$
　$6x=36$
　$x=6\cdots$答

相似な図形の対応する部分の長さの比はすべて等しい！

$DE/\!/BC\rightarrow AD:AB=AE:AC=DE:BC$

・$6:x=8:(8+4)$
　$8x=72$　$x=9\cdots$答
・$10:y=8:(8+4)$
　$8y=120$　$y=15\cdots$答

長さの比が等しい2組の辺を見つける

答 $\triangle ABC\backsim\triangle AED$
2組の辺の比とその間の
角がそれぞれ等しい。
↑
$AB:AE=AC:AD=2:1$
$\angle BAC=\angle EAD$

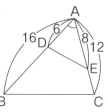

表面積の比は2乗，体積比は3乗

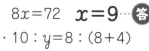

答 (1) $4:9$　　(2) $8:27$

・表面積の比は相似比の2乗
　$\rightarrow2^2:3^2=4:9$
・体積比は相似比の3乗
　$\rightarrow2^3:3^3=8:27$

中点を結ぶ→中点連結定理

答 14cm

・$EF=\dfrac{1}{2}BC=9$cm

・$FG=\dfrac{1}{2}AD=5$cm

・$EG=EF+FG=14$cm

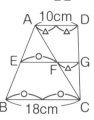

30 円周角の定理

∠x，∠yの
大きさは？

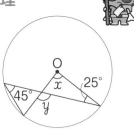

31 直径と円周角

∠xの大きさは？

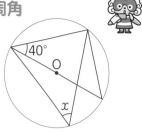

32 円周角の定理の逆

4点A，B，C，Dは
1つの円周上にある？

33 相似な三角形を見つける

∠ACB＝∠ACD
のとき，
△DCEと相似な
三角形は？

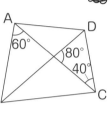

34 三平方の定理

x，yの値は？

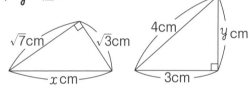

35 特別な直角三角形

x，yの値は？

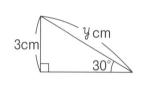

36 正三角形の高さ

1辺の長さが8cmの
正三角形の高さは？

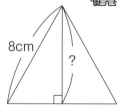

37 直方体の対角線の長さ

縦3cm，横3cm，高さ2cmの直方体の
対角線の長さは？

38 全数調査と標本調査

次の調査は，全数調査？　標本調査？

(1)　河川の水質調査

(2)　学校での進路調査

(3)　けい光灯の寿命調査

39 母集団と標本

ある製品100個を無作為に抽出して
調べたら，4個が不良品でした。
この製品1万個の中には，およそ何個の
不良品があると考えられる？

半円の弧に対する円周角は 90°

答 $\angle x = 50°$

・△ACDの内角の和より，

$\angle x = 180° - (40° + 90°)$
$= 50°$

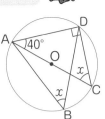

円周角は中心角の半分！

答 $\angle x = 90°$, $\angle y = 115°$

・$\angle x = 2\angle A = 90°$

・$\angle y = \angle x + \angle C = 115°$

$\underset{\angle y は △OCD の外角}{}$

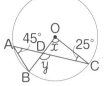

等しい角に印をつけてみよう！

答 △ABEと△ACB

↑

2組の角がそれぞれ
等しいから，
△DCE ∽ △ABE，
△DCE ∽ △ACB

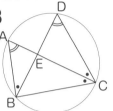

円周角の定理の逆←等しい角を見つける

答 ある

↑

2点 A, D が直線 BC の
同じ側にあって，
∠BAC＝∠BDC だから。

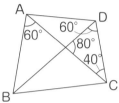

特別な直角三角形の3辺の比

答 $x = 4\sqrt{2}$, $y = 6$

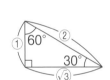

$a^2 + b^2 = c^2$（三平方の定理）

・$x^2 = (\sqrt{7})^2 + (\sqrt{3})^2 = 10$

$x > 0$より，$x = \sqrt{10}$ …**答**

・$y^2 = 4^2 - 3^2 = 7$

$y > 0$より，$y = \sqrt{7}$ …**答**

右の図で，$BH = \sqrt{a^2 + b^2 + c^2}$

答 $\sqrt{22}$ cm

・対角線の長さ

$= \underset{縦}{\sqrt{\underset{縦}{3^2} + \underset{横}{3^2} + \underset{高さ}{2^2}}}$

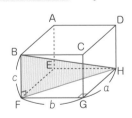

右の図の△ABH で考える

答 $4\sqrt{3}$ cm

・AB：AH＝2：$\sqrt{3}$ だから

$8 : AH = 2 : \sqrt{3}$

$AH = 4\sqrt{3}$

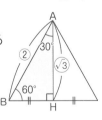

母集団の数量を推測する

答 およそ400個

・不良品の割合は $\dfrac{4}{100}$ と推定できるから，
この製品1万個の中の不良品は，およそ

$10000 \times \dfrac{4}{100} = 400$（個）と考えられる。

全数調査と標本調査の違いに注意！

答（1） 標本調査 （2） 全数調査
（3） 標本調査

・全数調査…集団全部について調査
・標本調査…集団の一部分を調査して
全体を推測

大日本図書版 数学3年 もくじ

ステージ1 ステージ2 ステージ3

発展→この学年の学習指導要領には示されていない内容を取り上げています。学習に応じて取り組みましょう。

特別ふろく	定期テスト対策	予想問題	113～128
		スピードチェック	別冊
	学習サポート	ポケットスタディ(学習カード) 要点まとめシート	
		定期テスト対策問題 どこでもワーク(スマホアプリ)	
		ホームページテスト	

※特別ふろくについて，くわしくは表紙の裏や巻末へ

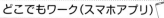

解答と解説 別冊

 **確認のワーク** **ステージ 1**

1節　多項式の計算
① 多項式と単項式の乗法，除法　　② 多項式の乗法
③ 展開の公式

例 1 多項式と単項式の乗法，除法

教 p.14, 15 → 基本 問題 ①

次の計算をしなさい。

(1)　$2a(b+3)$

(2)　$(9xy+6x) \div 3x$

考え方 (1)　分配法則を使って，かっこをはずす。

(2)　式を分数の形で表して簡単にするか，除法を乗法になおす。

解き方 (1)　$2a(b+3) = 2a \times b + 2a \times 3 =$ ⎡①　　　　　⎤

分配法則
$a(b+c) = ab+ac$
$(a+b)c = ac+bc$

(2)　式を分数の形で表すと，

$(9xy+6x) \div 3x$　分数の形にする。

$= \dfrac{9xy+6x}{3x}$

$= \dfrac{9xy}{3x} + \dfrac{6x}{3x}$

$= 3y +$ ⎡②　⎤

除法を乗法になおすと，

$(9xy+6x) \div 3x$　わる式の逆数をかける。

$= (9xy+6x) \times \dfrac{1}{3x}$　かっこをはずす。

$= 9xy \times \dfrac{1}{3x} + 6x \times \dfrac{1}{3x}$

$=$ ⎡③　　　　　⎤

思い出そう
逆数は，分母と分子を入れかえたもの。
$3x = \dfrac{3x}{1}$ だから，
$\dfrac{3x}{1} \diagdown \dfrac{1}{3x}$ 逆数

例 2 多項式の乗法と展開の公式

教 p.16〜21 → 基本 問題 ②③

次の式を展開しなさい。

(1)　$(x+2)(y-5)$

(2)　$(x+1)(x+3)$

(3)　$(x+7)^2$

(4)　$(x-3)^2$

(5)　$(x+4)(x-4)$

考え方 単項式と多項式との積や，多項式と多項式との積の形をした式を1つの多項式に表すことを，もとの式を**展開する**という。(2)〜(5)は展開の公式を利用する。

解き方 (1)　$(x+2)(y-5) = \underset{①}{x \times y} + \underset{②}{x \times (-5)} + \underset{③}{2 \times y} + \underset{④}{2 \times (-5)}$

$=$ ⎡④　　　　　　　⎤

たいせつ

$= ac+ad+bc+bd$
①〜④の順に，かけあわせる。

(2)　$(x+1)(x+3) = x^2 + (1+3)x + 1 \times 3$　←公式1で，$a=1, b=3$のとき。
　　　　　　　　　　和　　　積

$=$ ⎡⑤　　　　⎤

(3)　$(x+7)^2 = x^2 + 2 \times 7 \times x + 7^2$　←公式2で，$a=7$のとき。

$=$ ⎡⑥　　　　⎤

(4)　$(x-3)^2 = x^2 - 2 \times 3 \times x + 3^2$　←公式3で，$a=3$のとき。

$=$ ⎡⑦　　　　⎤

展開の公式
公式1　$(x+a)(x+b)$
　　　$= x^2+(a+b)x+ab$
公式2　$(x+a)^2 = x^2+2ax+a^2$
公式3　$(x-a)^2 = x^2-2ax+a^2$
公式4　$(x+a)(x-a) = x^2-a^2$

(5)　$(x+4)(x-4) = x^2 - 4^2$　←公式4で，$a=4$のとき。

$=$ ⎡⑧　　　　⎤

基本問題

解答 p.1

1章

❶ 多項式と単項式の乗法，除法 次の計算をしなさい。

(1) $3x(2y+5)$

(2) $(a-7b)\times(-4a)$

(3) $(2a+6b-1)\times(-2a)$

(4) $(25xy+10x)\div 5x$

(5) $(-8x^2+2x)\div(-2x)$

(6) $(16a^2-4ab)\div\dfrac{4}{3}a$

ミス注意

(6) $\dfrac{4}{3}a=\dfrac{4a}{3}$ だから，

$\div\dfrac{4}{3}a \longrightarrow \times\dfrac{3}{4a}$

となる。　　逆数

❷ 多項式の乗法 次の式を展開しなさい。

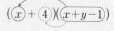

(1) $(x+5)(y+3)$

(2) $(a-2)(b+7)$

(3) $(2x-5)(x-1)$

(4) $(x-4)(2x+7)$

(5) $(x+4)(x+y-1)$

(6) $(a-2b+1)(a+3)$

思い出そう

(3)～(6) 同類項があるときは1つにまとめる。

ここがポイント

(5) $x+y-1$ をひとまとまりにみて分配法則を使う。

$(\underline{x}+\underline{4})(\underline{x+y-1})$
$=x(x+y-1)+4(x+y-1)$

❸ 展開の公式 次の式を展開しなさい。

教 p.19 Q1～p.21 Q6

(1) $(x+6)(x+3)$

(2) $(x+8)(x-5)$

(3) $(x-6)(x+5)$

(4) $(a-2)(a-1)$

(5) $(x+1)^2$

(6) $(y+5)^2$

(7) $(x-2)^2$

(8) $(a-9)^2$

(9) $(x+5)(x-5)$

(10) $(x-3)(x+3)$

覚えておこう

$(x+a)(x+b)$
$=x^2+(a+b)x+ab$
　　　①　　②

① x の係数→a と b の和
② 定数項→a と b の積

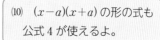

(10) $(x-a)(x+a)$ の形の式も公式4が使えるよ。

確認のワーク　ステージ1

1節　多項式の計算
④　いろいろな式の展開
⑤　展開の公式の利用

例1　公式を使うための工夫　　　教 p.22, 23 →基本問題①

次の式を展開しなさい。

(1)　$(2x+3y)^2$　　　　　　　　　(2)　$(a+b+4)(a+b-3)$

考え方　展開の公式が使える形になるように，(1)は $2x$ を x，$3y$ を a とみる。

(2)は共通な式 $a+b$ を A と置く。

解き方　(1)　$(\ 2x\ +\ 3y\ )^2$　　　　　$(x+a)^2=x^2+2ax+a^2$
　　　$=(\ 2x\ )^2+2\times 3y\times 2x+(\ 3y\ )^2$　　の公式を使う。

　　　$=$ ①◻

(2)　$(a+b+4)(a+b-3)$　　　　　共通な式 $a+b$ を
　　　$=\{(a+b)+4\}\{(a+b)-3\}$　　ひとまとまりにみて A と置く。

　　　$=(A+4)(A-3)$　　　　$(x+a)(x+b)=x^2+(a+b)x+ab$
　　　$=A^2+A-12$　　　　　の公式で，$a=4$，$b=-3$ のとき。

　　　$=(a+b)^2+(a+b)-12$　　　A を $a+b$ に戻す。

　　　$=$ ②◻　　　　　　　　　　　さらに展開して整理する。

ミス注意

$(2x+3y)^2$

$=2x^2+2\times 3y\times x+3y^2$

↑ $2x$ をひとまとまり
にみるから
$(2x)^2=4x^2$ となる。

覚えておこう

展開の公式を使える形に
するために，式の共通な
部分を A と置く。

例2　展開の公式を利用した計算の工夫　　教 p.24 →基本問題③

41×39 を工夫して計算しなさい。

考え方　$41=40+1$，$39=40-1$ という数の見方をして，展開の

公式4 $(x+a)(x-a)=x^2-a^2$ を利用する。

解き方　$41\times 39=(40+1)(40-1)$　　　$(x+a)(x-a)=x^2-a^2$
　　　　　　　　　　$=40^2-1^2=1600-1$　　　の公式で，$x=40$，
　　　　　　　　　　$=$ ③◻　　　　　　　　　　$a=1$ のとき。

ここがポイント

$(\bigcirc+\triangle)(\bigcirc-\triangle)$ の形にな
れば，公式4が使える。た
だし，$\bigcirc$ や $\triangle$ は2乗の計
算が暗算できる数に。

例3　式の値　　　　　　　　　教 p.24 →基本問題④

$x=3$，$y=-\dfrac{1}{3}$ のときの，式 $(x+y)(x+2y)-2y^2$ の値を求めなさい。

考え方　式を計算して簡単にしてから数を代入する。

解き方　$(x+y)(x+2y)-2y^2=x^2+3xy+2y^2-2y^2$　　展開して
　　　　　　　　　　　　　　　$=x^2+3xy$　　　　　　　整理する。

この式に $x=3$，$y=-\dfrac{1}{3}$ を代入すると，

$x^2+3xy=3^2+3\times 3\times\left(-\dfrac{1}{3}\right)=$ ④◻　　負の数を代入
　　　　　　　　　　　　　　　　　　　　　するときは，
　　　　　　　　　　　　　　　　　　　　　かっこをつける。

初めの式にそのまま数を代入
するより，計算が楽だね。

基本問題 ·· 解答 p.1

1 公式を使うための工夫　次の式を展開しなさい。　　　教 p.22 Q1, Q2, p.23 Q3

(1) $(2x+1)(2x+5)$　　　(2) $(3x+2)(3x-7)$

(3) $(5x+1)^2$　　　(4) $(2x-y)^2$

(5) $(3x+2y)^2$　　　(6) $(x+4y)(x-4y)$

(7) $(a+b+5)(a+b+2)$　　　(8) $(a-b-3)^2$

ミス注意

(1) $2x$ を x とみて公式を使うとき
$(2x+1)(2x+5)$
$= (2x)^2+(1+5)\times x+1\times 5$
と計算するミスが多い。
正しくは「$\times 2x$」

ここがポイント

(7) $a+b=A$
(8) $a-b=A$
と置いて公式を利用する。

2 式の展開と計算　次の計算をしなさい。　　　教 p.23 Q4

(1) $(x-4)^2+(x+3)(x-6)$

(2) $(x-9)(x-1)-(x-3)(x+3)$

ミス注意

(2) 符号ミスをしないように
$-(x-3)(x+3)$ は
$-(x^2-9)$ と展開してから，
かっこをはずす。

3 展開の公式を利用した計算の工夫　次の式を工夫して計算します。　　　教 p.24 Q1
□にあてはまる数を求めなさい。

(1) 104×96
$= (\boxed{}+4)(\boxed{}-4)$
$= \boxed{}^2-4^2$
$= \boxed{}-16$
$= \boxed{}$

(2) 97^2
$= (100-\boxed{})^2$
$= 100^2-2\times\boxed{}\times 100+\boxed{}^2$
$= 10000-\boxed{}+\boxed{}$
$= \boxed{}$

4 式の値　$x=2$，$y=-\dfrac{1}{4}$ のときの，次の式の値を求めなさい。　　　教 p.24 Q2

(1) $(x-5y)(x+y)+5y^2$

(2) $(x+y)^2+(2x+y)(2x-y)$

覚えておこう

先に式を簡単にしてから
x，y の値を代入する。

左ページの 例 の答え　① $4x^2+12xy+9y^2$　② $a^2+2ab+b^2+a+b-12$　③ 1599　④ 6

1章

解答 p.2

　**1節　多項式の計算**

① 次の計算をしなさい。

(1)　$3x(4x-6y-2)$

(2)　$(6ab-9a)\times\left(-\dfrac{2}{3}b\right)$

(3)　$(16a^2-8ab+2a)\div(-2a)$

(4)　$(12a^2-8ab)\div\dfrac{4}{5}a$

② 次の式を展開しなさい。

(1)　$(x+4)(y-3)$

(2)　$(a-b)(x+y)$

(3)　$(3x-7)(x-5)$

(4)　$(2x-y)(x+y-3)$

③ 次の式を展開しなさい。

(1)　$(x-5)(x-9)$

(2)　$(x+2)(x-7)$

(3)　$(x-8)(x+1)$

(4)　$\left(x+\dfrac{1}{2}\right)\left(x+\dfrac{5}{2}\right)$

(5)　$(x+0.1)^2$

(6)　$\left(y-\dfrac{1}{2}\right)^2$

(7)　$(5-a)^2$

(8)　$\left(x+\dfrac{1}{5}\right)\left(x-\dfrac{1}{5}\right)$

(9)　$(9-m)(9+m)$

(10)　$(x-4)(2+x)$

(11)　$(3-x)(5-x)$

(12)　$(-6+x)^2$

① (4)　除法を乗法になおして計算する。このとき，$\dfrac{4}{5}a$ は $\dfrac{4a}{5}$ として逆数を考える。

③ (10)　$(2+x)$ の項を入れかえて $(x+2)$ とすると公式が使える。

(11)　$\{-(x-3)\}\{-(x-5)\}=(x-3)(x-5)$ と変形すると公式が使える。

4 次の式を展開しなさい。

(1) $(3x+2)(3x-8)$ 　　(2) $(x-6y)^2$ 　　　　(3) $(2a+7b)(2a-7b)$

(4) $(x+2y-1)(x+2y+5)$ 　　 ⭐UP (5) $(a+b-1)(a-b+1)$

5 次の □ にあてはまる数や式を求めなさい。

(1) $(x+2)(x+\boxed{})=x^2+\boxed{}x+6$ 　　(2) $(\boxed{}+4y)(\boxed{}-4y)=81x^2-\boxed{}$

6 次の計算をしなさい。

(1) $4(x+2)(x-3)-(x+5)^2$ 　　(2) $(2a-b)^2-(2a+3b)(2a-3b)$

7 次の式を工夫して計算しなさい。

(1) 53×47 　　(2) 195^2 　　　　(3) 99×98

8 $a=-2$, $b=\dfrac{1}{3}$ のときの，式 $(a-2b)^2-(a+b)(a+4b)$ の値を求めなさい。

入試問題を やってみよう！ ------

① 次の計算をしなさい。

(1) $(9a-b)\times(-4a)$ 　　〔山口〕 (2) $(45a^2-18ab)\div9a$ 　　〔静岡〕

(3) $(8a^3b^2+4a^2b^2)\div(2ab)^2$ 　　〔熊本〕 (4) $(2x+1)(3x-1)-(2x-1)(3x+1)$ 　　〔愛知〕

(5) $(x-4)(x-3)-(x+2)^2$ 　　〔愛媛〕 (6) $(3x+7)(3x-7)-9x(x-1)$ 　　〔熊本〕

② $a=\dfrac{7}{6}$ のとき，$(3a+4)^2-9a(a+2)$ の式の値を求めなさい。　　〔静岡〕

4 (5) $(a-b+1)$ の部分を $\{a-(b-1)\}$ と考え，共通な式 $b-1$ を A と置く。

7 (2) $195=200-5$ という数の見方をして，公式3 $(x-a)^2=x^2-2ax+a^2$ を利用する。

　(3) $99=100-1$, $98=100-2$ という数の見方をして，どの公式が使えるか考える。

 **2節 因数分解**
① 因数分解　② 公式による因数分解

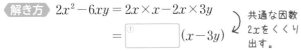**例1 共通な因数をくくり出す因数分解** 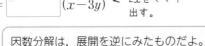 教 p.26, 27 → 基本問題①

$2x^2-6xy$ を因数分解しなさい。

考え方 多項式を因数の積の形に表すことを，その多項式を因数分解するという。まずは，共通な因数を探す。

解き方 $2x^2-6xy = 2x\times x - 2x\times 3y$

$= \boxed{①}(x-3y)$

共通な因数
$2x$をくくり
出す。

因数分解は，展開を逆にみたものだよ。
因数分解
$2x^2-6xy \longleftrightarrow 2x(x-3y)$
展開

たいせつ

1つの式をいくつかの単項式や多項式の積の形に表すとき，その1つ1つの式を，もとの式の**因数**という。

例2 $x^2+(a+b)x+ab$ **の因数分解** 教 p.28, 29 → 基本問題②

x^2+5x+6 を因数分解しなさい。

考え方 $x^2+○x+□$ の因数分解は，和が○，積が□になる2つの数を見つける。この場合，和が5，積が6で，積が6になる整数の組から考える。

解き方 積が6になる2つの整数の組のうち，和が5になるのは，右の表より，

$\boxed{②}$ と $\boxed{③}$ だから，

$x^2+5x+6 = \boxed{④}$

積が6	和
1と6	7
2と3	5
−1と−6	−7
−2と−3	−5

因数分解の公式

公式1′
　　　和　　積
$x^2+\underline{(a+b)}x+\underline{ab}$
$=(x+a)(x+b)$

例3 公式による因数分解 教 p.30, 31 → 基本問題③

次の式を因数分解しなさい。

(1) $x^2+8x+16$　　　(2) x^2-9

考え方 (1) $x^2+○x+□$ の形の式で，$□=a^2$ のとき，$○=2a$ ならば，公式2′ を使う。

(2) $x^2-△^2$（2乗の差）の形のときは，公式4′ を使う。

解き方 (1) $x^2+8x+16 = x^2+2\times4\times x+4^2$

$= (x+\boxed{⑤})^2$ 公式2′

(2) $x^2-9 = x^2-3^2$

$= (x+3)(x-\boxed{⑥})$ 公式4′

因数分解の公式

公式2′
$x^2+2ax+a^2=(x+a)^2$
公式3′
$x^2-2ax+a^2=(x-a)^2$
公式4′
$x^2-a^2=(x+a)(x-a)$

基本問題 ·· 解答 p.4

① 共通な因数をくくり出す因数分解　次の多項式の各項に共通な因数を答え，因数分解しなさい。

 p.27 Q1, Q2

(1) $7x-7y$

(2) $mx+nx$

(3) m^2-4m

(4) x^2-xy+x

(5) $9mx+3my$

(6) $5x^2-10xy$

(7) $16ab-12a^2b$

(8) $4ax^2+8ax+6a$

ミス注意

(6)を，$x(5x-10y)$ としないように！
まだ，共通な因数 5 が残っている。

② $x^2+(a+b)x+ab$ の因数分解　次の式を因数分解しなさい。

 p.29 Q1～Q3

(1) x^2+6x+5

(2) $x^2+8x+15$

(3) $x^2+7x+12$

(4) x^2-8x+7

(5) x^2-6x+8

(6) $x^2-10x+16$

(7) x^2-2x-3

(8) $x^2+6x-27$

(9) $a^2+7a-18$

(10) $x^2-4x-21$

(11) $y^2-6y-16$

(12) x^2-x-72

ここがポイント

(1) $x^2+\underbrace{(a+b)}_{和}x+\underbrace{ab}_{積}=(x+a)(x+b)$

$x^2+\underset{}{⑥}x+\underset{}{⑤}$

まずは積，次に和に着目する。
和も積も正の数だから，2つの数
はともに正の数になる。

③ 公式による因数分解　次の式を因数分解しなさい。

 p.30 Q4, p.31 Q5

(1) x^2+2x+1

(2) x^2+6x+9

(3) x^2-6x+9

(4) $x^2-14x+49$

(5) $x^2-18x+81$

(6) $x^2+x+\dfrac{1}{4}$

(7) x^2-16

(8) x^2-81

(9) $1-y^2$

(10) $n^2-0.04$

ここがポイント

(6) $x^2+○x+□$ の形の式で，

$□=\dfrac{1}{4}=\left(\dfrac{1}{2}\right)^2$，$○=1=2\times\dfrac{1}{2}$

だから，公式 2′ を使う。

(9) $1-y^2=1^2-y^2$ で，2 乗の差の形
だから，公式 4′ を使う。

左ページの
例 の答え　①$2x$　②$2$　③$3$（または②$3$　③$2$）　④$(x+2)(x+3)$　⑤$4$　⑥$3$

確認のワーク　ステージ1

2節　因数分解
③ いろいろな式の因数分解
④ 因数分解の公式の利用

例 1 いろいろな式の因数分解
教 p.32 → 基本 問題 ①

次の式を因数分解しなさい。

(1)　$2ax^2 + 6ax - 36a$　　　　　　(2)　$9x^2 - 12xy + 4y^2$

考え方　(1)　共通な因数 $2a$ をくくり出してから，公式 1′ を使う。

(2)　$9x^2 = (3x)^2$，$4y^2 = (2y)^2$ に着目し，使う公式を考える。

解き方　(1)　$2ax^2 + 6ax - 36a$

$= 2a(x^2 + 3x - 18)$　　　　　共通な因数をくくり出す。

$= 2a(x + \boxed{①})(x - \boxed{②})$　　　──の部分で，公式 1′ を使う。

(2)　$9x^2 - 12xy + 4y^2$

$= (3x)^2 - 2 \times 2y \times 3x + (2y)^2$

$= (\boxed{③})^2$　　　公式 3′

ここがポイント

(2)　$(3x)^2 - 2 \times 2y \times 3x + (2y)^2$

$3x$，$2y$ をひとまとまりにみると，公式 3′ が使える。

例 2 1つの文字に置きかえる因数分解
教 p.33 → 基本 問題 ②

$(x+3)^2 + 2(x+3) - 8$ を因数分解しなさい。

考え方　$x+3$ を A と置いて，公式が使える形にする。

解き方　$x+3$ を A と置くと，

$(x+3)^2 + 2(x+3) - 8$

$= A^2 + 2A - 8$

$= (A+4)(A-2)$　　　公式 1′

$= \{(x+3)+4\}\{(x+3)-2\}$　　　A を $x+3$ に戻す。

$= (x + \boxed{④})(x+1)$　　　計算する。

覚えておこう

共通な部分を A と置いて考える。

置きかえた A は，もとに戻して，そのあとの計算も忘れないように！

例 3 式の値
教 p.34 → 基本 問題 ④

$x = 65$，$y = 35$ のときの，式 $x^2 - y^2$ の値を求めなさい。

考え方　式を因数分解してから数を代入する。

解き方　$x^2 - y^2 = (x+y)(x-y)$ ←公式 4′

この式に $x = 65$，$y = 35$ を代入すると，

$(65+35)(65-35)$

$= 100 \times 30$

$= \boxed{⑤}$

初めの式にそのまま数を代入すると計算が大変だけど，因数分解すると簡単になるね。

基本問題 ‥‥‥‥‥‥‥‥‥‥‥‥‥‥‥‥‥‥‥‥‥‥‥‥‥‥‥‥‥‥ 解答 p.4

❶ いろいろな式の因数分解　次の式を因数分解しなさい。　教 p.32 Q1, Q2

(1)　$3x^2+15x+12$　　　　(2)　$2ax^2+6ax-20a$

> **覚えておこう**
>
> 因数分解で，はじめに考えることは，共通な因数をくくり出せるかということ。

(3)　$2x^2-18$　　　　　　(4)　$-3x^2y+3xy+18y$

(5)　$x^2+6xy+8y^2$　　　(6)　$x^2-3xy-18y^2$

>
>
> (1)〜(4)　共通な因数を残らずくくり出す。
> (5)〜(8)　式の一部をひとまとまりにみて公式を使う。

(7)　$4x^2-4xy+y^2$　　　(8)　$9a^2-1$

❷ 1つの文字に置きかえる因数分解　次の式を因数分解しなさい。　教 p.33 Q3, Q4

(1)　$(x+1)^2-5(x+1)+6$　　(2)　$(a-2)^2-7(a-2)$

>
>
> (5)　$xy+x+3(y+1)$
> 　$=x(y+1)+3(y+1)$
> ～～～の部分で，共通な因数 x をくくり出すと，共通な因数 $y+1$ が現れる。それを A と置いて因数分解する。

(3)　$x^2-(y-4)^2$　　　　(4)　$a(x+3)-5(x+3)$

(5)　$xy+x+3(y+1)$　　　(6)　$2ab-b-2(2a-1)$

❸ 因数分解の公式を利用した計算の工夫　次の式を工夫して計算しなさい。　教 p.34 Q1

(1)　52^2-48^2　　　　　(2)　185^2-115^2

(3)　$27^2 \times 3.14-23^2 \times 3.14$

> (3)　共通な因数 3.14 をくくり出してから，公式を利用しよう。

❹ 式の値　次の(1)，(2)に答えなさい。　教 p.34 Q2

(1)　$x=43$ のときの，式 $x^2+14x+49$ の値を求めなさい。

(2)　$x=76$，$y=24$ のときの，式 x^2-y^2 の値を求めなさい。

　3節　式の利用
① 式を利用して数の性質を調べよう
② 図形の性質と式の利用

例 1 数の性質と式の利用　　　教 p.36〜37 → 基本問題 ❶ ❷

「連続する2つの奇数の2乗の差は，いつも8の倍数になる。」
このことを証明しなさい。

考え方 連続する2つの奇数を整数 n を用いて表し，式の計算をして，$8×$(整数) となることを示す。

解き方 **証明**

n を整数とすると，連続する2つの奇数は，

$2n-1,$ [①　　　　] ←偶数 $2n$ より，1小さい数と，1大きい数

と表せるから，

$(2n+1)^2-(2n-1)^2$
$= 4n^2+4n+1-(4n^2-4n+1)$) 公式2, 3
$= 4n^2+4n+1-4n^2+4n-1$
$= $ [②　　　]

n は整数であるから，[②　　　] は8の倍数である。

よって，連続する2つの奇数の2乗の差は，いつも8の倍数になる。 ←例えば，$5^2-3^2=25-9=16=8×2$

覚えておこう

n を整数とすると，
連続する2つの整数
　$n,\ n+1$
偶数　$2n$
奇数　$2n+1$
連続する2つの偶数
　$2n,\ 2n+2$
連続する2つの奇数
　$2n-1,\ 2n+1$
　または　$2n+1,\ 2n+3$

ここが ポイント

a の倍数は，$a×$(整数) の形を導けばよい。

例 2 図形の性質と式の利用　　　教 p.38, 39 → 基本問題 ❸ ❹

　1辺の長さの和が 10 cm の大小2つの正方形があります。大きいほうの正方形の1辺の長さを x cm とするとき，2つの正方形の面積の差を求めなさい。

考え方 小さいほうの正方形の1辺の長さを x を用いて表す。

解き方 大きいほうの正方形の1辺の長さは x cm であるから，
面積は，x^2 cm^2

小さいほうの正方形の1辺の長さは ([③　　　　　]) cm
であるから，面積は，$(10-x)^2$ cm^2

2つの正方形の面積の差は，

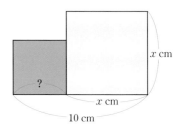

$x^2-(10-x)^2$
$= x^2-(100-20x+x^2)$) 公式3
$= x^2-100+20x-x^2$
$= $ [④　　　]

公式 4′ を使って
$x^2-(10-x)^2=\{x+(10-x)\}\{x-(10-x)\}$
$=10(2x-10)=20x-100$
としてもよい。

よって，面積の差は ([④　　　　]) cm^2 である。

$x=7$ のとき，面積の差は $20×7-100=40$ (cm^2) になるね。

基本問題

解答 p.5

1 **数の性質と式の利用**　連続する 2 つの整数の 2 乗の和は，奇数になることを証明しなさい。　 p.37 Q1

ここがポイント

奇数であることを証明するには，2×(整数)＋1 の形を，偶数であることを証明するには，2×(整数) の形を導けばよい。

2 **数の性質と式の利用**　奇数と奇数の和は偶数です。このことがらについて，次の(1)，(2)に答えなさい。　教 p.37 Q1

(1)　2 つの奇数を，整数 m，n を使って表しなさい。

(2)　上のことがらが成り立つことを証明しなさい。

ミス注意

連続する 2 つの奇数と，連続しない 2 つの奇数の表し方は異なる。連続しないときは，2 つの文字を用いて表す。

3 **図形の性質と式の利用**　1 辺が a m の正方形の土地の中に，1 辺がそれより 7 m 短い正方形の花壇(かだん)をつくるとき，次の(1)，(2)に答えなさい。　教 p.39 Q1

(1)　花壇を除いた土地の面積を，a を使った式で表しなさい。

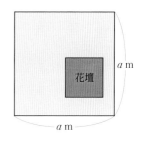

(2)　$a = 10$ のときの花壇を除いた土地の面積を求めなさい。

(2)は，(1)で求めた式に $a = 10$ を代入すればいいね。

4 **図形の性質と式の利用**　右のような半径 r m の円形の土地の周囲に，幅(はば) d m の道があります。この道の中央を通る円の周の長さを ℓ m，道の面積を S m² とすると，$S = d\ell$ となることを証明しなさい。　教 p.39 Q1

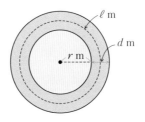

思い出そう

円の周の長さと面積
半径 r の円の周の長さを ℓ，面積を S とすると，
$$\ell = 2\pi r$$
$$S = \pi r^2$$

1 章

解答 p.5

 **2節 因数分解   3節 式の利用**

① 次の式を因数分解しなさい。

(1) $mx^2 + mx$

(2) $3ab - 9ab^2$

(3) $x^2 + 10x - 24$

(4) $x^2 - 7x - 30$

(5) $-12 + x + x^2$

(6) $2x - 24 + x^2$

(7) $x^2 - x + \dfrac{1}{4}$

(8) $-x^2 + 64$

(9) $\dfrac{1}{2}x + \dfrac{1}{16} + x^2$

② 次の □ にあてはまる数や式を求めなさい。

(1) $x^2 - \boxed{} - 24 = (x + 3)(x - \boxed{})$

(2) $y^2 + \dfrac{2}{5}y + \boxed{} = (y + \boxed{})^2$

③ 次の式を因数分解しなさい。

(1) $-4x^2 + 24x - 32$

(2) $8a - 18ax^2$

(3) $x^2 - 13xy + 36y^2$

(4) $4a^2 + 20ab + 25b^2$

(5) $2x^2 + 12xy - 32y^2$

(6) $36x^2 - 81y^2$

(7) $(x-1)^2 + 5(x-1) - 6$

(8) $3ab + 6a - (b + 2)$

(9) $ab - a - b + 1$

(10) $(a-4)^2 - 2a(4-a)$

(11) $(2x-3)^2 - (x-4)^2$

$\overset{\text{レベル}}{\underset{\text{UP}}{\star}}$ (12) $x^2(2y-1) + 9(1-2y)$

④ 「$x^2 + 9x + 18 = x(x + 9) + 18$」 という式では，$x^2 + 9x + 18$ を因数分解したとはいえません。そのわけをいいなさい。

⑤ $x = 74$，$y = 16$ のときの，式 $x^2 - 3xy - 4y^2$ の値を求めなさい。

① (5) そのままでは公式が使えないときは，項を次数の高い順に並べかえる。

(8) $64 = 8^2$ だから，項を並べかえると **2乗の差の形**（○²−□²）になる。

③ (12) $+9(1-2y) = -9(2y-1)$ とすると，共通な部分ができる。

6 連続する3つの整数があります。最も大きい整数の2乗から最も小さい整数の2乗をひいた差について，次の(1)，(2)に答えなさい。

(1) この差を「　」のように予想しました。㋐には適当なことばを，㋑には適当な数をうめなさい。　「この差は，㋐数の㋑倍になる。」

(2) (1)の予想が成り立つことを，証明しなさい。

7 連続する2つの奇数（きすう）の積について，次の(1)，(2)に答えなさい。

(1) この積を4でわったときの余りを求めなさい。

(2) (1)で答えたことがらを証明しなさい。

8 右の図で，2つの円はそれぞれ AB，AC を直径とする円で，M は CB の中点です。CB を $2a$ cm，AM を直径とする円の周の長さを ℓ cm，色のついた部分の面積を S cm² とするとき，$S = a\ell$ となることを証明しなさい。

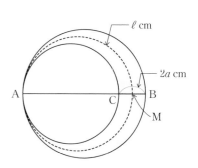

入試問題を やってみよう！

1 次の式を因数分解しなさい。

(1) $x^2 + 9x - 36$ 〔佐賀〕

(2) $(x+4)(x-3) - 8$ 〔千葉〕

(3) $(x-4)^2 + 8(x-4) - 33$ 〔神奈川〕

(4) $(a+2b)^2 + a + 2b - 2$ 〔大阪〕

2 $a = \dfrac{1}{7}$，$b = 19$ のとき，$ab^2 - 81a$ の式の値を求めなさい。 〔静岡〕

6 (2) 連続する3つの整数を $n-1$，n，$n+1$ として証明する。

7 (2) 連続する2つの奇数を $2n+1$，$2n+3$ として証明する。
　　　ある数を4でわったときの余りと商の関係は，「(ある数)＝4×(商)＋(余り)」

 ステージ **3** 多項式

解答 p.6

40分　　　/100

1 次の計算をしなさい。　　　　　　　　　　　　　　　3点×4（12点）

(1) $-3x(4x-5y)$

(2) $(8a+4b-12)\times\dfrac{3}{4}a$

(3) $(6xy-9x)\div 3x$

(4) $(2a^2+6ab)\div\left(-\dfrac{2}{3}a\right)$

2 次の計算をしなさい。　　　　　　　　　　　　　　　3点×8（24点）

(1) $(a+2)(b-3)$

(2) $(x-3)(x-7)$

(3) $(x+4)(x-8)$

(4) $(a+9)(a-9)$

(5) $(y+5)^2$

(6) $(2x+5)(2x-1)$

(7) $(a+7b+5)^2$

(8) $(x+7)(x-5)-(x-6)^2$

3 次の式を因数分解しなさい。　　　　　　　　　　　　3点×8（24点）

(1) $6a^2b-30ab$

(2) $x^2+12x+36$

(3) $16-a^2$

(4) x^2-x-56

(5) $-2xy^2+4xy-2x$

(6) $x^2-7xy-18y^2$

(7) $(x-1)^2-(x-1)-6$

(8) $2xy+6x-(y+3)$

4 $x=86$，$y=23$ のときの，式 $x^2-4xy+4y^2$ の値を求めなさい。　　　　（5点）

目標 ❶～❺は基本問題である。全問正解をめざしたい。また，❻～❽も，確実に解けるようにしたい。

自分の得点まで色をぬろう！

😣がんばろう！　　😐もう一歩　　😊合格！

0　　　　　　　　　60　　80　　100点

❺ 次の ☐ にあてはまる数や式を求めなさい。 (完答) 3点×2（6点）

(1) $(x-\boxed{①}\ )(x-6)=x^2-\boxed{②}\ +42$ 　　(① 　　 ② 　)

(2) $x^2-6xy+\boxed{①}\ =(x-\boxed{②}\ )^2$ 　　(① 　　 ② 　)

❻ 次の式を工夫して計算しなさい。また，どのような工夫をしたかわかるように，途中の計算も書きなさい。 5点×2（10点）

(1) 102×98 　　　　　　　　　(2) 58^2-42^2

❼ 右の図のように，1辺が $2a$ の正方形の池の周囲に，幅 d の道があります。これについて，右の図を見て次の(1)～(3)に答えなさい。 3点×3（9点）

(1) この道の面積を a と b を使って表しなさい。

(　　　　　)

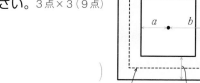

(2) 道の中央を通る線の長さ ℓ を a と b を使って表しなさい。

(　　　　　)

(3) 道の面積を ℓ と道の幅 d を使って表しなさい。

(　　　　　)

❽ 連続した2つの奇数の積に1を加えた数は，たとえば次のようになります。次の(1)，(2)に答えなさい。 5点×2（10点）

$3\times5+1=16=4^2$
$7\times9+1=64=8^2$

(1) 「連続した2つの奇数の積に1を加えた数は ☐☐☐☐☐☐☐☐☐ の2乗に等しい。」

と予想しました。 ☐ に適当なことばを入れなさい。

(2) (1)の予想が成り立つことを，証明しなさい。

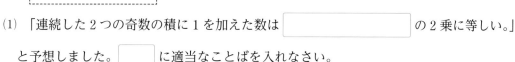

アプリ【どこでもワーク計算編】をやって，さらに力をつけよう！

 1節　平方根
① 平方根とその表し方　② 平方根の大小

例 1 平方根

教 p.46, 47 → 基本 問題 ① ②

次の数の平方根（へいほうこん）を求めなさい。

(1)　4　　　　　　　　　　　　　　(2)　5

考え方 2乗すると4や5になる整数を探す。そのような整数がないときは，根号を使って表す。

解き方 (1)　$2^2 = 4$，$(\boxed{①})^2 = 4$ だから，

4の平方根は，2と $\boxed{②}$ である。

(2)　5の平方根は，根号を使って，$\sqrt{5}$ と $\boxed{③}$

である。　　$\underset{\text{「プラスマイナスルート5」と読む。}}{\sqrt{\ }}$

注　(1)± 2，(2)$\pm\sqrt{5}$ とまとめて表すこともできる。

> **たいせつ**
>
> 2乗すると a になる数，つまり，
> $x^2 = a$ を成り立たせる x の値（あたい）を a の**平方根**という。
>
> 正の数 a の平方根は2つあり，
> 　正のほうを $\sqrt{a}$，負のほうを $-\sqrt{a}$
> と表す。この記号 $\sqrt{\ }$ を**根号**（こんごう）といい，
> $\sqrt{a}$ を「**ルート a**」と読む。

例 2 根号を使わないで表す

教 p.48 → 基本 問題 ③ ④

次の数を，根号を使わないで表しなさい。

(1)　$\sqrt{25}$　　　　　　(2)　$(\sqrt{7})^2$　　　　　　(3)　$(-\sqrt{7})^2$

考え方 (1)　$\sqrt{25}$ は，25の平方根のうち，正のほうである。

(2)，(3)　$(\sqrt{7})^2$，$(-\sqrt{7})^2$ は，2乗すると7になる数を2乗している。

解き方 (1)　$\sqrt{25} = \sqrt{5^2} = \boxed{④}$　$\underset{\sqrt{a^2}=a}{\leftarrow a>0\text{のとき，}}$

(2)　$(\sqrt{7})^2 = \boxed{⑤}$　$\leftarrow (\sqrt{a})^2 = a$

(3)　$(-\sqrt{7})^2 = \boxed{⑥}$　$\leftarrow (-\sqrt{a})^2 = a$

> **覚えておこう**
>
>

例 3 平方根の大小

教 p.49 → 基本 問題 ⑤

次の各組の数の大きさを比べ，不等号を使って表しなさい。

(1)　$\sqrt{6}$，4　　　　　　　　　(2)　$-\sqrt{6}$，$-\sqrt{2}$

考え方 (1)　$\sqrt{6}$，4それぞれを2乗した数の大小を比べる。

(2)　負の数どうしでは，絶対値が大きいほど小さい。

解き方 (1)　$(\sqrt{6})^2 = 6$，$4^2 = 16$ で，$6 < 16$ だから，

$\sqrt{6} \boxed{⑦} \sqrt{16}$　　　よって，$\sqrt{6} \boxed{⑧} 4$

(2)　$6 > 2$ だから，$\sqrt{6} > \sqrt{2}$

よって，$-\sqrt{6} \boxed{⑨} -\sqrt{2}$　$\underset{\text{逆になる。}}{\Big\}\text{不等号の向きが}}$

> **覚えておこう**
>
> a，b が正の数で，
> 　　$a < b$ ならば $\sqrt{a} < \sqrt{b}$

数直線で比べると，よくわかるね。

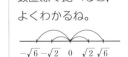

基本問題 ‥‥‥‥‥‥‥‥‥‥‥‥‥‥‥‥‥‥‥‥‥‥‥‥‥‥‥‥ 解答 **p.7**

1 平方根　次の数の平方根を求めなさい。　

(1)　16　　　　　(2)　49　　　　　(3)　100

(4)　0.36　　　　(5)　$\dfrac{1}{9}$　　　　(6)　0

> **たいせつ**
>
> (1)〜(5)　正の数には平方根が2つあって，それらの絶対値は等しく，符号(ふごう)は異なる。
>
> (6)　0の平方根は0

2 平方根の表し方　次の数の平方根を，根号を使って表しなさい。　

(1)　2　　　(2)　11　　　(3)　0.7　　　(4)　$\dfrac{2}{5}$

3 根号を使わないで表す　次の数を，根号を使わないで表しなさい。　

(1)　$\sqrt{9}$　　　(2)　$-\sqrt{81}$　　　(3)　$\sqrt{\dfrac{25}{49}}$

(4)　$-\sqrt{0.04}$　　　(5)　$\sqrt{4^2}$　　　(6)　$\sqrt{(-6)^2}$

> **ミス注意**
>
> (6)　$\sqrt{(-6)^2}=\sqrt{36}$ であり，$\sqrt{36}$ は36の平方根のうち正のほうだから，$\sqrt{(-6)^2}$ は正の数になる。
>
> $\sqrt{(-6)^2}=-6$ とするのはまちがい。

4 根号のついた数の平方　次の(1)〜(3)は，どんな数になるか求めなさい。　

(1)　$(\sqrt{10})^2$　　　(2)　$(-\sqrt{10})^2$　　　(3)　$(-\sqrt{25})^2$

> **覚えておこう**
>
> $(\sqrt{a})^2=a$
> $(-\sqrt{a})^2=a$

5 平方根の大小　次の各組の数の大きさを比べ，等号や不等号を使って表しなさい。

(1)　$\sqrt{3}$, $\sqrt{5}$　　　　(2)　3, $\sqrt{10}$　　

(3)　5, $\sqrt{23}$　　　　(4)　$\sqrt{0.81}$, 0.9

(5)　$-\sqrt{5}$, $-\sqrt{7}$　　　(6)　-1, $-\sqrt{2}$

> **知ってると得**
>
> 平方根のおよその値
> $\sqrt{2}=1.41421356\cdots$
> (一夜一夜に人見ごろ)
> $\sqrt{3}=1.7320508\cdots$
> (人なみにおごれや)
> $\sqrt{5}=2.2360679\cdots$
> (富士山ろくオウム鳴く)
> $\sqrt{6}=2.449489\cdots$
> (似よよくよわく)

左ページの**例**の答え　①−2　②−2　③−$\sqrt{5}$　④5　⑤7　⑥7　⑦<　⑧<　⑨<

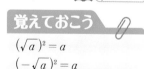

 1節　平方根
③ 近似値と有効数字　　④ 有理数と無理数

例 1 **近似値と有効数字**  教 p.50, 51 → 基本問題 1 2

　ある教科書の重さの測定値 450 g が，小数第 1 位を四捨五入した近似値であるとします。
(1) 真の値を a g とするとき，a の値の範囲を不等号を使って表しなさい。
(2) 誤差の絶対値は何 g 以下と考えられますか。
(3) この値の有効数字を答えなさい。また，この重さを整数部分が 1 桁の小数と 10 の累乗との積の形で表しなさい。

考え方 真の値に近い値を近似値といい，近似値と真の値の差を誤差という。

解き方 (1) 小数第 1 位を四捨五入しているから，

a はこの範囲にある
449.5　450.0　450.5
0.5　　0.5

$\boxed{①}\ \leqq a <\ \boxed{②}$
　　　↑　　↑──不等号に注意！

(2) 誤差は，(近似値)−(真の値) で求められるから，

$\boxed{③}$ g 以下である。

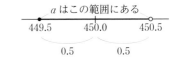 **有効数字**

近似値を表す数のうち，信頼できる数字を有効数字という。近似値の有効数字をはっきり示す場合に，整数部分が 1 桁の小数と，10 の累乗との積の形で表すことがある。

整数部分が 1 桁の小数
↓
○ × 10□ ←自然数

(3) 有効数字は 4，5，$\boxed{④}$ だから，

$450 = \boxed{⑤} \times 100$
$= 4.50 \times \boxed{⑥}$ (g)

例 2 **有理数と無理数** 教 p.52, 53 → 基本問題 3 4

　次の数を，有理数と無理数に分けなさい。
　　3，−0.1，$\sqrt{7}$，$\sqrt{16}$

考え方 分数で表すことができない数が無理数である。

解き方 $3 = \dfrac{3}{1}$，$-0.1 = -\dfrac{1}{10}$，$\sqrt{16} = 4$

　よって，有理数　3，−0.1，$\sqrt{16}$
　　　　　無理数　$\boxed{⑦}$

➤ **たいせつ**

有理数
分数で表すことのできる数，つまり，整数 a と 0 でない整数 b を使って，$\dfrac{a}{b}$ の形で表すことのできる数

無理数
有理数ではない数
例　$\sqrt{2}$，$-\sqrt{3}$，π など

基本問題 解答 p.8

1 近似値と誤差　次の測定値の真の値 a の範囲を，不等号を使って表しなさい。

(1)　17 kg

(2)　2.5 m

(3)　9.80 秒

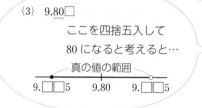

(3)　9.80□
ここを四捨五入して
80 になると考えると…
真の値の範囲
9.□□5　　9.80　　9.□□5

教 p.51 Q1

2 有効数字　次の測定値を，（　）内の有効数字の桁数として，整数部分が 1 桁の小数と 10 の累乗との積の形で表しなさい。

教 p.51 Q2

(1)　ナイル川の長さ　6650 km　　　（有効数字 3 桁）

ミス注意

(3)　有効数字は 4，0 だから，0 を省略して ̶×10⁴ としないように。

(2)　日本の面積　377900 km²　　　（有効数字 4 桁）

(3)　地球の赤道の 1 周の長さ　40000 km　　　（有効数字 2 桁）

3 有理数と無理数　次の数を，有理数と無理数に分けなさい。

教 p.52 Q1

$$0.01, \quad -\sqrt{6}, \quad \frac{5}{6}, \quad \sqrt{64}, \quad -4, \quad \pi, \quad 0$$

$0 = \dfrac{0}{1}$ と表す
ことができるね。

4 有理数と無理数　次の数は，それぞれ右の図の **A**〜**D** のどこに入りますか。教 p.53 Q2

$$5, \quad -5, \quad \frac{1}{5}, \quad \sqrt{5}, \quad 0.5$$

数
有理数 A　　　　無理数 D
整数
B
自然数
C

数はさらに，下のように分類されるよ。

たいせつ

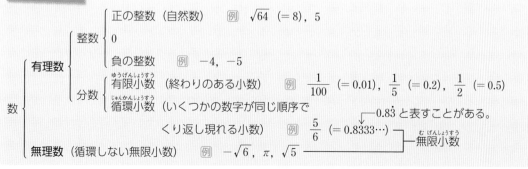

数 {
有理数 {
整数 {
正の整数（自然数）　例 $\sqrt{64}\ (=8)$, 5
0
負の整数　例 -4, -5
}
分数 {
有限小数（終わりのある小数）　例 $\dfrac{1}{100}\ (=0.01)$, $\dfrac{1}{5}\ (=0.2)$, $\dfrac{1}{2}\ (=0.5)$
循環小数（いくつかの数字が同じ順序でくり返し現れる小数）　例 $\dfrac{5}{6}\ (=0.8333\cdots)$　$0.8\dot{3}$ と表すことがある。
}
}
無理数（循環しない無限小数）　例 $-\sqrt{6}$, π, $\sqrt{5}$
}

無限小数

左ページの例の答え　① 449.5　② 450.5　③ 0.5　④ 0　⑤ 4.50　⑥ 10²　⑦ $\sqrt{7}$

2 章

1節　平方根

1 次の数の平方根を求めなさい。

(1)　36　　　(2)　121　　　(3)　0.64　　　(4)　$\dfrac{25}{144}$

2 次の数の平方根を，根号を使って表しなさい。

(1)　13　　　(2)　29　　　(3)　0.9　　　(4)　$\dfrac{7}{2}$

3 次の数を，根号を使わないで表しなさい。

(1)　$\sqrt{49}$　　　(2)　$-\sqrt{900}$　　　(3)　$-\sqrt{\dfrac{4}{81}}$

(4)　$\sqrt{0.01}$　　　(5)　$\sqrt{4^2}$　　　(6)　$\sqrt{(-8)^2}$

(7)　$(\sqrt{12})^2$　　　(8)　$(-\sqrt{13})^2$　　　(9)　$(-\sqrt{4})^2$

4 次の(1)〜(6)で，正しければ○印をつけ，誤りがあれば，下線の部分を正しく書き直しなさい。

(1)　16 の平方根は $\underline{4}$　　　(2)　$\sqrt{36}=\underline{\pm6}$　　　(3)　$-\sqrt{3^2}=\underline{-3}$

(4)　$\sqrt{(-3)^2}=\underline{-3}$　　　(5)　$(\sqrt{2})^2=\underline{2}$　　　(6)　$(-\sqrt{2})^2=\underline{-2}$

5 次の各組の数の大きさを比べ，等号や不等号を使って表しなさい。

(1)　8, $\sqrt{60}$　　　(2)　-7, $-\sqrt{45}$　　　(3)　$\sqrt{1.69}$, 1.3

(4)　$\sqrt{0.3}$, 0.3　　　(5)　2, $\sqrt{3}$, $\sqrt{5}$　　　(6)　-1, -2, $-\sqrt{3}$

1 2 正の数の平方根は 2 つある。
4 (2) $\sqrt{36}$ は，36 の平方根のうち正のほうだから，正の数になる。
　 (4) $\sqrt{(-3)^2}=\sqrt{9}$

6 次の(1), (2)に答えなさい。

(1) 測定値 40900 km の有効数字が 4, 0, 9 のとき, これは何 km の位まで測定した値ですか。

(2) ある品物の重さを, 最小のめもりが 10 g であるはかりで測定したところ, 2500 g になりました。この測定値を, 整数部分が 1 桁の小数と 10 の累乗との積の形で表しなさい。

7 次の(1), (2)に答えなさい。

(1) 右の数直線上の点 A, B, C, D は, $\sqrt{3}$, $-\sqrt{4}$, -0.5, $\sqrt{6}$ のどれかと対応しています。A~D の点に対応する数をそれぞれ答えなさい。

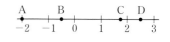

(2) n は 1 から 9 までの整数とします。$\sqrt{n}$ が無理数になるときの n の値をすべて答えなさい。

8 次の(1)~(3)に答えなさい。

(1) $\sqrt{2} < x < \sqrt{30}$ にあてはまる整数 x をすべて求めなさい。

(2) $2 < \sqrt{a} < 3$ にあてはまる整数 a をすべて求めなさい。

(3) $3 < \sqrt{3a} < 7$ にあてはまる整数 a はいくつありますか。

入試問題を やってみよう！

1 次の(1), (2)に答えなさい。

(1) n を自然数とするとき, $\sqrt{189n}$ の値が自然数となるような最も小さい n の値を求めなさい。 〔大阪〕

(2) $\sqrt{10-n}$ の値が自然数となるような自然数 n を, すべて求めなさい。 〔和歌山〕

2 n は自然数で, $8.2 < \sqrt{n+1} < 8.4$ です。このような n をすべて求めなさい。 〔愛知〕

3 大小 2 つのさいころを同時に 1 回投げ, 大きいさいころの出た目の数を a, 小さいさいころの出た目の数を b とします。このとき, $\dfrac{\sqrt{ab}}{2}$ の値が, 有理数となる確率を求めなさい。

ただし, さいころを投げるとき, 1 から 6 までのどの目が出ることも同様に確からしいものとします。 〔千葉〕

8 (1) $(\sqrt{2})^2 = 2$, $(\sqrt{30})^2 = 30$ だから, $2 < x^2 < 30$ をみたす整数 x を考える。

(2) 2, $\sqrt{a}$, 3 のそれぞれを 2 乗しても大小の関係は変わらない。

1 (2) $10-n = \square^2$ となるような n の値を考える。根号の中は正の数だから $10-n > 0$ より, $n < 10$ である。

2節　根号をふくむ式の計算
① 根号をふくむ数の乗法，除法
② 根号をふくむ数の変形

例1　根号をふくむ数の乗法，除法

教 p.56, 57 → 基本 問題 ①

次の計算をしなさい。

(1) $\sqrt{6} \times \sqrt{5}$　　　　　(2) $\sqrt{12} \div \sqrt{2}$

考え方 $\sqrt{}$ の中の数どうしの乗法，除法をする。

解き方 (1) $\sqrt{6} \times \sqrt{5}$　$\left.\right\}$ $\sqrt{a} \times \sqrt{b}$
$= \sqrt{6 \times 5}$　　　$= \sqrt{ab}$
$= \boxed{①}$

(2) $\sqrt{12} \div \sqrt{2}$　$\left.\right\}$ 除法を分数の形で表す。

$= \dfrac{\sqrt{12}}{\sqrt{2}}$

$\left.\right\}$ $\dfrac{\sqrt{a}}{\sqrt{b}} = \sqrt{\dfrac{a}{b}}$

$= \sqrt{\dfrac{12}{2}}$　←約分忘れに注意！

$= \boxed{②}$

たいせつ

$a > 0$, $b > 0$ のとき，
$\sqrt{a} \times \sqrt{b} = \sqrt{ab}$

$\dfrac{\sqrt{a}}{\sqrt{b}} = \sqrt{\dfrac{a}{b}}$

◆約束◆ $\sqrt{a} \times \sqrt{b}$ は，乗法の記号×を省いて $\sqrt{a}\sqrt{b}$ とも書く。

例2　$\sqrt{a}$ の形にする

教 p.58 → 基本 問題 ②

$2\sqrt{5}$ を，$\sqrt{a}$ の形にしなさい。

考え方 $2\sqrt{5} = 2 \times \sqrt{5}$ で，$2 = \sqrt{2^2} = \sqrt{4}$ として計算する。

解き方 $2\sqrt{5} = 2 \times \sqrt{5} = \sqrt{4} \times \sqrt{5}$

$= \sqrt{4 \times 5} = \boxed{③}$

$2 \times \sqrt{5}$ は乗法の記号×を省いて $2\sqrt{5}$ と書くよ。

例3　根号の中をできるだけ小さい自然数にする

教 p.59 → 基本 問題 ③④

次の数を，根号の中の数ができるだけ小さい自然数になるように，$a\sqrt{b}$ または $\dfrac{\sqrt{b}}{a}$ の形にしなさい。

(1) $\sqrt{27}$　　　　　(2) $\sqrt{\dfrac{3}{25}}$

考え方 $\sqrt{a^2 \times b}$ または $\dfrac{\sqrt{b}}{\sqrt{a^2}}$ の形にして，a^2 を $\sqrt{}$ の外へ出す。

解き方 (1) $\sqrt{27}$
$= \sqrt{3^2 \times 3}$
$= \sqrt{3^2} \times \sqrt{3}$
$= \boxed{④}$

根号の中の数を素因数分解して $a^2 \times b$ の形にする。

(2) $\sqrt{\dfrac{3}{25}}$

$= \dfrac{\sqrt{3}}{\sqrt{25}}$

$\left.\right\}$ $\sqrt{\dfrac{a}{b}} = \dfrac{\sqrt{a}}{\sqrt{b}}$

$= \boxed{⑤}$

$\left.\right\}$ $\sqrt{25} = \sqrt{5^2}$

覚えておこう

$a > 0$, $b > 0$ のとき，
① $a\sqrt{b} = \sqrt{a^2 \times b}$

↕ 逆の操作

② $\sqrt{a^2 \times b} = a\sqrt{b}$

②では，素因数分解を利用して，2乗の因数を見つけるとよい。

基 本 問 題 .... 解答 p.9

1 根号をふくむ数の乗法，除法　次の計算をしなさい。　 教 p.57 Q2, Q3

(1) $\sqrt{3} \times \sqrt{7}$　　　(2) $\sqrt{2} \times \sqrt{32}$　　　(3) $-\sqrt{6} \times \sqrt{6}$　　　(4) $(-\sqrt{5}) \times (-\sqrt{20})$

(5) $\sqrt{14} \div \sqrt{7}$　　(6) $\sqrt{42} \div \sqrt{3}$　　(7) $\sqrt{72} \div (-\sqrt{2})$

ミス注意

根号を使わないで表すことのできる数は，使わないで表す。また，根号の中の分数が約分できるときは，必ず約分する。

(8) $\dfrac{\sqrt{21}}{\sqrt{3}}$　　　(9) $-\dfrac{\sqrt{50}}{\sqrt{2}}$　　　(10) $\dfrac{\sqrt{6}}{\sqrt{24}}$

2 $\sqrt{a}$ の形にする　次の数を，$\sqrt{a}$ の形にしなさい。　 教 p.58 Q1

(1) $2\sqrt{2}$　　　(2) $4\sqrt{3}$　　　(3) $5\sqrt{2}$

(1) $2\sqrt{2} = 2 \times \sqrt{2}$ だね。

3 根号の中をできるだけ小さい自然数にする　次の数を，根号の中の数ができるだけ小さい自然数になるように，$a\sqrt{b}$ の形にしなさい。 　 教 p.59 Q2, Q3

(1) $\sqrt{18}$　　　(2) $\sqrt{28}$　　　(3) $\sqrt{32}$

思い出そう

(5) $\sqrt{100} = 10$

(6) $\sqrt{10000} = 100$

(4) $\sqrt{45}$　　　(5) $\sqrt{300}$　　　(6) $\sqrt{20000}$

(7)～(9)は，根号の中をもっと小さい数にできるね。

(7) $3\sqrt{20}$　　　(8) $2\sqrt{27}$　　　(9) $5\sqrt{24}$

4 分数や小数の平方根の変形　次の数を変形しなさい。　 教 p.59 Q4

(1) $\sqrt{\dfrac{11}{100}}$　　　(2) $\sqrt{\dfrac{5}{16}}$　　　(3) $\sqrt{\dfrac{4}{25}}$

ここが ポイント

(4) $\sqrt{0.13} = \sqrt{\dfrac{13}{100}}$

分母を 100 の分数にすると，$\sqrt{100} = 10$ が利用できる。

(4) $\sqrt{0.13}$　　　(5) $\sqrt{0.48}$　　　(6) $\sqrt{0.52}$

左ページの 例 の答え 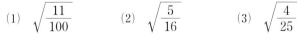 ① $\sqrt{30}$　② $\sqrt{6}$　③ $\sqrt{20}$　④ $3\sqrt{3}$　⑤ $\dfrac{\sqrt{3}}{5}$

　　２節　根号をふくむ式の計算
　　③　根号をふくむ数の近似値を求める工夫
　　④　根号をふくむいろいろな式の乗法，除法　　⑤　根号をふくむ数の加法，減法

例 1 　分母の有理化　　　　　　　　　　　教 p.60, 61 → 基本 問題 ①

$\sqrt{10} = 3.162$ として，$\dfrac{\sqrt{5}}{\sqrt{2}}$ の近似値（きんじち）を求めなさい。

考え方 分母と分子に $\sqrt{2}$ をかけて，分母を有理化してから計算する。

解き方 $\dfrac{\sqrt{5}}{\sqrt{2}} = \dfrac{\sqrt{5} \times \sqrt{2}}{\sqrt{2} \times \sqrt{2}} = \boxed{}$ ←分母を $\sqrt{}$ のない形にする。

近似値は，$\sqrt{10} \div 2 = 3.162 \div 2 = \boxed{}$

> **たいせつ**
> 分母に根号のある式を，その値を変えないで分母に根号のない形になおすことを，**分母を有理化する**という。

例 2 　根号をふくむ式の乗法，除法　　　　教 p.62, 63 → 基本 問題 ③

次の計算をしなさい。

(1) $\sqrt{8} \times \sqrt{27}$ 　　　(2) $\sqrt{15} \times (-\sqrt{10})$ 　　　(3) $5\sqrt{6} \div \sqrt{2}$

考え方 $a\sqrt{b}$ の形にしたり，根号の中の数を素因数分解してから計算する。

解き方
(1) $\sqrt{8} \times \sqrt{27}$
$= 2\sqrt{2} \times 3\sqrt{3}$ 〕$a\sqrt{b}$ の形にする。
$= 2 \times 3 \times \sqrt{2} \times \sqrt{3}$
$= \boxed{}$

(2) $\sqrt{15} \times (-\sqrt{10})$
$= -\sqrt{3 \times 5} \times \sqrt{2 \times 5}$ 〕根号の中を素因数分解する。
$= -\sqrt{5^2 \times 3 \times 2}$ 〕$\sqrt{a} \times \sqrt{b} = \sqrt{ab}$
$= \boxed{}$ 〕$\sqrt{a^2 \times b} = a\sqrt{b}$

> 根号の中はできるだけ小さい自然数にするよ。

(3) $5\sqrt{6} \div \sqrt{2} = \dfrac{5\sqrt{6}}{\sqrt{2}} = \dfrac{5\sqrt{3} \times \sqrt{2}^{\,1}}{\sqrt{2}_{\,1}} = \boxed{}$

例 3 　根号をふくむ数の加法，減法　　　　教 p.64, 65 → 基本 問題 ④

次の計算をしなさい。

(1) $3\sqrt{5} + 4\sqrt{5}$ 　　　　　　　(2) $\sqrt{2} + \sqrt{12} - \sqrt{3}$

考え方 根号の中の数が同じときは，文字式の同類項をまとめるときと同じようにして，分配法則を使って計算する。

(2)は，根号の中の整数をできるだけ小さくなるように変形する。

解き方
(1) $3\sqrt{5} + 4\sqrt{5} = (3+4)\sqrt{5}$ ←$3a + 4a = (3+4)a$ と同じ計算。
$= \boxed{}$

> **たいせつ**
>
> $a\sqrt{c} + b\sqrt{c} = (a+b)\sqrt{c}$

(2) $\sqrt{2} + \sqrt{12} - \sqrt{3} = \sqrt{2} + 2\sqrt{3} - \sqrt{3}$ ←根号の中を簡単な数にする。
$= \sqrt{2} + (2-1)\sqrt{3}$ 　　$\sqrt{12} = \sqrt{2^2 \times 3} = 2\sqrt{3}$
$= \boxed{}$

> **ミス注意**
>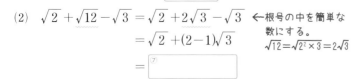
> $\sqrt{2} + \sqrt{3}$ は，これ以上簡単にすることができない。
> ~~$\sqrt{2} + \sqrt{3} = \sqrt{5}$~~

基本問題

1 分母の有理化 次の数の分母を有理化しなさい。

(1) $\dfrac{\sqrt{5}}{\sqrt{3}}$　　(2) $\dfrac{7}{\sqrt{7}}$　　(3) $\dfrac{18}{\sqrt{6}}$

(4) $\dfrac{2}{\sqrt{12}}$　　(5) $\dfrac{5}{3\sqrt{5}}$　　(6) $\dfrac{2\sqrt{5}}{\sqrt{10}}$

知ってると得

(4)は，$\sqrt{12}=2\sqrt{3}$ だから，

$\dfrac{2}{\sqrt{12}}=\dfrac{\overset{1}{2}}{\underset{1}{2}\times\sqrt{3}}=\dfrac{1}{\sqrt{3}}$，

(6)は，$\dfrac{2\sqrt{5}}{\sqrt{10}}=\dfrac{2\times\sqrt{5}^{1}}{\sqrt{2}\times\sqrt{5}_{1}}=\dfrac{2}{\sqrt{2}}$

と約分してから有理化してもよい。

2 根号をふくむ数の近似値 $\sqrt{2}=1.414$，$\sqrt{20}=4.472$ として，次の数の近似値を求めなさい。

(1) $\sqrt{200}$　　(2) $\sqrt{200000}$

(3) $\sqrt{0.2}$　　(4) $\sqrt{0.0002}$

ここがポイント

$\sqrt{0.01}=\sqrt{\dfrac{1}{100}}=\dfrac{1}{10}$

$\sqrt{0.0001}=\sqrt{\dfrac{1}{10000}}=\dfrac{1}{100}$

(3) $0.2=\dfrac{20}{100}$ と考える。

3 根号をふくむ式の乗法，除法 次の計算をしなさい。

(1) $\sqrt{12}\times\sqrt{20}$　　(2) $\sqrt{18}\times(-\sqrt{48})$　　(3) $\sqrt{6}\times\sqrt{15}$

(4) $(-2\sqrt{5})\times\sqrt{30}$　　(5) $3\sqrt{35}\times\sqrt{42}$　　(6) $2\sqrt{30}\div\sqrt{6}$

(7) $(-6\sqrt{18})\div(-3\sqrt{2})$　　(8) $\sqrt{18}\div\sqrt{14}\times2\sqrt{7}$　　(9) $\sqrt{35}\times3\sqrt{6}\div(-\sqrt{21})$

4 根号をふくむ数の加法，減法 次の計算をしなさい。

(1) $4\sqrt{7}+2\sqrt{7}$　　(2) $\sqrt{3}-5\sqrt{3}$　　(3) $7\sqrt{2}-\sqrt{32}$

(4) $-\sqrt{5}-\sqrt{45}$　　(5) $\sqrt{48}+\sqrt{12}$　　(6) $-\sqrt{54}+\sqrt{24}$

(7) $-\sqrt{8}+2\sqrt{20}+\sqrt{50}-\sqrt{5}$　　(8) $3\sqrt{28}-12-4\sqrt{7}+3$

左ページの例の答え ① $\dfrac{\sqrt{10}}{2}$ ② 1.581 ③ $6\sqrt{6}$ ④ $-5\sqrt{6}$ ⑤ $5\sqrt{3}$ ⑥ $7\sqrt{5}$ ⑦ $\sqrt{2}+\sqrt{3}$

 2節　根号をふくむ式の計算　⑥ 根号をふくむいろいろな式の計算
3節　平方根の利用　① コピーで拡大するときの倍率を調べよう
② 角材の1辺の長さを求めよう

例1 分母を有理化してから計算する
教 p.66 → 基本問題①

$5\sqrt{2} - \dfrac{6}{\sqrt{2}}$ を計算しなさい。

考え方 分母に根号のある数は，分母を有理化する。

思い出そう
分母を有理化する
$$\dfrac{a}{\sqrt{b}} = \dfrac{a\times\sqrt{b}}{\sqrt{b}\times\sqrt{b}} = \dfrac{a\sqrt{b}}{b}$$

解き方 $5\sqrt{2} - \dfrac{6}{\sqrt{2}} = 5\sqrt{2} - \dfrac{6\times\sqrt{2}}{\sqrt{2}\times\sqrt{2}}$　←分母を√ のない形にする。
$= 5\sqrt{2} - \boxed{^1}$　約分を忘れない。
$= \boxed{^2}$　分配法則を使ってまとめる。

例2 いろいろな計算
教 p.66, 67 → 基本問題②

次の計算をしなさい。
(1) $\sqrt{2}(4\sqrt{6}+\sqrt{2})$　　(2) $(\sqrt{2}+\sqrt{5})^2$

考え方 (1)は分配法則，(2)は展開の公式2 $(x+a)^2 = x^2+2ax+a^2$ を使う。

解き方
(1) $\sqrt{2}(4\sqrt{6}+\sqrt{2})$
$= \sqrt{2}\times4\sqrt{6}+(\sqrt{2})^2$　分配法則 $\sqrt{6}=\sqrt{2}\times\sqrt{3}$ $(\sqrt{2})^2=2$
$= 4\times\sqrt{2}\times\sqrt{2}\times\sqrt{3}+2$
$= 4\times2\times\sqrt{3}+2$
$= \boxed{^3}$

(2) $(\sqrt{2}+\sqrt{5})^2$
$= (\sqrt{2})^2+2\times\sqrt{5}\times\sqrt{2}+(\sqrt{5})^2$　展開の公式2
$= 2+2\sqrt{10}+5$
$= \boxed{^4}$

公式2で，$x=\sqrt{2}$，$a=\sqrt{5}$ のときだね。

例3 平方根の利用
教 p.69, 70 → 基本問題④

はがきは，A6判と呼ばれる大きさです。右の図で，A6判の長方形 ABCD の縦と横の長さの比を求めなさい。ただし，右の2枚のはがきをならべた長方形 EFGH の縦と横の長さの比は，もとのはがきの縦と横の長さの比に等しいです。

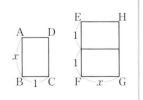

考え方 AB$=x$，BC$=1$ として，2つの長方形の縦と横の長さの比が等しいことから，x の値を求める。

解き方 AB:BC=EF:FG より，$x:1=2:x$　　$x^2=2$
$x>0$ だから，$x=\sqrt{2}$

A6判の長方形の縦と横の長さの比は，$\boxed{^5}$: 1

基本問題 解答 p.10

❶ 分母を有理化してから計算する　次の計算をしなさい。　教 p.66 Q1

(1) $\sqrt{3} + \dfrac{15}{\sqrt{3}}$

(2) $5\sqrt{6} - \dfrac{18}{\sqrt{6}}$

(3) $\sqrt{18} - \dfrac{1}{\sqrt{2}}$

(4) $-\dfrac{21}{\sqrt{7}} + \sqrt{28}$

> **覚えておこう**
> 分母を有理化したり,根号の中の数をできるだけ簡単な数にしてから計算する。

2章

❷ いろいろな計算　次の計算をしなさい。　教 p.66 Q2, p.67 Q3

(1) $\sqrt{5}(\sqrt{2} + \sqrt{5})$

(2) $\sqrt{3}(5 - 2\sqrt{3})$

(3) $\sqrt{3}(4\sqrt{6} + \sqrt{3})$

(4) $(1 + \sqrt{3})(\sqrt{2} + \sqrt{6})$

(5) $(\sqrt{2} - \sqrt{5})(\sqrt{10} + 2)$

(6) $(2 + \sqrt{3})^2$

(7) $(\sqrt{5} - \sqrt{3})^2$

(8) $(\sqrt{6} + \sqrt{7})(\sqrt{6} - \sqrt{7})$

(9) $(\sqrt{5} + 1)(\sqrt{5} + 2)$

(10) $(\sqrt{8} + 4)(\sqrt{8} - 1)$

> **思い出そう**
>
> $(a+b)(c+d) = ac + ad + bc + bd$
> **展開の公式**
> $(x+a)(x+b) = x^2 + (a+b)x + ab$
> $(x+a)^2 = x^2 + 2ax + a^2$
> $(x-a)^2 = x^2 - 2ax + a^2$
> $(x+a)(x-a) = x^2 - a^2$

❸ 式の値　次の(1), (2)に答えなさい。　教 p.67 Q4

(1) $x = \sqrt{5} + 2$ のときの, 式 $x^2 - 5x + 6$ の値を求めなさい。

(2) $x = 2 + \sqrt{3}$, $y = 2 - \sqrt{3}$ のときの, 式 $x^2 - 2xy + y^2$ の値を求めなさい。

> **ここがポイント**
> 式の値を求める問題では,そのまま値を代入するより,式を因数分解してから代入するほうが, 計算が簡単になることが多い。

❹ 平方根の利用　直径 10 cm の丸太から, 切り口が正方形の角材を切り出します。正方形の 1 辺の長さの値を整数にする場合, 最大で何 cm にすることができますか。$\sqrt{2} = 1.414$ として求めなさい。　教 p.71 Q1

> 正方形の 1 辺の長さを x cm とすると面積は x^2 cm²
> まず, 正方形の面積を求めよう。
>

左ページの例の答え　① $3\sqrt{2}$　② $2\sqrt{2}$　③ $8\sqrt{3} + 2$　④ $7 + 2\sqrt{10}$　⑤ $\sqrt{2}$

解答 p.11

2節　根号をふくむ式の計算
3節　平方根の利用

❶ 次の(1)，(2)を根号の中の数ができるだけ小さい自然数になるように，$a\sqrt{b}$ の形にしなさい。また(3)，(4)は分母を有理化しなさい。

(1)　$\sqrt{252}$　　　　　(2)　$2\sqrt{150}$　　　　　(3)　$\dfrac{\sqrt{6}}{\sqrt{15}}$　　　　　(4)　$\dfrac{3}{\sqrt{48}}$

❷ $\sqrt{3}=1.732$，$\sqrt{30}=5.477$ として，次の数の近似値を求めなさい。

(1)　$\sqrt{300}$　　　　　(2)　$\sqrt{300000}$　　　　　(3)　$\sqrt{0.003}$

❸ 次の計算をしなさい。

(1)　$\sqrt{6}\times\sqrt{75}$　　　　(2)　$\sqrt{24}\times(-5\sqrt{3})$　　　　(3)　$-\sqrt{20}\times\dfrac{\sqrt{15}}{2}$

(4)　$6\sqrt{14}\div\sqrt{63}$　　　　(5)　$-8\sqrt{5}\div(-2\sqrt{20})$　　　(6)　$\sqrt{45}\div3\sqrt{7}\times(-\sqrt{14})$

❹ 次の計算をしなさい。

(1)　$\sqrt{20}+\dfrac{\sqrt{45}}{3}$　　　　　　　　　(2)　$\sqrt{18}+\sqrt{32}-\sqrt{8}$

(3)　$\sqrt{54}-3\sqrt{12}-4\sqrt{6}+\sqrt{3}$　　　(4)　$\sqrt{48}-\dfrac{\sqrt{63}}{2}-\dfrac{\sqrt{27}}{3}+\dfrac{\sqrt{7}}{2}$

❺ 次の計算をしなさい。

(1)　$\dfrac{18}{\sqrt{6}}-\dfrac{\sqrt{54}}{6}$　　　　　　　　(2)　$\sqrt{3}(7\sqrt{2}-\sqrt{12})$

(3)　$(\sqrt{3}-\sqrt{6})^2$　　　　　　　　(4)　$(\sqrt{5}-3)(\sqrt{5}+3)$

❶ (3) $\dfrac{\sqrt{6}}{\sqrt{15}}=\dfrac{\sqrt{2}\times\overset{1}{\sqrt{3}}}{\underset{1}{\sqrt{3}}\times\sqrt{5}}$ と約分してから，分母を有理化する。

❺ (4) $(x-a)(x+a)$ の式でも公式 $(x+a)(x-a)=x^2-a^2$ が使える。

6 $x=\sqrt{5}+3$ のときの，式 x^2-6x+8 の値を求めなさい。

7 $\sqrt{10}$ を小数で表したとき，次の(1)～(3)に答えなさい。

(1) $\sqrt{10}$ の整数部分の値を求めなさい。

(2) $\sqrt{10}$ の小数部分の値を求めなさい。

(3) (2)で求めた値を a とするとき，式 a^2+6a+9 の値を求めなさい。

8 体積が $500\,\mathrm{cm}^3$，高さが $10\,\mathrm{cm}$ の正四角錐があります。この正四角錐の底面の1辺の長さを求めなさい。

入試問題をやってみよう！

1 次の計算をしなさい。

(1) $\dfrac{6}{\sqrt{3}}+\sqrt{15}\times\sqrt{5}$ 〔大分〕 (2) $(\sqrt{7}-\sqrt{3})(\sqrt{7}-2\sqrt{3})$ 〔千葉〕

(3) $(\sqrt{3}+1)(\sqrt{3}+5)-\sqrt{48}$ 〔山形〕 (4) $(\sqrt{2}-1)^2-\sqrt{50}+\dfrac{14}{\sqrt{2}}$ 〔長崎〕

(5) $(2\sqrt{5}+1)(2\sqrt{5}-1)+\dfrac{\sqrt{12}}{\sqrt{3}}$ 〔愛媛〕 (6) $(\sqrt{2}+1)^2-5(\sqrt{2}+1)+4$ 〔神奈川〕

2 $x=5-2\sqrt{3}$ のとき，$x^2-10x+2$ の値を求めなさい。 〔大阪〕

7 (2) $\sqrt{10}=$(整数部分)+(小数部分) より，(小数部分)$=\sqrt{10}-$(整数部分) である。

2 x の値をそのまま式に代入してもよいが，$x=5-2\sqrt{3}$ より，$x-5=-2\sqrt{3}$ だから，
$x^2-10x+2=\{(x-5)^2-5^2\}+2=(x-5)^2-23$ と変形して値を代入すると計算が楽になる。

解答 p.12

3 平方根

40分 /100

1 次の数の平方根を求めなさい。 　　　　　　　　　3点×3（9点）

(1)　64

(2)　15

(3)　$\dfrac{1}{49}$

(　　　　)　　　　(　　　　)　　　　(　　　　)

2 次の数を，根号を使わないで表しなさい。 　　　　3点×3（9点）

(1)　$-\sqrt{9}$

(2)　$\left(-\sqrt{9}\right)^2$

(3)　$\sqrt{(-5)^2}$

(　　　　)　　　　(　　　　)　　　　(　　　　)

3 次の数を大きい順に並べなさい。 　　　　　　　　（3点）

$$4,\ -3\sqrt{2},\ \sqrt{15},\ -2\sqrt{5}$$

(　　　　　　　　　　)

4 次の(1)〜(3)を，根号の中の数ができるだけ小さい自然数になるように，$a\sqrt{b}$ の形にしなさい。 　　　　　　　　　　　　　3点×3（9点）

(1)　$\sqrt{68}$

(2)　$\sqrt{135}$

(3)　$\sqrt{192}$

(　　　　)　　　　(　　　　)　　　　(　　　　)

5 次の(1)〜(4)に答えなさい。 　　　　　　　　　3点×4（12点）

(1)　$\sqrt{30}$ と $\sqrt{80}$ の間に整数はいくつあるか求めなさい。

(　　　　)

(2)　$\sqrt{72a}$ が整数となるような最小の自然数 a の値を求めなさい。

(　　　　)

(3)　地球と火星が最も近づいたときの距離は約 5600 万 km です。この測定値を，有効数字を 3 桁として，整数部分が 1 桁の小数と 10 の累乗との積の形で表しなさい。

(　　　　)

(4)　右の数の中から，無理数をすべて選びなさい。$\sqrt{3}$，0，$\sqrt{\dfrac{16}{9}}$，$\dfrac{2}{\sqrt{3}}$，$\sqrt{0.9}$，$\sqrt{0.49}$

(　　　　)

目標 ❶～❹は基本問題である。全問正解したい。それ以外の問題も，確実に解けるようにしたい。

自分の得点まで色をぬろう!

😖 がんばろう!　😊 もう一歩　😃 合格!

0　　　　　　　　　　60　　80　100点

6 $\sqrt{6}=2.449$，$\sqrt{60}=7.746$ として，次の数の近似値を求めなさい。　3点×3（9点）

(1) $\sqrt{60000}$　　　　　　(2) $\sqrt{0.006}$　　　　　　(3) $\sqrt{96}$

(　　　　　)　　　　(　　　　　)　　　　(　　　　　)

7 次の数の分母を有理化しなさい。　3点×3（9点）

(1) $\dfrac{\sqrt{5}}{\sqrt{7}}$　　　　　　(2) $\dfrac{4}{\sqrt{2}}$　　　　　　(3) $\dfrac{3}{\sqrt{75}}$

(　　　　　)　　　　(　　　　　)　　　　(　　　　　)

8 次の計算をしなさい。　3点×11（33点）

(1) $\sqrt{2}\times\sqrt{7}$　　　(2) $-\sqrt{75}\div\sqrt{3}$　　　(3) $\sqrt{5}\times(-3\sqrt{10})\div\sqrt{2}$

(　　　　　)　　　(　　　　　)　　　(　　　　　)

(4) $6\sqrt{3}+5\sqrt{3}$　　　(5) $-\sqrt{50}+\sqrt{18}-\sqrt{98}$　　　(6) $\sqrt{54}-\dfrac{2}{\sqrt{6}}$

(　　　　　)　　　(　　　　　)　　　(　　　　　)

(7) $\sqrt{27}-\sqrt{2}\times\sqrt{6}$　　　(8) $(3\sqrt{2}+4)(\sqrt{2}-5)$　　　(9) $(\sqrt{7}-\sqrt{3})^2$

(　　　　　)　　　(　　　　　)　　　(　　　　　)

(10) $(\sqrt{5}-\sqrt{2})(\sqrt{5}+\sqrt{2})$　　　(11) $(2\sqrt{3}+1)(2\sqrt{3}-1)-(\sqrt{3}-1)^2$

(　　　　　)　　　(　　　　　)

9 $x=3\sqrt{2}-1$ のときの，式 x^2-2x-3 の値を求めなさい。　（4点）

(　　　　　)

10 1辺の長さが 10 cm の正方形と，1辺の長さが 20 cm の正方形があります。面積がこの2つの正方形の面積の和になる正方形をつくるとき，その1辺の長さは約何 cm ですか。
$\sqrt{5}=2.236$ として，四捨五入して小数第1位まで求めなさい。　（3点）

(　　　　　)

1節　2次方程式
① 2次方程式とその解
② 因数分解による2次方程式の解き方

例 ① 2次方程式の解

教 p.80, 81 → 基本問題 ①

次のア〜エで，2次方程式 $x^2-2x-3=0$ の解をすべて選びなさい。

ア　-1　　イ　1　　ウ　2　　エ　3

考え方　x に値を代入したとき，（左辺）$=0$ となるものが解。

解き方　ア　（左辺）$=(-1)^2-2\times(-1)-3=1+2-3=0$

イ　（左辺）$=1^2-2\times1-3=1-2-3=-4$ ← 成り立たない。

ウ　（左辺）$=2^2-2\times2-3=4-4-3=-3$ ← 成り立たない。

エ　（左辺）$=3^2-2\times3-3=9-6-3=0$

よって，2次方程式 $x^2-2x-3=0$ の解は

① と ② である。

> **たいせつ**
>
> 2次方程式
>
> $ax^2+bx+c=0$ （a, b, c は定数，$a\neq0$）の形になる方程式で，2次方程式を成り立たせる文字の値を，その2次方程式の**解**，すべての解を求めることを，その2次方程式を**解く**という。

例 ② 因数分解による解き方

教 p.82, 83 → 基本問題 ②

次の2次方程式を解きなさい。

(1)　$(x-4)(x+5)=0$

(2)　$x^2-4x+3=0$

考え方　$AB=0$ ならば，$A=0$ または $B=0$ を利用する。

解き方　(1)　$(x-4)(x+5)=0$　　　$A=x-4$　$B=x+5$

$x-4=0$ または $x+5=0$

だから，$x=4$ または $x=-5$

よって，$x=$③ ，$x=$④

(2)　$x^2-4x+3=0$　　左辺を因数分解する。

$(x-1)(x-3)=0$

$x-1=0$ または $x-3=0$

だから，$x=1$ または $x=3$

よって，$x=$⑤ ，$x=$⑥

例 ③ いろいろな2次方程式

教 p.84, 85 → 基本問題 ③ ④

次の2次方程式を解きなさい。

(1)　$x^2-7x=0$

(2)　$(x+1)(x-4)=-6$

考え方　(1)　$x^2+bx=0$ の形の2次方程式は，$x(x+b)=0$ と因数分解できる。

(2)　左辺を展開して，$ax^2+bx+c=0$ の形にしてから解く。

解き方　(1)　$x^2-7x=0$　　共通な因数 x をくくり出す。

$x(x-7)=0$

$x=0$ または $x-7=0$

よって，$x=$⑦ ，$x=$⑧

(2)　$(x+1)(x-4)=-6$　　左辺を展開する。

$x^2-3x-4=-6$　　$ax^2+bx+c=0$ の形

$x^2-3x+2=0$　　左辺を因数分解する。

$(x-1)(x-2)=0$

$x-1=0$ または $x-2=0$

よって，$x=$⑨ ，$x=$⑩

基本問題 解答 p.13

❶ 2次方程式の解 下のア～オの方程式について，(1)，(2)に答えなさい。 教 p.81 Q1～Q3

(1) 2次方程式はどれですか。また，その2次方程式は，$ax^2+bx+c=0$ で，a，b，c がそれぞれどんな数のときですか。

(2) -3 と 1 がともに解である2次方程式はどれですか。

ア　$x^2-2x-3=0$　　　イ　$2x+6=0$　　　ウ　$2x^2=1$

エ　$x^2+3x=0$　　　オ　$x^2+2x=3$

3 章

❷ 因数分解による解き方 次の2次方程式を解きなさい。 教 p.83 Q4～Q6

(1) $(x-2)(x+7)=0$　　(2) $(x-3)(2x-1)=0$　　(3) $x^2-6x+5=0$

(4) $x^2+2x-8=0$　　(5) $x^2+9x+18=0$　　(6) $x^2-x-56=0$

(7) $x^2-12x+27=0$　　(8) $x^2+13x+40=0$

> 2次方程式の解は，ふつうは2つあるけれど，(9)，(10)のように1つだけのときもあるよ。

(9) $x^2+2x+1=0$　　(10) $x^2-12x+36=0$

❸ $x^2+bx=0$，$x^2+c=0$ の形 次の2次方程式を解きなさい。 教 p.84 Q7, Q9

(1) $x^2+3x=0$　　(2) $x^2=x$

(3) $x^2-4=0$　　(4) $-x^2+49=0$

 ミス注意

(2) $x^2=x$
両辺を x でわって
$x=1$
とすることはできない！

思い出そう
$x^2-\square^2=0$ の形は
$(x+\square)(x-\square)=0$
と因数分解できる。

❹ いろいろな2次方程式 次の2次方程式を解きなさい。 教 p.85 Q10, Q11

(1) $2x^2=18$　　(2) $4x^2-20=16x$

(3) $(x+2)(x-3)=6$　　(4) $y^2-1=3(y+3)$

 ここがポイント

(1)，(2) 両辺を2や4でわって，式を簡単にする。

(3)，(4) 展開や移項して，
$ax^2+bx+c=0$
の形にしてから解く。

1節　2次方程式
③ 平方根の考えを使った2次方程式の解き方
④ 2次方程式の解の公式　⑤ 2次方程式のいろいろな解き方

例1 平方根の考えを使った解き方

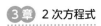 教 p.86 → 基本問題 ①

次の2次方程式を解きなさい。

(1)　$x^2 - 7 = 0$

(2)　$(x-1)^2 = 2$

考え方 (1)　$x^2 = k$ の形にして，k の平方根を求めればよい。

(2)　$x - 1 = M$ と置くと，$M^2 = 2$ となり，(1)と同じ考え方ができる。

思い出そう

$$x^2 = k$$
$$\Downarrow$$
$$x = \pm\sqrt{k}$$

解き方 (1)　$x^2 - 7 = 0$ 〉 -7を移項する。

$x^2 = 7$ 〉 xは7の平方根。

よって，$x = \boxed{}$

(2)　$(x-1)^2 = 2$ 〉 $M^2 = 2$ $M = \pm\sqrt{2}$

$x - 1 = \pm\sqrt{2}$

よって，$x = \boxed{}$

参考 (2)　$x = 1 \pm \sqrt{2}$ は，2つの解 $x = 1 + \sqrt{2}$，$x = 1 - \sqrt{2}$ をまとめて表したものである。

例2 $(x+p)^2 = q$ の形に変形

教 p.87 → 基本問題 ②

2次方程式 $x^2 + 6x = 5$ を解きなさい。

考え方 両辺に $\left(\dfrac{x の係数}{2}\right)^2$ を加えて，$(x+p)^2 = q$ の

形に変形し，平方根の考え方を使って解く。

解き方 $x^2 + 6x = 5$

$x^2 + 6x + 3^2 = 5 + 3^2$ 〉 xの係数6の半分の2乗を両辺に加える。

$(x+3)^2 = 14$ 〉 左辺を $(x+a)^2$ の形にする。

$x + 3 = \pm\sqrt{14}$ 〉 平方根の考え方

よって，$x = \boxed{}$ 〉 3を右辺に移項する。

ここがポイント

$$x^2 + \Box x = \triangle$$
$$\Downarrow$$
$$x^2 + \Box x + \left(\frac{\Box}{2}\right)^2 = \triangle + \left(\frac{\Box}{2}\right)^2$$
$$\Downarrow$$
$$\left(x + \frac{\Box}{2}\right)^2 = q$$

例3 2次方程式の解の公式

教 p.88 → 基本問題 ③

2次方程式 $3x^2 - 5x + 1 = 0$ を解きなさい。

考え方 2次方程式の解の公式を利用する。

解き方 解の公式で，$a = 3$，$b = -5$，$c = 1$ だから，

$$x = \frac{-(-5) \pm \sqrt{(-5)^2 - 4 \times 3 \times 1}}{2 \times 3}$$

← bは負の数だから，かっこをつけて代入する。
$-(-5) = 5$
$(-5)^2 = 25$

$$= \frac{5 \pm \sqrt{25 - 12}}{2 \times 3}$$

$$= \boxed{}$$

2次方程式の解の公式

2次方程式 $ax^2 + bx + c = 0$ の解は，次の公式で求めることができる。

$$x = \frac{-b \pm \sqrt{b^2 - 4ac}}{2a}$$

基本問題 ··· 解答 ▶ p.13

① 平方根の考えを使った解き方 次の2次方程式を解きなさい。 教 p.86 Q1, p.87 Q3

(1) $x^2 - 10 = 0$ (2) $8 - x^2 = 0$ (3) $20 - 5x^2 = 0$

(4) $(x-2)^2 = 7$ (5) $(x+1)^2 = 3$

(6) $(x-5)^2 = 12$ (7) $(x+8)^2 = 36$

> **たいせつ**
> (1)～(3) $x^2 = k$ の形にして，k の平方根を求めればよい。
> (4)～(7) $(x+p)^2 = q$ は，かっこの中をひとまとまりにみて，q の平方根を求める。

3 章

② $(x+p)^2 = q$ の形に変形 次の2次方程式を，平方根の考えを使って解きなさい。

(1) $x^2 + 4x = 1$

$x^2 + 4x + \boxed{①} = 1 + \boxed{②}$

$(x + \boxed{③})^2 = \boxed{④}$

(2) $x^2 - 8x = -7$ 教 p.87 Q4

$x^2 - 8x + \boxed{①} = -7 + \boxed{②}$

$(x - \boxed{③})^2 = \boxed{④}$

> x の係数の半分の2乗を両辺に加えるよ！

③ 2次方程式の解の公式 次の2次方程式を，解の公式を使って解きなさい。

(1) $x^2 + 5x + 2 = 0$ (2) $x^2 - 3x + 1 = 0$

教 p.89 Q1, p.90 Q2, Q3

> **ミス注意**
> $ax^2 + bx + c = 0$ の，a, b, c が負の数の場合は，かっこをつけて，解の公式に代入する。

(3) $5x^2 - x - 1 = 0$ (4) $x^2 + 4x + 2 = 0$

(5) $3x^2 - 2x - 4 = 0$ (6) $2x^2 + 5x - 3 = 0$

> (4), (5)は，約分を忘れないでね。

④ 2次方程式のいろいろな解き方 次の2次方程式を適当な方法で解きなさい。 教 p.91 Q2

(1) $(x-4)^2 - 64 = 0$ (2) $18x^2 = 12x - 2$

(3) $(x+1)^2 - 24 = 0$ (4) $16x^2 - 20x = -4$

> **ここがポイント**
> 次の3つのうち，どの方法が適当か考えよう。
> 1. 因数分解
> 2. 平方根の考え
> 3. 解の公式

左ページの **例** の答え ① $\pm\sqrt{7}$ ② $1 \pm \sqrt{2}$ ③ $-3 \pm \sqrt{14}$ ④ $\dfrac{5 \pm \sqrt{13}}{6}$

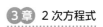

解答 p.14

1節　2次方程式

1 次の2次方程式を解きなさい。

(1) $(x-3)(2x+5)=0$　　(2) $(1+x)(7-x)=0$　　(3) $x^2+10x+24=0$

(4) $x^2+9x-36=0$　　(5) $x^2-22x+121=0$　　(6) $3x^2+5x=0$

(7) $x^2+11x=-18$　　(8) $15x+5x^2=50$　　(9) $32=4y^2-8y$

(10) $x^2=4(x+8)$　　(11) $(x-9)(x+1)=11$　　(12) $y+2=(y-4)^2$

2 Aさんは，2次方程式 $x^2=8x$ を右のように解きましたが，正しくありません。まちがっている理由を説明し，正しい解を求めなさい。

$$x^2=8x$$
両辺を x でわって
$$x=8$$

3 次の2次方程式を，平方根の考えを使って解きなさい。

(1) $x^2-12=0$　　　　　　　　　(2) $9-16x^2=0$

(3) $(x+1)^2=20$　　　　　　　　(4) $4(x-3)^2=25$

1 (5) $11^2=121$, $12^2=144$, $13^2=169$ などは覚えておくとよい。

2 $5\div0=\square$ とすると，$\square\times0=5$ だが，$\square$ にあてはまる数はない。また，$0\div0=\square$ とすると，$\square\times0=0$ だが，$\square$ はどんな数でもよい。だから，**0** でわることはできない。

4 2 次方程式 $x^2-12x+4=0$ を，$(x+m)^2=n$ の形に変形して解きなさい。

5 次の 2 次方程式を，解の公式を使って解きなさい。

(1) $x^2+x-3=0$

(2) $5x^2-3x-1=0$

(3) $x^2+7x+4=0$

(4) $x^2+6x-3=0$

(5) $3x^2-8x+2=0$

(6) $5x^2+9x+4=0$

3 章

6 次の 2 次方程式を適当な方法で解きなさい。

(1) $(x+3)^2-20=0$

レベルUP (2) $(x-4)^2=2(x-4)+3$

レベルUP **7** 次の(1)，(2)に答えなさい。

(1) 2 次方程式 $x^2+ax-24=0$ の 1 つの解が -4 のとき，a の値を求めなさい。また，ほかの解を求めなさい。

(2) 2 次方程式 $x^2+ax+b=0$ の解が 3 と 5 のとき，a，b の値を求めなさい。

入試問題を やってみよう！

1 次の 2 次方程式を解きなさい。

(1) $(x-2)(x+3)=-2x$ 〔長崎〕

(2) $(x-1)^2-7(x-1)-8=0$ 〔大阪〕

2 2 次方程式 $(2x-1)(x-4)=-4x+2$ を解きなさい。解き方も書くこと。 〔山形〕

3 a，b を定数とします。2 次方程式 $x^2+ax+15=0$ の解の 1 つは -3 で，もう 1 つの解は 1 次方程式 $2x+a+b=0$ の解です。このとき，a，b の値を求めなさい。 〔愛知〕

6 (2) $x-4=A$ と置くと，$A^2=2A+3$ これより，$A^2-2A-3=0$

7 (1) 2 次方程式の解は，その 2 次方程式を成り立たせる値だから，方程式に $x=-4$ を代入し，a についての方程式を導く。

 2節　2次方程式の利用
① 2次方程式を使って数や図形の問題を解決しよう
② 通路の幅を決めよう

例1 数に関する問題
教 p.93 → 基本 問題①

連続する2つの自然数があり，それぞれの2乗の和が61になります。この2つの自然数を求めなさい。

考え方 連続する2つの自然数は，x，$x+1$と表される。

解き方 小さいほうの自然数をxとすると，←手順①

$$x^2+(x+1)^2=61$$
$$x^2+(x^2+2x+1)=61$$
$$2x^2+2x-60=0$$
$$x^2+x-30=0$$
$$(x+6)(x-5)=0$$

←手順②
左辺を展開する。
右辺を移項して整理する。
両辺を2でわる。
左辺を因数分解する。

よって，$x=-6$，$x=5$　←手順③

xは自然数なので，-6は問題の答えとすることはできない。←手順④

$x=5$のとき，大きいほうの自然数は [①   ] で，5と [①   ] は問題の答えとしてよい。

答 [②   ] と [③   ]

たいせつ

方程式を使って問題を解く手順
①わかっている数量と求める数量を明らかにし，何をxにするかを決める。
②等しい関係にある数量を見つけて方程式をつくる。
③方程式を解く。
④方程式の解を問題の答えとしてよいかどうかを確かめ，答えを決める。

例2 図形に関する問題
教 p.94 → 基本 問題②

右の図のような正方形ABCDで，点Pは，Aを出発して辺AB上をBまで動きます。また，点Qは，点PがAを出発するのと同時にBを出発し，Pと同じ速さで辺BC上をCまで動きます。
△PBQの面積が$4\,\text{cm}^2$になるのは，点PがAから何cm動いたときですか。

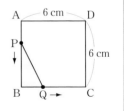

考え方 何をxにするか決めて方程式をつくって解く。

解き方 APの長さを$x\,$cmとすると，PBの長さは　←手順①
$($ [④   ] $)\,$cm，BQの長さは$x\,$cmと表せるから，

$$x([④\quad])\times\frac{1}{2}=4$$ ←手順②
△PBQ=BQ×PB×$\frac{1}{2}$
$$x^2-6x+8=0$$
$$(x-2)(x-4)=0$$
$$x=2,\ x=4$$ ←手順③

xの変域は [⑤   ] なので，2つの解は，どちらも問題の答えとしてよい。←手順④

答 [⑥   ]

覚えておこう

2次方程式の解について，次の3つの場合がある。
①2つとも問題に適している。
②1つは問題に適していて，他の1つは適していない。
③2つとも問題に適していない。
③の場合は，「答えはない」などと答える。

基本問題

解答 p.15

1 **数に関する問題** 次の(1), (2)に答えなさい。

教 p.93 Q1〜Q3

(1) 差が9で，積が136である2つの自然数について，次の①，②に答えなさい。

① 小さいほうの自然数を x として方程式をつくり，2つの自然数を求めなさい。

② 大きいほうの自然数を x として方程式をつくり，2つの自然数を求めなさい。

(2) 連続する2つの整数があり，それぞれの2乗の和は85になります。この2つの整数を求めなさい。

覚えておこう

連続する2数…
x, $x+1$
連続する3数…
x, $x+1$, $x+2$
または $x-1$, x, $x+1$
差が a である2数…
x と $x+a$
または $x-a$ と x
和が a である2数…
x と $a-x$

ミス注意

整数には負の数もふくまれる。

3章

2 **図形に関する問題** 右の図のような正方形 ABCD で，点 P は，A を出発して辺 AB 上を B まで動きます。また，点 Q は，点 P が A を出発するのと同時に D を出発し，P と同じ速さで辺 DA 上を A まで動きます。

教 p.94 Q4, Q5

(1) AP $=x$ cm のとき，AQ の長さを x の式で表しなさい。

(2) △APQ の面積が 5 cm^2 になるのは，点 P が A から何 cm 動いたときですか。

3 **通路の幅の問題** 縦の長さが20 m，横の長さが30 m の長方形の土地に，幅が等しく，垂直な2本の通路をつくったら，通路を除いた土地の面積がちょうど375 m^2 になりました。通路の幅を求めなさい。

教 p.96 Q1, Q2

ここがポイント

通路を端に寄せ，残りの土地を1つの長方形で表す。残りの土地の縦と横の長さがどのように表せるかを考える。

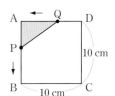

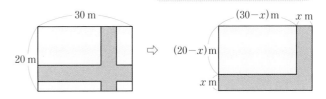

左ページの 例 の答え ①6 ②5 ③6（または②6 ③5） ④6−x ⑤0<x<6 ⑥2 cm と4 cm

解答 p.15

 **2節　2次方程式の利用**

1 連続する3つの自然数があり，それぞれの2乗の和は194です。次の(1)，(2)に答えなさい。

(1) 真ん中の自然数を x として，方程式をつくりなさい。

(2) (1)でつくった方程式を解いて，連続する3つの自然数を求めなさい。

2 ある自然数から2をひいたものを2乗すると，もとの数の5倍より4だけ大きくなりました。もとの自然数を求めなさい。

3 ある自然数に4を加えて2乗しなければいけないところを，まちがえて4を加えてから2倍したため，計算の結果が63小さくなりました。この自然数を求めなさい。

4 正方形の縦を2cm短くし，横を3cm長くした長方形をつくったところ，その面積が66cm² になりました。このとき，次の(1)，(2)に答えなさい。

(1) 正方形の1辺の長さを x cm として，長方形の面積が66cm² であることから，2次方程式をつくりなさい。

(2) (1)でつくった方程式を解いて，正方形の1辺の長さを求めなさい。

5 右の図のように，正方形の厚紙の4つの隅から1辺の長さが2cmの正方形を4つ切り取って，容積が128cm³ の箱を作ります。もとの正方形の1辺を何cmにすればよいですか。

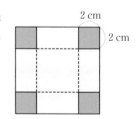

6 縦の長さが8m，横の長さが12mの長方形の土地に，幅が等しく，垂直な通路を縦に2本，横に1本つくったら，通路の面積と通路を除いた面積がちょうど同じになりました。通路の幅を求めなさい。

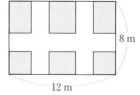

2 (ある自然数−2)² ＝(ある自然数の5倍)＋4

5 もとの正方形の1辺の長さを x cm とすると，高さ2cmの箱を作るから，箱の底面の1辺の長さは，$x-2×2=x-4$(cm)

レベルUP 7 右の図のように，縦の長さが 8 cm，横の長さが 16 cm の長方形 ABCD があります。点 P は辺 AB 上を A から B まで動き，点 Q は辺 BC 上を C から B まで，点 P の 2 倍の速さで動きます。点 P，Q が同時に出発するとき，△PBQ の面積が 25 cm² となるのは，点 P が A から何 cm 動いたときですか。

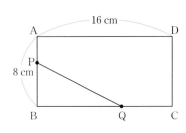

レベルUP 8 右の図で，点 P は $y = 2x + 4$ のグラフ上の点で，点 P から x 軸にひいた垂線と x 軸との交点を Q とします。△POQ の面積が 24 cm² のときの点 P の座標を求めなさい。ただし，点 P の x 座標は正とし，座標の 1 めもりは 1 cm とします。

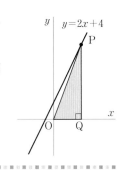

3 章

![やってみよう] 入試問題を やってみよう！

1 ある素数 x を 2 乗したものに 52 を加えた数は，x を 17 倍した数に等しいです。このとき，素数 x を求めなさい。〔佐賀〕

2 右下のカレンダーの中にある 3 つの日付の数で，次の①～③の関係が成り立つものを求めます。

① 最も小さい数と 2 番目に小さい数の 2 つの数は，上下に隣接している。	日 月 火 水 木 金 土

① 最も小さい数と 2 番目に小さい数の 2 つの数は，上下に隣接している。
② 2 番目に小さい数と最も大きい数の 2 つの数は，左右に隣接している。
③ 最も小さい数の 2 乗と 2 番目に小さい数の 2 乗との和が，最も大きい数の 2 乗に等しい。

日	月	火	水	木	金	土
1	2	3	4	5	6	7
8	9	10	11	12	13	14
15	16	17	18	19	20	21
22	23	24	25	26	27	28
29	30	31				

次の(1)，(2)の問いに答えなさい。〔岐阜〕

(1) 2 番目に小さい数を x とすると，
 (ア) ①から，最も小さい数を x を使った式で表しなさい。
 (イ) ②から，最も大きい数を x を使った式で表しなさい。
 (ウ) ①，②，③から，x についての 2 次方程式をつくり，$x^2 + ax + b = 0$ の形で表しなさい。

(2) 3 つの数を求めなさい。

6 面積がちょうど同じ→それぞれ長方形の半分の面積となる。
7 点 Q は点 P の 2 倍の速さで動くから，AP = x cm とすると，CQ = $2x$ cm
8 点 P の x 座標を a とすると，P(a, $2a+4$) で，PQ = $2a+4$，OQ = a

2次方程式

解答　p.16

40分　/100

1 解が次の(1), (2)のような数になる x^2 の係数が1である2次方程式を，それぞれ1つずつつくりなさい。　3点×2（6点）

(1)　1, -3

(2)　-7

（　　　　　　　　　）　　　　　（　　　　　　　　　）

2 次の2次方程式を解きなさい。　4点×12（48点）

(1)　$2x^2 - 72 = 0$

(2)　$(x-6)^2 = 18$

（　　　　　　　　　）　　　　　（　　　　　　　　　）

(3)　$4x^2 = 12x$

(4)　$x^2 - 9x + 20 = 0$

（　　　　　　　　　）　　　　　（　　　　　　　　　）

(5)　$x^2 + 24x + 144 = 0$

(6)　$-y^2 - 8y + 65 = 0$

（　　　　　　　　　）　　　　　（　　　　　　　　　）

(7)　$3x^2 + 45 = 24x$

(8)　$x^2 + 3x - 2 = 0$

（　　　　　　　　　）　　　　　（　　　　　　　　　）

(9)　$3x^2 - 10x + 2 = 0$

(10)　$2x^2 + 6x = 5(x+1)$

（　　　　　　　　　）　　　　　（　　　　　　　　　）

(11)　$(x-3)^2 = 2(x-3)$

(12)　$3x(2x+1) = 4x + 1$

（　　　　　　　　　）　　　　　（　　　　　　　　　）

3 2次方程式 $x^2 - ax + 8 = 0$ の1つの解が2であるとき，a の値を求めなさい。また，ほかの解を求めなさい。　3点×2（6点）

a（　　　　　　　　　）　ほかの解（　　　　　　　　　）

4 連続する 3 つの自然数があり，最も大きい数の 2 乗は，残りの 2 つの数の和の 4 倍に等しいです。それらの自然数を求めなさい。 (8点)

(　　　　　　　　　　)

5 ある自然数を 2 乗しなければいけないところを，まちがえて 2 倍したため，計算の結果が 35 小さくなりました。この自然数を求めなさい。 (8点)

(　　　　　　　　　　)

6 1 辺の長さが 20 m の正方形の土地に，右の図のような幅 x m の垂直な 2 本の通路をつくったら，通路を除いた面積がちょうど 320 m^2 になりました。通路の幅を求めなさい。 (8点)

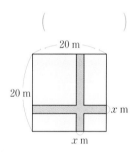

(　　　　　　　　　　)

7 幅 24 cm の厚紙の両端を等しい長さだけ直角に折り曲げて，四角形 ABCD が長方形になるようにします。この長方形の面積を 64 cm^2 にするには，何 cm 折り曲げればよいですか。 (8点)

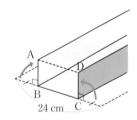

(　　　　　　　　　　)

8 右の図で，直線 ℓ の式は $y = x + 2$ で，ℓ 上の点 P から x 軸にひいた垂線と x 軸との交点を Q，ℓ と y 軸との交点を R とします。台形 PROQ の面積が 16 cm^2 のとき，点 P の座標を求めなさい。ただし，点 P の x 座標は正とし，座標の 1 めもりは 1 cm とします。 (8点)

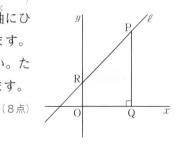

(　　　　　　　　　　)

 アプリ【どこでもワーク計算編】をやって，さらに力をつけよう！

確認のワーク **ステージ 1** 1節　関数 $y = ax^2$
① 関数 $y = ax^2$　　② 関数 $y = ax^2$ のグラフ⑴

例 1 関数 $y = ax^2$ 　　　　　　　　　　　　教 p.104, 105 → 基本問題 ❶ ❷

直角二等辺三角形の等しい辺の長さを x cm，面積を y cm² とします。

⑴　x と y の関係を表に表しなさい。　　⑵　y を x の式で表しなさい。

⑶　y は x の関数であるといえますか。

⑷　x の値が 2 倍，3 倍，4 倍，……になると，対応する y の値はどのように変わりますか。

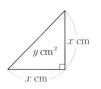

考え方 ⑶　x の値を決めると，それに対応して y の値がただ 1 つ決まるとき，「y は x の関数である」という。

解き方 ⑴

x	0	1	2	3	4	5	…
y	0	$\frac{1}{2}$	2	$\frac{9}{2}$	8	$\frac{25}{2}$	…

4倍
3倍
2倍
4倍
9倍
16倍

⑵　$y = \dfrac{1}{2} \times x \times x$

$= \boxed{①}$

↑
$y = ax^2$ で，
$a = \dfrac{1}{2}$ のとき。

覚えておこう

2 乗に比例する関数
$y = ax^2$（a は定数，$a \neq 0$）
は，y は x の 2 乗に比例するとみることができる。
x の値が 2 倍，3 倍，4 倍，……になると，y の値は
$2^2 = 4$（倍），$3^2 = 9$（倍），
$4^2 = 16$（倍），……になる。

⑶　x の値を決めると，それに対応して y の値がただ 1 つ決まるので，y は x の関数で $\boxed{②}$ 。

⑷　⑴の表より，$\boxed{③}$ ，……になる。

例 2 関数 $y = x^2$ のグラフ 　　　　　　　　教 p.106〜109 → 基本問題 ❸

関数 $y = x^2$ のグラフをかきなさい。

考え方 表をつくって，x の値に対応する y の値を求める。

解き方

x	…	−3	−2	−1	0	1	2	3	…
y	…	④	⑤	1	⑥	⑦	4	9	…

対応する x，y の値の組を座標とする点を右の座標平面上にとる。$y = x^2$ のグラフは，

$(-3, \boxed{④})$，$(-2, \boxed{⑤})$，$(-1, 1)$，

$(0, \boxed{⑥})$，$(1, \boxed{⑦})$，$(2, 4)$，$(3, 9)$

という点をとって，それをなめらかな曲線でつなぐことによってかける。

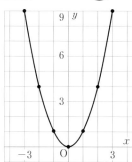

覚えておこう

関数 $y = x^2$ のグラフは，x の変域をすべての数とすると，限りなく延びるなめらかな曲線になる。また，次のような特徴をもつ。

・原点を通る。
・y 軸について対称。

基 本 問 題 ・・ 解答 p.17

1 y が x の2次式　次のア～エで，y は x の関数です。比例でも1次関数でもないものをすべて選びなさい。　教 p.105 Q2

ア　三角形の3つの角が $60°$，$x°$，$y°$

イ　半径が x cm の円の面積が y cm^2

ウ　底面の半径が6 cm，高さが x cm の円柱の体積が y cm^3

エ　直角をはさむ2辺が x cm の直角二等辺三角形が底面で，高さが4 cm の三角柱の体積が y cm^3

思い出そう

比例…$y = ax$

反比例…$y = \dfrac{a}{x}$

1次関数…$y = ax + b$

2 関数 $y = ax^2$　次の(1)～(4)について，y を x の式で表しなさい。また，y が x の2乗に比例するものをすべて選び，番号で答えなさい。　教 p.105 Q3

(1)　底面が1辺 x cm の正方形で，高さが10 cm の正四角柱の体積が y cm^3

(2)　底面の半径が x cm，高さが4 cm の円柱の体積が y cm^3

(3)　半径が x cm の円の周の長さが y cm

(4)　周の長さが x cm の正方形の面積が y cm^2

(4) 1辺の長さは…？

3 関数 $y = x^2$ のグラフ　関数 $y = x^2$ のグラフについて，次の(1)～(3)に答えなさい。

(1)　次の表を完成させなさい。　教 p.106 Q1, Q2

x	…	-1	-0.8	-0.6	-0.4	-0.2	0	0.2	0.4	0.6	0.8	1	…
y	…	1	0.64	㋐	㋑		0.04	0	0.04	㋒	㋓		0.64	1	…

(2)　(1)の表の x，y の値の組から，(x, y) を座標とする点を右の座標平面上にとり，その点をもとにして関数 $y = x^2$ のグラフをかきなさい。

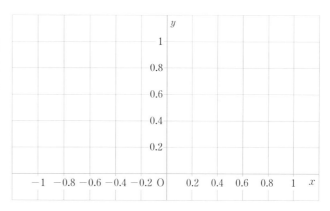

(3)　次の □ をうめなさい。

関数 $y = x^2$ のグラフは，① [　　] を通り，② [　　] について対称である。

確認のワーク　ステージ1

1節　関数 $y = ax^2$
② 関数 $y = ax^2$ のグラフ(2)
③ 関数 $y = ax^2$ の値の変化と変域

例1 関数 $y = ax^2$ のグラフ

教 p.110〜112 → 基本問題❶❷

$y = x^2$ のグラフをもとにして，次の関数のグラフをかきなさい。

(1)　$y = 2x^2$

(2)　$y = -x^2$

考え方 表をつくって，同じ x の値に対応する y の値を比べる。

解き方

x	…	-3	-2	-1	0	1	2	3	…
x^2	…	9	4	1	0	1	4	9	…
$2x^2$	…	①	8	2	0	2	②	18	…
$-x^2$	…	③	-4	-1	0	-1	④	-9	…

(1)　$y = 2x^2$ のグラフは，$y = x^2$ のグラフ上のそれぞれの点について，y 座標を ⑤ 倍にした点の集合である。

(2)　$y = x^2$ と $y = -x^2$ のグラフは，⑥ について対称である。

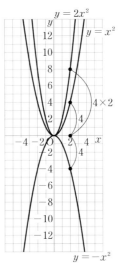

たいせつ

関数 $y = ax^2$ のグラフ
① 原点を通り，y 軸について対称な曲線である。
② $a > 0$ のとき，上に開き，$a < 0$ のとき，下に開く。
③ a の絶対値が大きくなるほど，グラフの開き方は小さくなる。
④ a の絶対値が等しく符号が異なる2つのグラフは，x 軸について対称である。

覚えておこう

関数 $y = ax^2$ のグラフは，**放物線**といわれる曲線である。放物線の対称軸をその放物線の**軸**といい，軸との交点を放物線の**頂点**という。

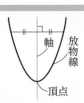

例2 関数 $y = ax^2$ の変域

教 p.114, 115 → 基本問題❹

関数 $y = x^2$ について，x の変域が次の(1)，(2)のときの y の変域を求めなさい。

(1)　$1 \leqq x \leqq 3$

(2)　$-1 \leqq x \leqq 3$

考え方 $a > 0$ の場合，関数 $y = ax^2$ の値の変化は次のようになる。
①　$x < 0$ のとき，x の値が増加すると対応する y の値は減少する。
②　$x = 0$ ならば，$y = 0$ であり，これは y の最小値である。
③　$x > 0$ のとき，x の値が増加すると対応する y の値は増加する。

解き方 (1)　$x = 1$ のとき，$y = 1^2 = 1$
　　　$x = 3$ のとき，$y = 3^2 = 9$
　　　よって，y の変域は，$1 \leqq y \leqq$ ⑦

(2)　$x = 0$ のとき，$y = 0$
　　　よって，y の変域は，⑧ $\leqq y \leqq$ ⑨

ミス注意

(2)のように，x の変域に0がふくまれるとき，$y = x^2$ は $x = 0$ で最小の値0をとる。

基本問題 解答 p.18

1 関数 $y=ax^2$ のグラフ $y=3x^2\cdots$①, $y=\frac{1}{4}x^2\cdots$②のグラフについて，次の(1)〜(3)に答えなさい。 教 p.110 Q3〜Q5

(1) ①，②のグラフは，$y=x^2$ のグラフ上の点について，y 座標をそれぞれ何倍にした点の集まりですか。

(2) 右のグラフは，$y=x^2$ のグラフです。(1)をもとにして，①，②のグラフを右の図にかきなさい。

(3) $a>0$ のとき，関数 $y=ax^2$ のグラフは，a の値が大きくなるほど，どうなりますか。

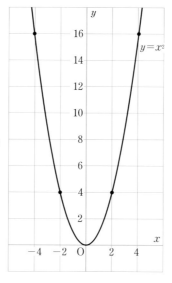

思い出そう
グラフのかき方
まず，対応する x，y の値の表をつくり，それらの点をなめらかな曲線で結ぶ。

ミス注意
次のようなグラフをかかないよう注意しよう。
・直線で結んでしまう。
・y 軸について対称になっていない。

4章

2 関数 $y=ax^2$ のグラフ 次の(1),(2)にあてはまるものを，下のア〜オのなかから選びなさい。
(1) グラフが下に開く 教 p.112 Q8
(2) x 軸について対称なグラフの組

ア $y=\frac{1}{2}x^2$ イ $y=-3x^2$ ウ $y=\frac{3}{2}x^2$

エ $y=3x^2$ オ $y=-0.5x^2$

3 関数 $y=ax^2$ のグラフと値の変化 次の関数ア，イで，x の値が増加すると，y の値はどのように変化しますか。$x<0$，$x=0$，$x>0$ の場合に分けて，次の①〜④の空らんをうめなさい。 教 p.114 Q1

	$x<0$	$x=0$	$x>0$
ア $y=-\frac{1}{3}x^2$	増加	0 で最大値	①
イ $y=1.5x^2$	②	③	④

たいせつ
$y=ax^2$ の値の変化
・$a>0$ のとき
・$a<0$ のとき

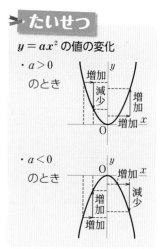

4 関数 $y=ax^2$ の変域 関数 $y=2x^2$ について，x の変域が次のときの y の変域を求めなさい。 教 p.115 Q3, Q4

(1) $1\leqq x\leqq 3$ (2) $-4\leqq x\leqq -2$ (3) $-1\leqq x\leqq 2$

左ページの 例 の答え ①18 ②8 ③−9 ④−4 ⑤2 ⑥x 軸 ⑦9 ⑧0 ⑨9

確認のワーク　ステージ1

1節　関数 $y = ax^2$
④ 関数 $y = ax^2$ の変化の割合　　⑤ 変化の割合の意味
⑥ 関数 $y = ax^2$ の式の求め方

例 1　関数 $y = ax^2$ の変化の割合　　教 p.116, 117 → 基本 問題 ①

(1)　関数 $y = \dfrac{1}{2}x^2$ で，x の値が 1 から 3 まで増加するときの変化の割合を求めなさい。

(2)　(1)で求めた変化の割合は，グラフ上でどんなことを表していますか。

考え方　$(変化の割合) = \dfrac{(y の増加量)}{(x の増加量)}$

解き方　(1)　x の増加量は，$3 - 1 = 2$

y の増加量は，$\dfrac{1}{2} \times 3^2 - \dfrac{1}{2} \times 1^2 = \boxed{①}$

$(変化の割合) = \dfrac{(y の増加量)}{(x の増加量)} = \dfrac{\boxed{①}}{2} = \boxed{②}$

(2)　右のグラフ上の 2 点 $A\left(1, \dfrac{1}{2}\right)$，$B\boxed{③}$

を通る直線の傾きを示している。

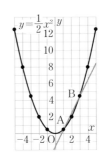

> **たいせつ**
> 関数 $y = ax^2$ では，1 次関数の場合とちがって，その変化の割合は一定ではない。

例 2　変化の割合の意味　　教 p.118, 119 → 基本 問題 ②

ボールを自然に落とすとき，落ち始めてから x 秒間に y m 落ちるとすると，$y = 5x^2$ という関係があるといいます。このとき，5 秒後から 7 秒後までの平均の速さを求めなさい。

考え方　$(変化の割合) = \dfrac{(y の増加量)}{(x の増加量)} = \dfrac{(進んだ距離)}{(かかった時間)} = (平均の速さ)$

解き方　落ちる時間は，$7 - 5 = 2$（秒）

落ちる距離は，$5 \times 7^2 - 5 \times \boxed{④}^2 = \boxed{⑤}$（m）

5 秒後から 7 秒後までの平均の速さは，$\dfrac{\boxed{⑤}}{2} = \boxed{⑥}$（m/s）

> **覚えておこう**
> 速さの表し方
> 秒速□ m を□ m/s,
> 分速□ m を□ m/min,
> 時速□ m を□ m/h と表すことがある。

例 3　関数 $y = ax^2$ の式の求め方　　教 p.120 → 基本 問題 ③

x と y の関係が $y = ax^2$ で表され，$x = -2$ のとき $y = 20$ です。このとき，y を x の式で表しなさい。

考え方　$y = ax^2$ に対応する x と y の値を代入して a の値を求める。

解き方　$y = ax^2$ に $x = -2$，$y = 20$ を代入すると，

$20 = a \times (-2)^2$　←$\cancel{20 = a \times 2^2}$
$4a = 20$　　　　$\cancel{4a = 20}$ これはまちがい!!
$a = 5$　　　　よって，$y = \boxed{⑦}$

> **ミス注意**
> 負の数を代入するときは，かっこをつける。
> $(-2)^2 = (-2) \times (-2)$
> 　　　$= 4$

基本問題 解答 p.18

① 関数 $y=ax^2$ の変化の割合 次の(1), (2)に答えなさい。 教 p.117 Q2

(1) 関数 $y=2x^2$ で，x の値が次のように増加するときの変化の割合を求めなさい。

① 1から3まで ② 2から4まで

(2) 関数 $y=-3x^2$ で，x の値が次のように増加するときの変化の割合を求めなさい。

① 1から3まで ② 2から4まで

② 変化の割合の意味 ある坂の上からボールを転がすとき，転がり始めてから x 秒間に進む距離を y m とすると，$y=\dfrac{1}{2}x^2$ という関係があるといいます。このとき，次の平均の速さを求めなさい。 教 p.119 たしかめ❶

(1) 1秒後から3秒後まで

(2) 2秒後から6秒後まで

(3) 転がり始めてから10秒後まで

③ 関数 $y=ax^2$ の式の求め方 x と y の関係が $y=ax^2$ で表され，次の場合のとき，y を x の式で表しなさい。 教 p.120 Q1

(1) $x=2$ のとき $y=8$ (2) $x=-3$ のとき $y=-36$

④ 関数 $y=ax^2$ の式の求め方 関数 $y=ax^2$ のグラフが次の点を通るとき，y を x の式で表しなさい。 教 p.121 Q2

(1) 点 $(2,\ -12)$ (2) 点 $(-4,\ 8)$

> 点 $(2,\ -12)$ を通るときは，$y=ax^2$ に $x=2$，$y=-12$ を代入すればいいね。

たいせつ

変化の割合について
・1次関数 $y=ax+b$ は，
 <u>一定</u>で a に等しい。
・関数 $y=ax^2$ は，
 <u>一定ではない</u>。

知ってると得

関数 $y=ax^2$ について，x の値が p から q まで増加するときの変化の割合は，$a(p+q)$ で求めることができる。

変化の割合
$$=\frac{aq^2-ap^2}{q-p}$$
$$=\frac{a(q+p)(q-p)}{q-p}$$
$$=a(p+q)$$

例 左ページ 例❶(1) では，

変化の割合
$$=\frac{1}{2}\times(1+3)=2$$

4章

解答 p.19

1節　関数 $y = ax^2$

1 底面の円の半径が $x\,\text{cm}$，高さが $15\,\text{cm}$ の円錐の体積を $y\,\text{cm}^3$ とします。

(1)　y を x の式で表しなさい。

(2)　x の値が 10 倍になると，対応する y の値は何倍になりますか。

2 次の関数のグラフをかきなさい。

(1)　$y = 2x^2$

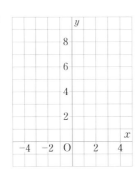

(2)　$y = -\dfrac{1}{2}x^2$

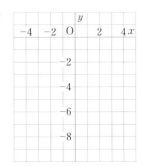

3 右の(1)〜(4)の放物線は下のア〜エのグラフをかいたものです。
(1)〜(4)はそれぞれどの関数のグラフですか。

ア　$y = -\dfrac{1}{2}x^2$　　　　　イ　$y = \dfrac{1}{3}x^2$

ウ　$y = x^2$　　　　　　　　エ　$y = -3x^2$

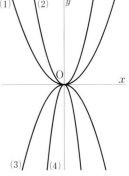

4 関数 $y = -2x^2$ について，x の変域が次のときの y の変域を求めなさい。

(1)　$1 \leqq x \leqq 4$　　　　(2)　$-3 \leqq x \leqq 2$　　　　(3)　$-2 \leqq x < 5$

5 関数 $y = -\dfrac{1}{3}x^2$ で，x の値が次のように増加するときの変化の割合を求めなさい。

(1)　3 から 6 まで　　　　(2)　1 から 4 まで　　　　(3)　-9 から -3 まで

3 関数 $y = ax^2$ のグラフは，$a > 0$ のとき上に開き，$a < 0$ のとき下に開く。
また，a の絶対値が大きくなるほど，グラフの開き方は小さくなる。

4 $y = -2x^2$ のグラフは下に開いているから，$x = 0$ のとき，y は最大となり $y = 0$

6 ある物体が動き始めてから x 秒間に進む距離を y m とすると，$y = 10x^2$ という関係が成り立つといいます。

(1) 動き始めて 1 秒後から 3 秒後までの平均の速さを求めなさい。

レベルUP (2) 動き始めてから，ある 1 秒間の平均の速さが秒速 90 m になるのは，何秒後から何秒後までの間ですか。

7 x と y の関係が $y = ax^2$ で表され，次の場合のとき，y を x の式で表しなさい。

(1) $x = \dfrac{1}{3}$ のとき $y = -2$

(2) $x = -2$ のとき $y = \dfrac{1}{5}$

8 グラフが右のア～エの放物線であるとき，y を x の式で表しなさい。

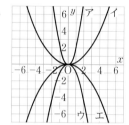

📝 入試問題を や っ て み よ う ！

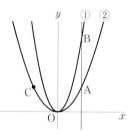

4章

1 関数 $y = ax^2 \cdots$ ① について，(1)，(2)の問いに答えなさい。 〔佐賀〕

(1) 関数①のグラフが点 $(3, 18)$ を通るとき，a の値を求めなさい。

(2) 関数①について，x の値が 1 から 3 まで増加するときの変化の割合が -2 となるとき，a の値を求めなさい。

2 下の図のように，2 つの関数 $y = x^2 \cdots$ ①，$y = \dfrac{1}{3}x^2 \cdots$ ②のグラフがあります。②のグラフ上に点 A があり，点 A の x 座標を正の数とします。点 A を通り，y 軸に平行な直線と①のグラフとの交点を B とし，点 A と y 軸について対称な点を C とします。点 O は原点とします。次の問いに答えなさい。 〔北海道〕

(1) 点 A の x 座標が 2 のとき，点 C の座標を求めなさい。

(2) 点 B の x 座標が 6 のとき，2 点 B，C を通る直線の傾きを求めなさい。

(3) 点 A の x 座標を t とします。△ABC が直角二等辺三角形となるとき，t の値を求めなさい。

8 グラフが通る点を 1 つ見つけて，その x 座標，y 座標の値を $y = ax^2$ に代入する。

2 (1) 点 A と点 C は y 軸について対称な点だから，x 座標の絶対値が等しい。

(3) ∠BAC $= 90°$ だから，AB $=$ AC が成り立てばよい。

 **2節　関数の利用**
① 停止距離は何 m になるだろうか　② 身近に現れる関数 $y = ax^2$ について考えよう
③ 図形のなかに現れる関数について調べよう

例 1 停止距離 　　　　　　　　　　　　　　教 p.124, 125 → 基本問題 ①

一般に，空走距離は速さに比例し，制動距離は速さの2乗に比例します。ある自動車が時速 10 km で走ると，空走距離は 2.0 m，制動距離は 0.6 m になりました。

(1)　時速 20 km で走っているときの空走距離，制動距離，停止距離を求めなさい。

(2)　時速 x km で走っているときの制動距離を y m として，y を x の式で表しなさい。

考え方　速さは，時速 10 km から時速 20 km へと，2倍になっている。

解き方　(1)　空走距離は速さに比例するから，これも2倍になる。よって，$2.0 \times 2 = 4.0$(m)

制動距離は速さの2乗に比例するから，$2^2 = 4$(倍)

よって，$0.6 \times$ ⬜① $=$ ⬜② (m)

停止距離は，$4.0 + 2.4 = 6.4$(m)

答　空走距離 4 m，制動距離 ⬜③ m，停止距離 6.4 m

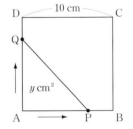
知ってると得

空走距離…ブレーキをふんでからきき始めるまでに走った距離

制動距離…ブレーキがきき始めてから止まるまでに走った距離

停止距離…「空走距離」と「制動距離」を合わせた距離

(2)　制動距離は速さの2乗に比例するから，求める式を $y = ax^2$ とする。

$x = 10$ のとき，$y = 0.6$ だから，$0.6 = a \times 10^2$　$a = 0.6 \times \dfrac{1}{10^2} = \dfrac{3}{500}$　**答**　$y =$ ⬜④

時速 10 km　　制動距離 0.6 m　　$y = 0.6$　　$x = 10$

例 2 図形のなかに現れる関数 　　　　　　　教 p.127 → 基本問題 ③

右の図のように，1辺が 10 cm の正方形 ABCD があります。点 P，Q は A を同時に出発して，それぞれ B，D まで秒速 2 cm で動くものとします。点 P，Q が A を出発してから x 秒後の △APQ の面積を y cm² とするとき，次の(1)〜(3)に答えなさい。

(1)　y を x の式で表しなさい。

(2)　x，y の変域をそれぞれ求めなさい。

(3)　△APQ の面積が 20 cm² になるときの x の値を求めなさい。

（図：正方形 ABCD，10 cm，y cm²，頂点 D・C（上），A・P・B（下），Q）

考え方　(1)　点 P，Q は秒速 2 cm で動くから，x 秒間では $2x$ cm 動く。

解き方　(1)　△APQ の面積は，底辺を AP，高さを AQ とすると，ともに $2x$ cm だから，$y = \dfrac{1}{2} \times 2x \times 2x =$ ⬜⑤

(2)　$10 \div 2 = 5$ より，点 P，Q は B，D に5秒後に重なるから，x の変域は $0 \le x \le$ ⬜⑥ ，y の変域は $0 \le y \le$ ⬜⑦

(3)　△APQ $= 20$ cm² のとき，$2x^2 = 20$　$x^2 = 10$　$x = \pm\sqrt{10}$

$0 \le x \le 5$ より，$x =$ ⬜⑧ 　←条件を満たすか確認する。

ここがポイント

動く点の問題や図形が移動する問題では，

①図をかき，線分の長さを x を使って表す。

②面積に関する公式などにあてはめて，y を x の式で表す。

③変域を確認する。

基本問題
解答 p.20

1 制動距離 　一般に，制動距離は，速さの2乗に比例します。ある自動車が時速60kmの速さで走っているときの制動距離は27mでした。時速 x km の速さで走っているときの制動距離を y m として，次の(1)〜(3)に答えなさい。

教 p.125 Q1

(1)　y を x の式で表しなさい。

ここがポイント

y が x の2乗に比例
→ $y = ax^2$

(2)　時速80kmで走っているときの制動距離を求めなさい。

(3)　制動距離が12mのとき，走っている自動車の速さは時速何kmですか。

2 身近に現れる関数 $y = ax^2$ 　静止している物体が落ちるとき，落ち始めてから x 秒間に落ちた距離を y m とすると，x と y の関係は $y = ax^2$ で表されます。落ち始めてから2秒間に20m落ちたとするとき，次の(1)，(2)に答えなさい。

教 p.126 Q1

(1)　a の値を求め，y を x の式で表しなさい。

(2)　落ち始めてから最初の3秒間で，何m落ちますか。

知ってると得

$\bigcirc = a \times \square$ （a は定数）
のとき，$\bigcirc$ は $\square$ に比例する
という。

例　$y = 5x^2 \rightarrow y = 5 \times x^2$
　→ y は x^2 に比例する。

$y = \dfrac{4}{x} \rightarrow y = 4 \times \dfrac{1}{x}$

　→ y は $\dfrac{1}{x}$ に比例する。

3 図形のなかに現れる関数 　右の図のような長方形 ABCD の A から点 P，Q が同時に出発し，P は秒速1cmで AB 上を B まで，Q は秒速2cmで AD 上を D まで動くものとします。点 P，Q が同時に出発してから x 秒後の △APQ の面積を y cm² とするとき，次の(1)〜(4)に答えなさい。

教 p.127 Q1

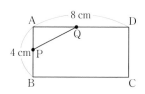

(1)　y を x の式で表しなさい。

(2)　x，y の変域をそれぞれ求めなさい。

(3)　x と y の関係を表すグラフを，右の図にかきなさい。

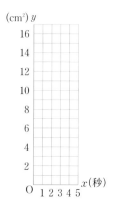

(4)　△APQ の面積が，長方形 ABCD の面積の $\dfrac{1}{4}$ になるときの x の値を求めなさい。

確認のワーク　ステージ1

2節　関数の利用
④ いろいろな関数について調べよう
発展 学びにプラス　関数 $y = ax^2$ のグラフと 1 次関数のグラフの交点

例1 いろいろな関数

教 p.128 → 基本 問題①

右のグラフは，ある鉄道の乗車距離 x km と運賃 y 円の関係を表しています。

(1)　A 駅から B 駅までの距離が 8.3 km のとき，A 駅から B 駅の間の運賃を求めなさい。

(2)　C 駅と D 駅の間の運賃が 170 円のとき，2 つの駅の間の距離はどの範囲か求めなさい。

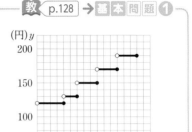

考え方　グラフから読みとる。

解き方 (1)　グラフで距離が 8.3 km のところの運賃は

[①　　　　　] 円。

(2)　グラフで運賃が 170 円となる線分の距離の範囲を読みとる。[②　　　　] km より大きく [③　　　　] km 以下。

覚えておこう

階段状のグラフでは，端(はし)の点がどちらの線分に入るかに気をつける。
●━●…右端の点をふくむ。
●━○…右端の点はふくまない。

発展 ### 例2 グラフの交点

教 p.134 → 基本 問題②③

次の 2 つの関数のグラフの交点について考えます。

$$y = x^2 \quad \cdots\cdots①$$
$$y = 2x + 3 \quad \cdots\cdots②$$

(1)　関数①，②のグラフをかきなさい。

(2)　(1)のグラフから，交点の座標を読みとりなさい。

(3)　2 次方程式 $x^2 = 2x + 3$ を解き，交点の x 座標と比べなさい。

考え方　(3)は，式①を②に代入したものである。

解き方 (1)　右の図

(2)　交点は 2 つあり，その座標は，

　　　$(3,\ [④\quad])$,

　　　$(-1,\ [⑤\quad])$

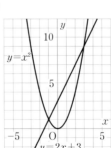

覚えておこう

関数 $y = ax^2$ のグラフと 1 次関数 $y = a'x + b$ のグラフの交点の座標は，連立方程式

$$\begin{cases} y = ax^2 \\ y = a'x + b \end{cases}$$

の解である。

(3)　2 次方程式 $x^2 = 2x + 3$ を解く。

右辺の項を左辺に移項する。

　　　$x^2 - 2x - 3 = 0$
　　　$(x-3)(x+1) = 0$
　　　$x = 3,\ x = -1$

1 次関数のときと同じように，交点は連立方程式の解を表しているね。

よって，2 次方程式 $x^2 = 2x + 3$ の解は，①，②のグラフの交点の x 座標と一致する。

基本問題 ⋯⋯⋯⋯⋯⋯⋯⋯⋯⋯⋯⋯⋯⋯⋯⋯⋯⋯⋯⋯⋯⋯⋯⋯⋯ 解答 p.20

1 いろいろな関数　N社の宅配料金は，荷物の縦，横，高さの合計の長さで決まり，右のグラフはその合計の長さ x cm と料金 y 円の関係を表しています。　教 p.128 **1**

(1)　合計の長さが 75 cm の荷物と 120 cm の荷物を送るときの料金をそれぞれ求めなさい。

(2)　1100 円の料金で送ることのできる荷物の合計の長さは何 cm までですか。

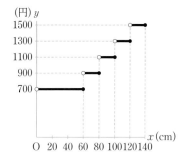

ミス注意

「•」はふくむ，「○」はふくまない。

2 放物線と直線　右の図のように，$y = 2x^2 \cdots ①$，$y = 2x + 4 \cdots ②$ のグラフが 2 点 A，B で交わっています。　教 p.134

(1)　点 C は，直線②と y 軸との交点です。点 C の座標を求めなさい。

発展 (2)　2 点 A，B の座標をそれぞれ求めなさい。

(3)　△OAB の面積を求めなさい。

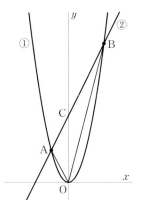

(2)は発展的な内容だけど，(1)，(3)はよく出る大切な問題だよ。がんばって解いてみよう。

ここがポイント

(3)は，△OAB を △OAC と △OBC に分ける。底辺を OC とみると高さは，点 A と点 B の x 座標の絶対値になる。

3 放物線と直線　右の図のように，$y = ax^2 \cdots ①$，$y = \dfrac{1}{2}x + 6 \cdots ②$ のグラフが 2 点 A，B で交わっています。点 B の座標は (4, 8) であり，点 C の y 座標は点 B の y 座標と等しいです。　教 p.134

(1)　a の値を求めなさい。

発展 (2)　点 A の座標を求めなさい。

(3)　△ABC の面積を求めなさい。

ここがポイント

$y = ax^2$ のグラフは，y 軸について対称な曲線だから，y 座標が等しい点 B と C の x 座標は，絶対値が等しい。

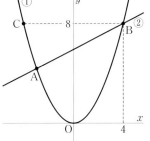

△ABC は，BC を底辺とみると高さは(点 C の y 座標)−(点 A の y 座標)となるね。

4 章

左ページの 例 の答え　① 150　② 9　③ 12　④ 9　⑤ 1

 2節　関数の利用

1 周期（1往復するのにかかる時間）が x 秒の振り子の長さを y m とすると，x と y の間には，およそ $y=\dfrac{1}{4}x^2$ の関係があるといいます。

(1) 周期が3秒の振り子の長さを求めなさい。

(2) 振り子の長さが1mのときの周期を求めなさい。

(3) 周期を1秒にするには，(1)の振り子の長さを何m短くすればよいですか。

2 速さ x m/s の風が吹くとき，$1\,\mathrm{m}^2$ の面に y N（ニュートン）の力がかかるとすると，x と y の関係は，$y=ax^2$ の式で表されるといいます。速さが1m/sのとき，$1\,\mathrm{m}^2$ の面にはおよそ1.2 N の力がかかりました。このとき，次の問いに答えなさい。

(1) a の値を求め，y を x の式で表しなさい。

(2) 速さが30m/sのとき，$1\,\mathrm{m}^2$ の面にかかる力を求めなさい。

3 Aさんは坂の途中で地面にボールを置くと同時に，秒速2mの速さで，ボールが転がるのと同じ方向に走り出しました。ボールが転がり始めてから，x 秒間に進む距離を y m とすると，$y=\dfrac{1}{3}x^2$ の関係があるといいます。

(1) x と y の関係を表すグラフを，右の図にかきなさい。

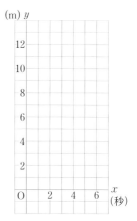

(2) Aさんがボールに追いつかれるのは，出発してから何秒後ですか。グラフをかいて求めなさい。

(3) Aさんより遅れて出発したBさんは，ボールが転がり始めてから3秒後にボールに追いつき，6秒後にボールに追いつかれました。Bさんが出発したのは，Aさんが出発してから何秒後ですか。ただし，Bさんの速さは一定であるものとします。

1 (1) x と y の間に $y=\dfrac{1}{4}x^2$ の関係があるから，$x=3$ のときの y の値を求める。
3 (2) Aさんの進行のようすは，原点を通る直線になる。この直線とボールのグラフの交点を求める。

❹ 右の図のように，長方形と直角二等辺三角形が重なった部分
の面積を考えます。**AB** が x cm のときの重なった部分の面積
を y cm² とします。$0 \leqq x \leqq 8$ として，次の⑴〜⑷に答えなさい。

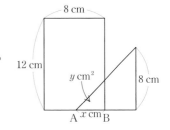

⑴ y を x の式で表しなさい。

⑵ x の変域が $0 \leqq x \leqq 8$ のときの y の変域を求めなさい。

⑶ $x = 2$ のとき，重なった部分の面積を求めなさい。

⑷ 重なった部分の面積が，もとの直角二等辺三角形の面積の半分になるときの x の値を求
めなさい。

① 右の図のような 1 辺が 6 cm の正方形 **ABCD** がある。点 P，Q は，点
A を同時に出発して，点 P は毎秒 2 cm の速さで正方形の辺上を反時計
回りに動き，点 Q は毎秒 1 cm の速さで正方形の辺上を時計回りに動く。
また，点 P，Q は出会うまで動き，出会ったところで停止する。

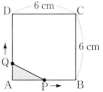

　　点 P，Q が点 **A** を出発してから x 秒後の △APQ の面積を y cm² と
するとき，次の問いに答えなさい。ただし，$x = 0$ のときと，点 P，Q が出会ったときは，
$y = 0$ とする。　　　　　　　　　　　　　　　　　　　　　　　　　　　〔愛媛〕

⑴ $x = 1$ のときと，$x = 4$ のときの，y の値をそれぞれ求めよ。

⑵ 点 P，Q が出会うのは，点 P，Q が点 **A** を出発してから何秒後か求めよ。

⑶ 下のア〜エのうち，x と y の関係を表すグラフとして，最も適当なものを 1 つ選び，そ
の記号を書け。

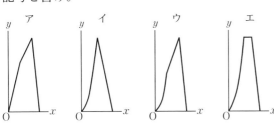

⑷ $y = 6$ となるときの x の値を全て求めよ。

① ⑵ 点 P と点 Q が出会うとき，2 点はあわせて正方形の 4 辺の長さ分を動いている。
　⑶ ㋐点 P が辺 AB 上で点 Q が辺 AD 上，㋑点 P が辺 BC 上で点 Q が辺 AD 上，㋒点 P，Q ともに
　　　辺 DC 上にある 3 つの場合に分けて面積を考える。

実力判定テスト　ステージ3　関数　　　　　40分　　/100

1 次の(1)～(3)に答えなさい。　　　　　　　　　　　　　　　　5点×3（15点）

(1) 底面が1辺 x cm の正方形で，高さが6cm の正四角柱の体積を y cm³ とします。x の値が5倍になると，y の値は何倍になりますか。

（　　　　　　　　）

(2) y は x の2乗に比例し，$x=2$ のとき $y=-16$ です。$x=-3$ のときの y の値を求めなさい。

（　　　　　　　　）

(3) 関数 $y=ax^2$ のグラフが点 $(3, -6)$ を通るとき，a の値を求めなさい。

（　　　　　　　　）

2 関数 $y=\dfrac{1}{2}x^2$ について，次の(1)～(3)に答えなさい。　5点×3（15点）

(1) この関数のグラフを右の図にかきなさい。

(2) 関数 $y=\dfrac{1}{2}x^2$ のグラフと x 軸について対称なグラフが表す式を答えなさい。

（　　　　　　　　）

(3) 関数 $y=\dfrac{1}{2}x^2$ と関数 $y=\dfrac{2}{5}x^2$ で，グラフの開き方が大きいのはどちらの関数か答えなさい。

（　　　　　　　　）

3 次の(1)，(2)に答えなさい。　　　　　　　　　　　　　　　5点×2（10点）

(1) 関数 $y=-3x^2$ について，x の変域が $-2 \leqq x \leqq 1$ のときの y の変域を求めなさい。

（　　　　　　　　）

(2) 関数 $y=ax^2$ について，x の変域が $-3 \leqq x \leqq 4$ のときの y の変域は $0 \leqq y \leqq 8$ です。このとき，a の値を求めなさい。

（　　　　　　　　）

4 次の(1)，(2)に答えなさい。　　　　　　　　　　　　　　　5点×2（10点）

(1) 関数 $y=2x^2$ で，x の値が -6 から -3 まで増加するときの変化の割合を求めなさい。

（　　　　　　　　）

(2) 2つの関数 $y=ax^2$ と $y=-2x+3$ は，x の値が4から6まで増加するときの変化の割合が等しくなります。このとき，a の値を求めなさい。

（　　　　　　　　）

5 右の図のような，1辺が 8 cm の正方形 ABCD があります。点 P は辺 BC 上を B から C まで，点 Q は点 P と同じ速さで辺 CD 上を C から D まで移動します。2点 P，Q は同時に B，C を出発し，$BP = x$ cm のときの △BPQ の面積を y cm² とします。 5点×4（20点）

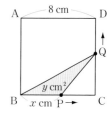

(1) y を x の式で表しなさい。

（　　　　　　）

(2) $x = 4$ のときの y の値を求めなさい。

（　　　　　　）

(3) y の変域を求めなさい。

（　　　　　　）

(4) △BPQ の面積が 18 cm² となるときの BP の長さを求めなさい。

（　　　　　　）

6 関数 $y = ax^2$ のグラフ…① と直線 ℓ が，右の図のように2点 A，B で交わっていて，A の x 座標は 2，B の座標は $(-4, 12)$ です。直線 ℓ と x 軸との交点を C とするとき，次の(1)〜(4)に答えなさい。

(1) a の値を求めなさい。 5点×4（20点）

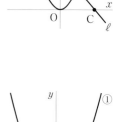

（　　　　　　）

(2) 直線 ℓ の式を求めなさい。

（　　　　　　）

(3) △OBC の面積を求めなさい。

（　　　　　　）

(4) ①のグラフの $x > 0$ の部分に点 P をとり，点 P を通り x 軸に平行な直線と①のグラフとの交点のうち，点 P と異なる点を Q とします。また，点 P を通り y 軸に平行な直線と x 軸との交点を R とします。PQ = PR となるときの点 P の x 座標を求めなさい。

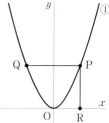

（　　　　　　）

7 右のグラフは，ある運送会社の料金を表したものの一部で，箱の縦，横，高さの合計を x cm，そのときの料金を y 円としています。x の値が次の(1)，(2)のときの料金を答えなさい。 5点×2（10点）

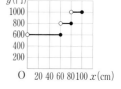

(1) $x = 50$ 　　　　　　(2) $x = 80$

（　　　　　　）　　　　（　　　　　　）

 アプリ【どこでもワーク計算編・図形編】をやって，さらに力をつけよう!

確認
のワーク
ステージ 1

1節 相似な図形
① 図形の拡大・縮小と相似　② 相似な図形の性質と相似比
③ 相似の位置

例1 相似な図形の性質と相似比

教 p.140, 141 →基本問題❷

右の図で，四角形 ABCD と四角形 EFGH は相似(そうじ)です。

(1) 相似比を求めなさい。

(2) 辺 FG の長さを求めなさい。

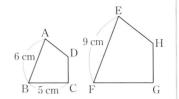

考え方 (1) 相似な図形の対応する線分の比を，それらの図形の
相似比という。(2)は，その相似比を利用する。

解き方 (1) 辺 AB に対応する辺は，辺 EF で，
　　　　$AB : EF = 6 : 9 = 2 : 3$

　したがって，四角形 ABCD と四角形 EFGH の相似比は，

　　┌─①─┐
　　└────┘

(2) 相似な図形の対応する辺の比はすべて等しいから，

　　$FG = x$ cm とすると，

　　$BC : FG = 2 : 3$ ←AB:EF=BC:FG だから，
　　$5 : x = 2 : 3$　　6:9=5:x として求めてもよい。
　　$2x = 15$

　　$x = $ ②

　答 ② cm

> たいせつ
> ある図形を拡大または縮小した図形と合同な図形は，もとの図形と相似であるという。

> たいせつ
> **相似な図形の性質**
> 相似な図形では，
> 1 対応する線分の比はすべて等しい。
> 2 対応する角はそれぞれ等しい。

例2 相似の位置と相似の中心

教 p.142, 143 →基本問題❸

右の図の点 O を相似の中心として，図形アと
相似で，その相似比が 1:2 である図形イをかき
なさい。

考え方 相似比が 1:2 ならば，$OA : OA' = 1 : 2$ である。

解き方 ① AO の延長上に，$AO : OA' = 1 : 2$ となる点 A' を
とる。

② BO の延長上に，

　　$BO : OB' = 1 : $ ③

となる点 B' をとる。

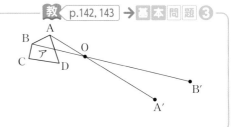

③ ①，②と同様に，点
C'，点 D' をとる。

④ 4点 A'，B'，C'，D' を結んだ図形が図形イである。

> たいせつ
> 相似な図形の対応する2点を通る直線がすべて1点 O で交わり，O から対応する点までの距離(きょり)の比がすべて等しいとき，それらの図形は**相似の位置**にあるといい，O を**相似の中心**という。

基本問題 ‥‥‥‥‥‥‥‥‥‥‥‥‥‥‥‥‥‥‥‥‥ 解答 p.23

1 図形の拡大・縮小

右の図形ア～カ
で，拡大または縮
小した図形の組を
選びなさい。

教 p.138

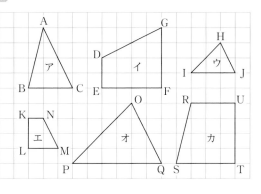

思い出そう

拡大・縮小

a 倍に拡大するとは，図形
の各辺の長さを a 倍にの
ばすことである。

$\frac{1}{a}$ 倍に縮小するとは，図
形の各辺の長さを $\frac{1}{a}$ 倍に
縮めることである。

2 相似な図形の性質と相似比　次の図で，△ABC と △DEF は相似です。 教 p.141 Q1, Q2

(1) 辺 AC に対応す
る辺はどれですか。

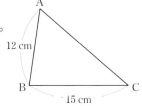 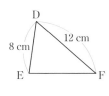

覚えておこう

相似の表し方

△ABC と △DEF が相似で
あることを，記号「∽」を
使って，△ABC ∽ △DEF
と表す。この場合，頂点は
対応する順に書く。

(2) ∠E に対応する角はどれですか。

(3) △ABC と △DEF が相似であることを，記号 ∽ を使っ
て表しなさい。

思い出そう

比の性質

$a : b = c : d$ ならば $ad = bc$

(4) △ABC と △DEF の相似比を求めなさい。

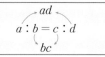
$$a : b = c : d$$

(5) 辺 EF，AC の長さをそれぞれ求めなさい。

(5)は，(4)の相似比を使うと，
計算が楽になるね。

3 相似の位置と相似の中心　次の(1)，(2)に答えなさい。 教 p.142 ①, p.143 Q1～Q3

(1) 次の図の点 O を相似の中心として，
△ABC と相似の位置にあり，その相似
比が 2：1 である △A′B′C′ をかきなさい。

(2) 次の △ABC と △A′B′C′ は相似の位置に
あります。相似の中心 O を図に示しなさい。

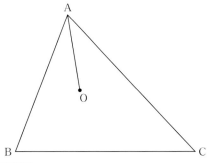

左ページの
例の答え　① 2：3　② 7.5　③ 2

確認のワーク ステージ1
1節　相似な図形
④ 三角形の相似条件　⑤ 相似な三角形と相似条件
⑥ 三角形の相似条件を使った証明

例1 三角形の相似条件
教 p.144〜146 → 基本問題①②

右の図の2つの三角形が相似であるかどうかを調べ，相似であるならば，記号 ∽ を使って表しなさい。

また，そのときに使った相似条件を答えなさい。

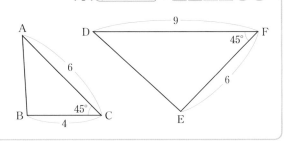

考え方 2組の辺の比を調べる。

解き方 $AC:DF = 6:9 = 2:3$ ←2組の辺の
$BC:EF = 4:6 = 2:3$　比が等しい。

$\angle ACB = \angle DFE = 45°$

☐¹ が等しく，その間の角が等しい

ので，相似であるといえる。　←相似条件

記号 ∽ を使って表すと，

$\triangle ABC \backsim$ ☐² ←頂点が対応する順に三角形をかく。

三角形の相似条件
2つの三角形は，次のどれかが成り立つとき相似である。
1　3組の辺の比がすべて等しい。
2　2組の辺の比が等しく，その間の角が等しい。
3　2組の角がそれぞれ等しい。

例2 三角形の相似条件を使った証明
教 p.148 → 基本問題③

右の図で，$OA = 2OD$，$OB = 2OC$ です。$\triangle OAB \backsim \triangle ODC$ であることを証明しなさい。

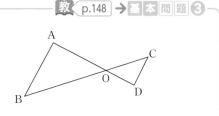

考え方 仮定と結論をおさえて，結論を導くためには，何を示せばよいか考える。

〈仮定〉　$OA = 2OD$，$OB = 2OC$
〈結論〉　$\triangle OAB \backsim \triangle ODC$

解き方 **証明** $\triangle OAB$ と $\triangle ODC$ で，

仮定から，$OA:OD = OB:OC =$ ☐³ $:1\cdots$①

☐⁴ は等しいから，$\angle AOB = \angle DOC\cdots$②

①，②から，☐⁵ が等しく，その間の角が等しいので，

$\triangle OAB \backsim \triangle ODC$

仮定から，2組の辺の比が等しいことがいえるから，あとは，その間の角が等しいことを示せばいいね。

思い出そう
対頂角は等しい。
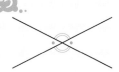

基本問題

1 相似な三角形と相似条件　次の三角形のなかから相似な三角
形を選びなさい。また，そのときに使った相似条件をいいなさ
い。　　　　　　　　　　　　　　　　　　　　　　教 p.146 Q1

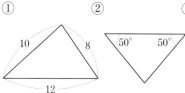 ① ② ③ ④

⑤ ⑥ ⑦ ⑧

2 相似な三角形と相似条件　次の図で，相似な三角形を見つけ，
記号 ∽ を使って表しなさい。また，そのときに使った相似条
件をいいなさい。　　　　　　　　　　　　　　教 p.147 Q2

(1)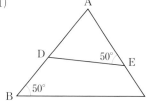

(2)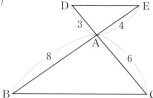

3 三角形の相似条件を使った証明　右の図で，AB = 10 cm,
AC = 8 cm, AD = 4 cm, AE = 5 cm です。△ABC ∽ △AED である
ことを証明します。仮定と結論をいい，証明しなさい。 教 p.149 Q3

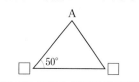

たいせつ

三角形の相似条件

1　3組の辺の比がすべて
　等しい。

$$a : a' = b : b' = c : c'$$

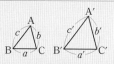

2　2組の辺の比が等しく，
　その間の角が等しい。

$$a : a' = c : c'$$
$$\angle B = \angle B'$$

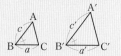

3　2組の角がそれぞれ等
　しい。

$$\angle B = \angle B', \quad \angle C = \angle C'$$

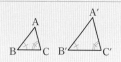

章

(1)の △ADE を取り出して，
対応する頂点をかいてみよう。

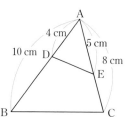

1節 相似な図形

1 右の図の △A′B′C′ は，1点 O を定めて，

△ABC を $\dfrac{2}{3}$ 倍に縮小したものです。

次の ☐ にあてはまることばや比を答え

なさい。

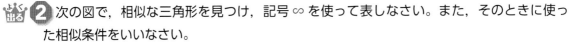

△ABC と △A′B′C′ は ① ☐ で

あり，相似比は ② ☐ である。

また，△ABC と △A′B′C′ は ③ ☐ にあるといい，

点 O を ④ ☐ という。

2 次の図で，相似な三角形を見つけ，記号 ∽ を使って表しなさい。また，そのときに使っ
た相似条件をいいなさい。

(1)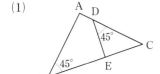

(2)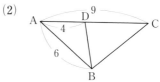

3 右の図のように，∠B が直角である △ABC で，頂点 B から
辺 AC に垂線 BD をひきます。

次の(1)～(4)に答えなさい。

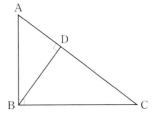

(1) △ABC ∽ △ADB であることを証明しなさい。

(2) AB = 3 cm，BC = 4 cm，CA = 5 cm のとき，BD の長さを求めなさい。

(3) △BDC と相似な三角形をすべて答えなさい。

(4) AD = 2 cm，DC = 8 cm のとき，BD の長さを求めなさい。

3 (2) 相似な図形の対応する線分の比はすべて等しいことを利用して，比例式をつくる。
BD は △ADB の辺だから，(1)より，CB : BD = AC : AB

(4) AD，DC，BD を辺にもつ三角形の相似を考える。

4 右の図で, AD = 5 cm, DB = 3 cm, AE = 4 cm, EC = 6 cm です。△ABC ∽ △AED であることを証明しなさい。

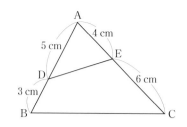

5 右の図の AD ∥ BC である台形 ABCD で, 辺 BC の長さは, 辺 AD の長さの 2.5 倍です。

(1) 相似な図形を見つけ, 記号 ∽ を使って表しなさい。また, そのときに使った相似条件をいいなさい。

(2) AE : CE を求めなさい。

(3) DB = 35 cm のとき, BE の長さを求めなさい。

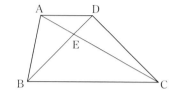

入試問題を やってみよう！

1 右図において, △ABC は AB = AC = 11 cm の二等辺三角形であり, 頂角 ∠BAC は鋭角である。D は, A から辺 BC にひいた垂線と辺 BC との交点である。E は辺 AB 上にあって A, B と異なる点であり, AE > EB である。F は, E から辺 AC にひいた垂線と辺 AC との交点である。G は, E を通り辺 AC に平行な直線と C を通り線分 EF に平行な直線との交点である。このとき, 四角形 EGCF は長方形である。H は, 線分 EG と辺 BC との交点である。このとき, 4 点 B, H, D, C はこの順に一直線上にある。次の問いに答えなさい。　〔大阪〕

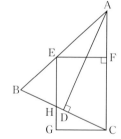

(1) △AEF の内角 ∠AEF の大きさを $a°$ とするとき, △AEF の内角 ∠EAF の大きさを a を用いて表しなさい。

(2) △ABD ∽ △CHG であることを証明しなさい。

(3) HG = 2 cm, HC = 5 cm であるとき, 線分 BD の長さを求めなさい。

5 (1) AD ∥ BC から錯角は等しいこと, 対頂角は等しいことなどに着目する。

1 (2) ∠ADB = 90° だから, ∠ABD = $b°$ とすると ∠BAD = 90° − $b°$　また, △ABC は二等辺三角形, 四角形 EGCF は長方形だから, ∠ACB = ∠ABC = $b°$ より, ∠HCG = 90° − $b°$ と表される。

 ステージ **1**
2節　図形と比
① 三角形と比　　② 三角形と比の定理の逆
③ 平行線と線分の比

例 **1** 三角形と比の定理

教 p.150〜153 → 基本 問題 **1 2**

右の図で，DE ∥ BC です。
x，y の値を求めなさい。

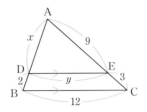

考え方 三角形と比の定理にあてはめて，
比例式をつくる。

解き方 DE ∥ BC より，

AD : DB = AE : EC だから，　　〉 三角形と比の定理

$x : 2 = 9 : 3$ 　　〉 $a:b=c:d$ ならば，$ad=bc$

$3x = 18$

$x = $ ①⬜

また，AE : AC = DE : BC だから，

$9 : (9+3) = y : 12$ 　　9×12 は計算
しなくてもよい。
途中で約分できる。

$12y = 9 \times 12$

$y = $ ②⬜

別解 AD : AB = DE : BC だから，

$6 : (6+2) = y : 12$　として求めてもよい。

たいせつ

三角形と比…定理

△ABC で，辺 AB，AC 上の
点をそれぞれ D，E とする。

1 　DE ∥ BC ならば，
　　　　AD : AB = AE : AC = DE : BC

2 　DE ∥ BC ならば，
　　　　AD : DB = AE : EC

三角形と比の定理の逆

1′　AD : AB = AE : AC ならば，DE ∥ BC

2′　AD : DB = AE : EC ならば，DE ∥ BC

ミス注意

y の値を求めるとき，
AE : EC = DE : BC だから，
9 : 3 = y : 12　としないように！

例 **2** 平行線と線分の比

教 p.154, 155 → 基本 問題 **3**

右の図で，直線 a，b，c は平行です。
x，y の値を求めなさい。

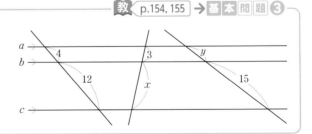

考え方 平行線と線分の比の定理にあてはめる。

解き方 $a \parallel b \parallel c$ だから，

$4 : 12 = 3 : x$ 　　　　$4 : 12 = y : 15$

$4x = 12 \times 3$ 　　　　$12y = 4 \times 15$

$x = $ ③⬜ 　　　　$y = $ ④⬜

たいせつ

平行線と線分の比…定理

3つ以上の平行線に，
1つの直線がどのよう
に交わっても，その直
線は平行線によって一
定の比に分けられる。

$a : b = a' : b'$

基本問題 ··· 解答 p.25

1 三角形と比 次の図で，DE∥BC です。x, y の値を求めなさい。 教 p.151 Q3

(1)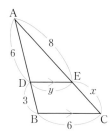

(2)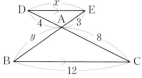

覚えておこう

三角形と比の定理
下の図のような形でも定理
は成り立つ。
ED∥BC ならば，

AD : AB = AE : AC

(3)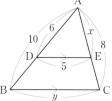

(4)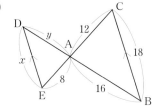

知ってると得

(4)では，比例式
$x : 18 = 8 : 12$
などを解くことになるが，
このとき，

$$12x = 8 \times 18$$
$$x = 12$$

～～の部分を先に計算し
ないで約分するほうが，あ
との計算が楽になる。

2 三角形と比の定理の逆 次の(1)，(2)で，平行な線分の組を
見つけ，その理由をいいなさい。 教 p.153 Q2

(1)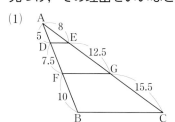

(2)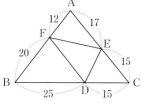

3 平行線と線分の比 次の図で，直線 a, b, c, d は平行です。x, y の値を求めなさい。

教 p.155 Q1

(1)

(2)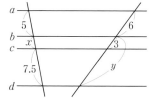

覚えておこう

下の図でも成り立つ。

$a : b = a' : b'$
$b : c = b' : c'$

(3)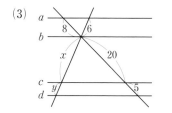

(4)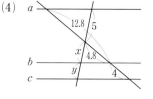

5
章

2節　図形と比
④ **中点連結定理**　　⑤ **三角形の角の二等分線と比**
⑥ **平行線と図形の面積**

例 1 中点連結定理　　　　　　　　　　　教 p.156, 157 → 基本 問題 ① ②

　右の図で，点 M，N はそれぞれ辺 AB，
AC の中点です。

(1)　線分 MN の長さを求めなさい。

(2)　∠AMN の大きさを求めなさい。

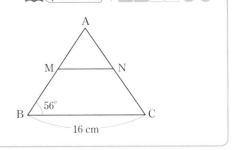

考え方 中点連結定理を使う。

解き方 点 M，N は，それぞれ辺 AB，AC の
　　　　中点だから，中点連結定理より，

$$MN /\!/ BC \quad \cdots\cdots ①$$

$$MN = \frac{1}{2}BC \quad \cdots\cdots ②$$

(1)　②より，$MN = \frac{1}{2} \times 16$

$$= \boxed{①} \text{(cm)}$$

(2)　①より，平行な線の同位角は等しいから，

$$∠AMN = ∠ABC$$

$$= \boxed{②}$$

> **たいせつ**

中点連結定理
三角形の2つの辺の中点
を結ぶ線分は，残りの辺
に平行であり，長さはそ
の半分である。

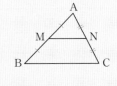

$$MN /\!/ BC, \quad MN = \frac{1}{2}BC$$

①は，「三角形と比の定理
の逆」を使って示すことが
できるね。

例 2 三角形の角の二等分線と比　　　　　教 p.158, 159 → 基本 問題 ③

　右の図で，∠BAD = ∠CAD です。
x の値を求めなさい。

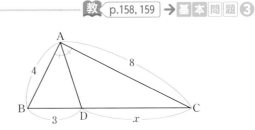

考え方 比例式をつくる。

解き方 ∠BAD = ∠CAD だから，　　　｝ 三角形の角
　　　　　　　　　　　　　　　　　　　　　　の二等分線
$$AB : AC = BD : CD$$　　　　　　　　　　と比の定理

$$4 : 8 = 3 : x$$

$$4x = 24$$

$$x = \boxed{③}$$

> **たいせつ**

三角形の角の二等分線と比…定理
△ABC で，∠A の二等分線と
辺 BC との交点を D とすると，
$$AB : AC = BD : CD$$
である。

基本問題

解答 p.25

1 中点連結定理 次の図で，点 M，N はそれぞれ辺 AB，AC の中点です。x の値を求めなさい。

教 p.156 Q1

(1)

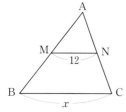

(2)

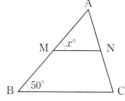

(3)

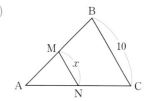

2 四角形の各辺の中点を結んでできる図形 右の図で，線分 AB，BC，CD，DA の中点をそれぞれ P，Q，R，S とします。このとき，四角形 PQRS が平行四辺形になることを証明します。次の証明を完成させなさい。

教 p.157 Q2

証明 対角線 BD をひく。

　　　　△ABD で，

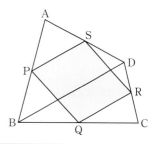

中点連結定理を使って証明しよう。
「1 組の対辺が平行で長さが等しい。」ことが示せれば平行四辺形といえるね。

3 三角形の角の二等分線と比 次の図で，∠BAD ＝ ∠CAD です。x の値を求めなさい。

(1)

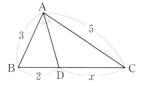

(2)

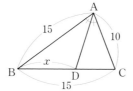

教 p.159 Q1

(2)で，CD の長さは，
CD ＝ BC－BD
　　＝ 15－x
とすればいいね。

4 平行線と図形の面積 右の図のように，AD // BC，AD：BC ＝ 2：3 の台形 ABCD があり，対角線の交点を O とします。次の三角形の面積の比を求めなさい。

(1)　△ABC と △ACD

教 p.160 Q1

(2)　△AOB と △COB

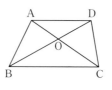

覚えておこう

高さが等しい三角形の面積の比は，底辺の長さの比に等しい。

5章

解答 p.26

定着のワーク　ステージ 2　**2節　図形と比**

1 次の図で，x，y の値を求めなさい。

(1)　BC ∥ DE

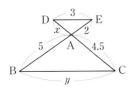

(2)　BC ∥ DE

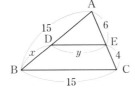

(3)　a ∥ b ∥ c

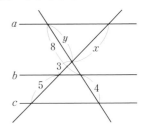

(4)　a ∥ b ∥ c

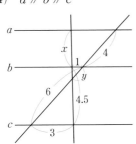

レベルUP (5)　a ∥ b ∥ c

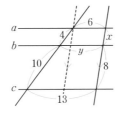

(6)　∠ABD = ∠CBD

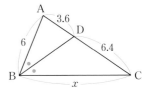

2 次の(1)，(2)に答えなさい。

(1)　AB = CD である四角形 ABCD で，辺 AD，BC，対角線 AC の中点を，それぞれ P，Q，M とします。三角形 PQM はどんな三角形ですか。

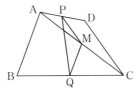

(2)　四角形 ABCD で，辺 AD，BC，対角線 BD，AC の中点を，それぞれ P，Q，M，N とします。四角形 PMQN はどんな四角形ですか。

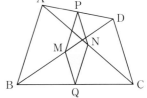

3 △ABC で，∠A の二等分線と辺 BC との交点を D とし，点 C を通り AD と平行な直線と，BA を延長した直線との交点を E とします。次の(1)，(2)を証明しなさい。

(1)　AC = AE

(2)　AB : AC = BD : CD

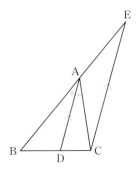

1 (3)　$(x+3):5 = 8:4$ が成り立つ。

　　(5)　y の値は，図の破線のような 1 つの直線に平行な直線をひいてつくられる三角形と平行四辺形に注目して，三角形と比の定理，平行四辺形の性質を利用する。

レベルUP 4 右の図で，AB，EF，CD は平行です。DF，EF の長さを
求めなさい。

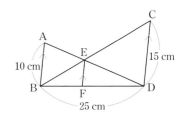

5 右の図の台形 ABCD で，辺 AB の中点を E とし，辺 DC 上に
EF∥BC となる点 F をとります。このとき，線分 EF の長さを
求めなさい。

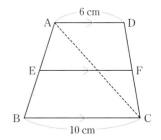

入試問題を やってみよう！

1 図のように，AB = 6 cm，BC = 9 cm，CA = 8 cm の △ABC
がある。∠A の二等分線が辺 BC と交わる点を D とするとき，
線分 BD の長さは何 cm か。　　　　　　　〔長崎〕

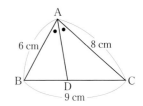

2 右の図のように，三角形 ABC があり，辺 AB の中点を D
とする。

　また，辺 AC を 3 等分した点のうち，点 A に近い点を E，
点 C に近い点を F とする。

　さらに，線分 CD と線分 BE との交点を G，線分 CD と線分
BF との交点を H とする。

　三角形 BGD の面積を S，四角形 EGHF の面積を T とする
とき，S と T の比を最も簡単な整数の比で表しなさい。

〔神奈川〕

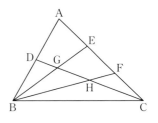

4 AB∥CD だから，BE:EC = AB:CD が成り立つ。
2 △ABF に着目すると，点 D，E はそれぞれ辺 AB，AF の中点だから，中点連結定理が使える。
　　DE∥HF だから，CH:HD = CF:FE = 1:1 であり，△CED にも中点連結定理が使える。

確認のワーク ステージ1
3節　相似な図形の面積と体積
① 相似な図形の面積　② 相似な立体と表面積
③ 相似な立体の体積

例1 相似な図形の面積
教 p.162, 163 → 基本問題①②

相似比が $2:5$ である 2 つの五角形について，次の(1)，(2)に答えなさい。

(1)　面積の比を求めなさい。

(2)　小さいほうの五角形の面積が $12\,\mathrm{cm}^2$ であるとき，大きいほうの五角形の面積を求めなさい。

考え方 (2)は，(1)で求めた比を利用する。求めたい面積を $x\,\mathrm{cm}^2$ として，比例式をつくる。

解き方 (1)　相似比が $2:5$ であるから，

面積の比は，$2^2:5^2 = 4:\boxed{①}$

(2)　大きいほうの五角形の面積を $x\,\mathrm{cm}^2$ とすると，(1)より，

$4:25 = 12:x$

$4x = 25 \times 12$

$x = \boxed{②}\,(\mathrm{cm}^2)$

> **たいせつ**
> 相似な図形の面積の比
> 相似比が $m:n$ である 2 つの図形の面積の比は，$m^2:n^2$ である。

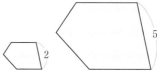

例2 相似な立体の表面積と体積
教 p.164〜166 → 基本問題③④

相似比が $1:3$ である 2 つの立体について，次の(1)〜(3)に答えなさい。

(1)　表面積の比を求めなさい。

(2)　体積の比を求めなさい。

(3)　小さいほうの立体の体積が $4\,\mathrm{cm}^3$ のとき，大きいほうの立体の体積を求めなさい。

考え方 (3)は，(2)で求めた比を利用して，比例式をつくる。

解き方 (1)　相似比が $1:3$ であるから，

表面積の比は，$1^2:3^2 = 1:\boxed{③}$

(2)　体積の比は，$1^3:3^3 = 1:\boxed{④}$

(3)　大きいほうの立体の体積を $x\,\mathrm{cm}^3$ とすると，(2)より，

$1:27 = 4:x$

$x = 27 \times 4$

$= \boxed{⑤}\,(\mathrm{cm}^3)$

> **たいせつ**
> 1 つの立体を一定の割合で拡大または縮小した立体は，もとの立体と相似であるという。立体の場合も，相似な図形の対応する線分の比を，それらの図形の相似比という。

> **たいせつ**
> 相似な立体の表面積の比と体積の比
> 相似比が $m:n$ である 2 つの立体の
> 表面積の比は，$m^2:n^2$
> 体積の比は，$m^3:n^3$
> である。

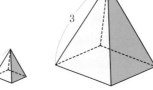

基本問題 解答 p.27

1 相似な図形の面積　相似比が 3：5 である 2 つの円の面積の比について，次のように調べました。□ をうめなさい。

教 p.162 Q1

相似比が 3：5 である 2 つの円の半径を $3r$，$\boxed{①}$，面積を S，S' とすると，

$$S = \boxed{②}, \quad S' = \boxed{③}$$

よって，$S : S' = \boxed{④}$

2 つの円はいつも相似で，半径の比が相似比だね。

2 相似な図形の面積　△ABC ∽ △DEF で，AB ＝ 8 cm，DE ＝ 14 cm です。次の(1)，(2)に答えなさい。 教 p.163 Q4

(1)　△ABC と △DEF の相似比と面積の比を求めなさい。

(2)　△ABC の面積が 80 cm² であるとき，△DEF の面積を求めなさい。

3 相似な立体の表面積と体積　高さが 8 cm と 12 cm である相似な 2 つの円柱ア，イがあります。次の(1)〜(3)に答えなさい。 教 p.165 Q4, p.166 Q2

(1)　円柱アとイの相似比，表面積の比，体積の比をそれぞれ求めなさい。

(2)　円柱アの表面積が 28π cm² であるとき，円柱イの表面積を求めなさい。

(3)　円柱イの体積が 108π cm³ であるとき，円柱アの体積を求めなさい。

覚えておこう

相似な立体では，対応する線分の比はすべて相似比に等しい。

高さの比が相似比だね。

4 相似な立体の表面積と体積　次の(1)，(2)に答えなさい。 教 p.165 Q5, p.166

(1)　表面積の比が 25：4 である相似な 2 つの四角錐の高さの比を求めなさい。

(2)　体積の比が 27：64 である相似な 2 つの円錐の底面の半径の比を求めなさい。

ミス注意

相似な立体について，
相似比…$m : n$
　表面積の比…$m^2 : n^2$
　　　　　　　　（2乗）
　体積の比　…$m^3 : n^3$
　　　　　　　　（3乗）

確認のワーク ステージ1
4節　相似な図形の利用
① 校舎の高さを調べる方法を考えよう　② 縮図を使って考えよう
③ 相似を利用して身のまわりのものの体積を求めよう　発展 三角形の重心

例1 縮図の利用　教 p.169 → 基本問題2

(1) 点Oから池をはさんだ2点A，Bまでの距離と∠Oの大きさを測ったところ，右の図のようになりました。2点A，B間の距離を求めなさい。

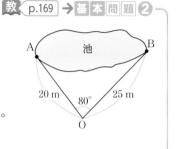

(2) 縮尺が $\frac{1}{10000}$ の縮図で，地点A，B間の距離は7cmです。
このとき，実際の地点A，B間の距離は何mか求めなさい。

考え方 (1) 縮図をかき，相似な図形の性質を使う。
(2) 実際の長さを縮めた割合を縮尺というから，何倍すればもとに戻るか考える。

解き方 (1) 右の図のように，$\frac{1}{500}$ の縮図をかき，
A′B′の長さを測ると5.8cmとなる。
△AOB∽△A′O′B′より，実際のA，B間の距離は，

$5.8×\boxed{①}=\boxed{②}$(cm)

答 約 $\boxed{③}$(m)

(2) 縮尺が $\frac{1}{10000}$ の縮図で7cmだから，実際の距離は，

$7×\boxed{④}=\boxed{⑤}$(cm)　**答** 約 $\boxed{⑥}$(m)

発展 例2 三角形の重心　教 p.174 → 基本問題4

三角形の2本の中線の交点は，2本の中線をそれぞれ2:1の比に分けることを証明しなさい。

考え方 三角形の1つの頂点とそれに対する辺の中点とを結ぶ線分を，中線という。
2本の中線の交点に関する問いだから，中点連結定理の利用を考える。

解き方 証明 右の図の△ABCで，CL＝LB, CM＝MA
だから，中点連結定理より，

ML // $\boxed{⑦}$ ……①

ML ＝ $\boxed{⑧}$ ……②

①，②より，
AG:GL＝BG:GM＝AB:ML　←三角形と比の定理
　　　＝AB:$\frac{1}{2}$AB＝2:1

よって，2本の中線の交点は，2本の中線をそれぞれ2:1の比に分ける。

たいせつ
三角形の重心
三角形の3本の中線は，1点で交わる。その交点は，3本の中線をそれぞれ2:1に分ける。
三角形の3本の中線の交点を，その三角形の重心という。

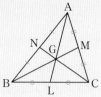

基本問題 ⋯⋯⋯⋯⋯⋯⋯⋯⋯⋯⋯⋯⋯⋯⋯⋯⋯⋯⋯⋯⋯⋯⋯⋯⋯ 解答 **p.27**

① 相似の利用　右の図のように，長さ1mのくいABの影CB
の長さが0.8mのとき，木の影FEの長さを測ったら，4mあ
りました。この木の高さDEを求めなさい。　教 p.168

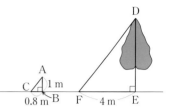

② 縮図の利用　右の図のように，校舎から18m離れた地点Pに
立って，校舎の屋上の点Aを見上げる角∠APBを測ったら，40°
ありました。目の高さを
1.5mとして，縮図をか
いて，地上から点Aま
での高さを求めなさい。

教 p.169 Q1

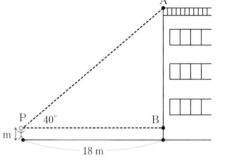

ミス注意

点Aの地上からの高
さは，AB+1.5(m) で
ある。ABの長さを求
めてから，1.5mをた
すことを忘れないよう
にする。

③ 相似の利用　右の図のような円錐状の容器に，その高さの半分のところま
で水を入れたら，120cm³入りました。次の(1)，(2)に答えなさい。

教 p.170 Q1

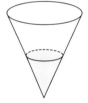

(1)　水が入っている部分と容器は相似です。その相似比を求めなさい。

(2)　この容器を満水にするには，水をあと何cm³入れればよいか求めなさい。

発展 **④** 三角形の重心　次の図で，x，yの値を求めなさい。　教 p.174

(1)　Gは△ABCの重心

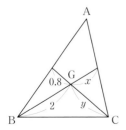

(2)　▱ABCDで，Mは辺BCの
　　中点

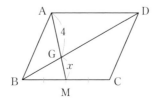

ミス注意

(2)で，平行四辺形の2つの
対角線は，おのおのの中点
で交わる。よって，2点A，
Cを直線で結んでできる
△ABCで，点Gは重心に
なっている。

5章

左ページの
例の答え　① 500　② 2900　③ 29　④ 10000　⑤ 70000　⑥ 700　⑦ AB　⑧ ½AB

 解答 p.28

3節　相似な図形の面積と体積
4節　相似な図形の利用　発展 三角形の重心

1 右の図の △ABC で，DE ∥ BC です。また，AD ＝ 4 cm，DB ＝ 3 cm のとき，次の(1)〜(3)に答えなさい。

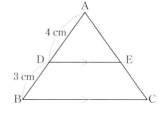

(1) △ABC と △ADE の相似比を求めなさい。

(2) △ABC と △ADE の面積の比を求めなさい。

(3) △ADE と台形 DBCE の面積の比を求めなさい。

2 右の図のように，底面の半径が 4 cm と 6 cm である相似な 2 つの円柱ア，イがあります。

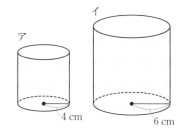

(1) 円柱アとイの相似比を求めなさい。

(2) 円柱アの側面積が 64π cm^2 であるとき，円柱イの側面積を求めなさい。

(3) 円柱イの体積が 216π cm^3 であるとき，円柱アの体積を求めなさい。

3 右の図のように，円錐を，底面に平行で高さを 3 等分する 2 つの平面で切り，3 つの部分をそれぞれア，イ，ウとします。アの体積を V cm^3 とするとき，イおよびウの体積を，それぞれ V を用いて表しなさい。

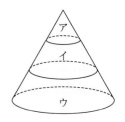

1 (3) 台形 DBCE ＝ △ABC − △ADE
2 (1) 底面の半径が対応する線分である。
3 相似比は，ア：(ア＋イ)：(ア＋イ＋ウ) ＝ 1：(1＋1)：(1＋1＋1) ＝ 1：2：3

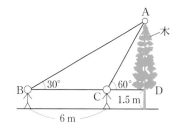

4 木の高さを測るために，B 地点で木の先端 A を見上げる角を測ったら 30° でした。その地点から木の方向に 6 m 進んだ C 地点で木の先端 A を見上げる角を測ったら 60° でした。目の高さを 1.5 m として，縮図をかいて，木の高さを求めなさい。

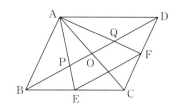

5 右の図の □ABCD で辺 BC，CD の中点をそれぞれ E，F とし，対角線 BD と AE，AC，AF との交点をそれぞれ P，O，Q とします。

(1) BP＝PQ＝QD であることを証明しなさい。

(2) EF：PQ の比を求めなさい。

入試問題を やってみよう！

1 右の図のように，底面の直径が 12 cm，高さが 12 cm の円錐の容器を，頂点を下にして底面が水平になるように置き，この容器の頂点からの高さが 6 cm のところに水面がくるまで水を入れた。ただし，容器の厚さは考えないものとする。このとき，(1)，(2)の問いに答えなさい。　〔佐賀〕

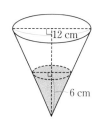

(1) 水面のふちでつくる円の半径を求めなさい。

(2) 容器の中の水をさらに増やし，容器の底面までいっぱいに水を入れた。このときの体積は，水を増やす前に比べて何倍になったか求めなさい。

2 図で，△ABC は AB＝AC の二等辺三角形であり，D，E はそれぞれ辺 AB，AC 上の点で，DE∥BC である。また，F，G はそれぞれ∠ABC の二等分線と辺 AC，直線 DE との交点である。

AB＝12 cm，BC＝8 cm，DE＝2 cm のとき，次の(1)，(2)の問いに答えなさい。　〔愛知〕

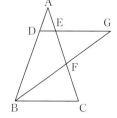

(1) 線分 DG の長さは何 cm か，求めなさい。

(2) △FBC の面積は △ADE の面積の何倍か，求めなさい。

2 (1) △DBG がどのような三角形であるか考える。
(2) △ADE＝S として，△ABC，△FBC を S を用いて表す。△ABC，△FBC の底辺をそれぞれ AC，FC とみると高さが等しい。線分 BF は∠ABC の二等分線である。

5章

実力判定テスト　ステージ3　相似と比　40分　/100

1 右の図の △ABC を，点 O を相似の中心として，2 倍に拡大した図をかきなさい。 （6点）

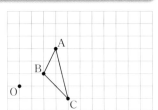

2 次の図で，相似な三角形を見つけ，記号 ∽ を使って表しなさい。また，そのときに使った相似条件をいいなさい。 4点×6（24点）

(1)

(2)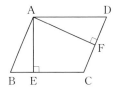

AB∥DC，AD∥BC

(3)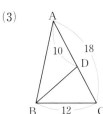

(　　　　　) (　　　　　) (　　　　　)

(　　　　　) (　　　　　) (　　　　　)

3 次の図で，x の値を求めなさい。 4点×3（12点）

(1)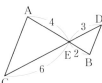

(2)

(3)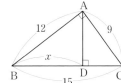

(　　　　　) (　　　　　) (　　　　　)

4 校庭にある木の高さを測るのに，木の根元から 50 m 離れた地点 A から木の先端を見上げたら，水平方向に対して 20° 上に見えました。目の高さを 1.6 m として，縮図をかいて，木の高さを求めなさい。 （6点）

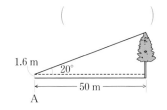

(　　　　　)

❺ 次の図で，x，y の値を求めなさい。　　　3点×10(30点)

(1)　DE∥BC

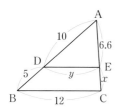

(2)　DE∥BC

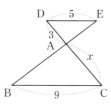

(3)　∠BAD＝∠CAD

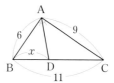

x (　　　　　)

y (　　　　　)

(　　　　　)

(　　　　　)

(4)　a∥b∥c∥d

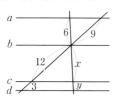

(5)　a∥b∥c

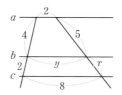

(6)　AB∥EF∥DC

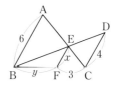

x (　　　　)

y (　　　　)

x (　　　　)

y (　　　　)

x (　　　　)

y (　　　　)

❻ 右の図のように，正三角形 ABC を DE を折り目として折り，頂点 A が辺 BC 上の点 F に重なるようにします。

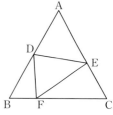

(1)　△DBF∽△FCE であることを証明しなさい。　　(7点)

(2)　DB＝8 cm，DF＝7 cm，CF＝12 cm のとき，AE の長さを求めなさい。　　(4点)

(　　　　　)

❼ 右の図のように，底面の1辺が5 cmで，高さが7 cmの正四角錐があります。OA 上に OB：BA＝4：3 となる点 B があります。この正四角錐を，点 B を通り底面に平行な平面で切り，2つの立体に分けます。

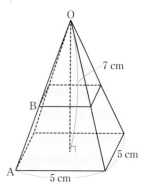

(1)　もとの正四角錐の体積を求めなさい。　　(5点)

(　　　　　)

(2)　切ってできた2つの立体のうち，頂点 O をふくむほうの立体の体積を求めなさい。　　(6点)

(　　　　　)

  アプリ【どこでもワーク計算編・図形編】をやって，さらに力をつけよう！

1節　円周角の定理
① 円周角の定理

例 **1** 円周角の定理 ────── 教 p.178〜181 → 基本 問題 ❷ ❸

次の図で, x の値を求めなさい。

(1)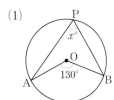
(2)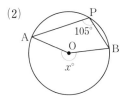
(3)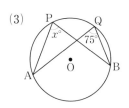
(4)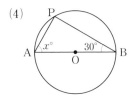

考え方 円周角の定理にしたがう。

(1), (2)　1つの弧に対する円周角は中心角の半分である。

(3)　$\overset{\frown}{AB}$ に対する円周角の大きさは等しい。

(4)　半円の弧に対する円周角は直角である。

解き方 (1)　$\angle APB$ は $\overset{\frown}{AB}$ に対する円周角で, $\overset{\frown}{AB}$ に対する中心角は $\angle AOB = 130°$ であるから,

$$x = \frac{1}{2} \times 130 \quad \leftarrow \angle APB = \frac{1}{2}\angle AOB$$

$$= \boxed{①}$$

(2)　$\angle APB$ は $\overset{\frown}{AB}$ の大きいほうに対する円周角で, $\overset{\frown}{AB}$ に対する中心角が $x°$ であるから,

$$x = 2 \times 105 \quad \leftarrow \angle AOB = 2\angle APB$$

$$= \boxed{②}$$

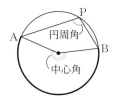

(3)　$\angle APB$, $\angle AQB$ はともに $\overset{\frown}{AB}$ に対する円周角であるから,

$$x° = \angle AQB \quad \leftarrow \angle APB = \angle AQB$$

$$x = \boxed{③}$$

(4)　$\overset{\frown}{AB}$ は半円の弧だから,

$$\angle APB = \boxed{④}$$

$x° = 180° - (\angle APB + \angle ABP)$ より,

$$x = 180 - (90 + 30)$$

$$= \boxed{⑤}$$

線分 AB が直径のとき, $\angle APB = 90°$ だね。

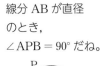

➤ **たいせつ**

下の図で, $\angle APB$ を $\overset{\frown}{AB}$ に対する**円周角**といい, $\overset{\frown}{AB}$ を $\angle APB$ に対する**弧**という。

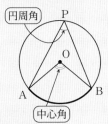

➤ **たいせつ**

円周角の定理

1　1つの弧に対する円周角の大きさは, その弧に対する中心角の大きさの半分である。

$$\angle APB = \frac{1}{2}\angle AOB$$

2　1つの弧に対する円周角の大きさは等しい。

$$\angle APB = \angle AP'B = \angle AP''B$$

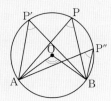

覚えておこう

半円の弧に対する中心角は180°だから, 円周角は90°である。

基|本|問|題 .... 解答 p.30

1 円周角と円周角の定理 右の図の円 O について，次の(1)〜(3)に答えなさい。 教 p.178〜180

(1) $\overset{\frown}{AB}$ に対する円周角を答えなさい。

(2) ∠CQB に対する弧を答えなさい。

(3) ∠APB ＝ ∠x として，∠AQB，∠AOB の大きさを，それぞれ x を使った式で表しなさい。

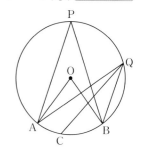

2 円周角の定理 次の図で，x の値を求めなさい。 教 p.181 Q2

(1)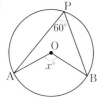

(2)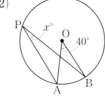

ミス注意

(4)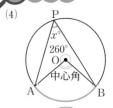

∠APB は $\overset{\frown}{AB}$ の小さいほうに対する円周角で，中心角は
∠AOB ＝ 360° − 260°
＝ 100°

(3)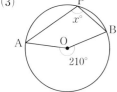

(4)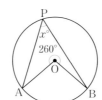

ここがポイント

(6) P と C を結んで，円周角の定理を使う。このような線を補助線という。自分で線がひけるようになろう。

(5)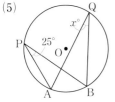

(6)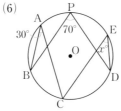

3 半円の弧に対する円周角 次の図で，x の値を求めなさい。 教 p.181 Q3

(1)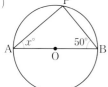

(2)

(3)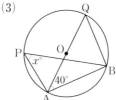

(4)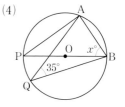

左ページの 例 の答え ① 65 ② 210 ③ 75 ④ 90° ⑤ 60

確認のワーク **ステージ 1**

1節 円周角の定理
② 弧と円周角 ③ 円周角の定理の逆

例 1 弧と円周角

教 p.182, 183 → 基本 問題 ❶ ❷

次の図で，x の値を求めなさい。

(1)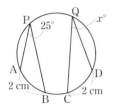

(2)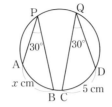

(3)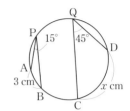

考え方 弧と円周角の定理にしたがう。

解き方 (1) $\overparen{AB} = \overparen{CD}$ より，

$\angle CQD = \angle APB = 25°$ 〉 定理2

よって，$x = \boxed{①}$

(2) $\angle APB = \angle CQD$ より， 〉 定理1

$\overparen{AB} = \overparen{CD} = 5\text{ cm}$

よって，$x = \boxed{②}$

(3) 1つの円で，弧の長さは，それに
対する円周角の大きさに比例するので，

$3 : x = 15 : 45$

$\underset{1}{x} \times \underset{}{15} = 3 \times \underset{3}{45}$ 〉 $a:b=c:d$ $bc=ad$

したがって，$x = \boxed{③}$

> **たいせつ**
>
> 1 円周角の大きさが等しい
> ならば，それに対する弧の
> 長さは等しい。
> 2 弧の長さが等しいならば，
> それに対する円周角の大き
> さは等しい。

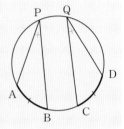

> **覚えておこう**
>
> 1 円周角の大きさは，
> それに対する弧の長さ
> に比例する。
> 2 弧の長さは，それに
> 対する円周角の大きさ
> に比例する。

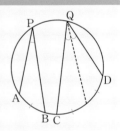

例 2 円周角の定理の逆

教 p.184, 185 → 基本 問題 ❸

次の図で，4点 A，B，C，D が1つの円周上にあるかどうか答えなさい。

(1)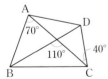

(2)

考え方 $\angle ABD = \angle ACD$ などが成り立つかどうかで判断する。

解き方 (1) $\angle ABD = 110° - 70° = 40°$

よって，$\angle ABD = \angle ACD$ より，

4点は1つの円周上に $\boxed{④}$ 。

(2) $\angle BDC = 180° - (30° + 67°) = 83°$

$\angle BAC = 67°$

よって，4点は1つの円周上に $\boxed{⑤}$ 。

> **たいせつ**
>
> 円周角の定理の逆
> 2点P，Q が直線 AB の
> 同じ側にあって，
> $\angle APB = \angle AQB$ ならば，
> 4点 A，B，P，Q は，
> 1つの円周上にある。

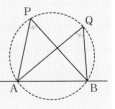

基本問題

解答 p.30

1 弧と円周角　次の図で，x の値を求めなさい。

教 p.183 Q1, Q2

(1)
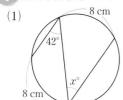

(2)
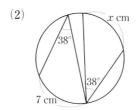

(3)
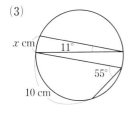

(4)
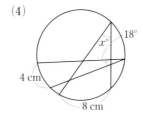

知ってると得

(3) 弧の長さは，円周角の大きさに比例するから，
$$x : 10 = 11 : 55$$
ここで，$11 : 55 = 1 : 5$ だから，
$$x : 10 = 1 : 5$$
と簡単にしてから解いてもよい。

2 弧と円周角　右の図のように，円周を6つの等しい長さの弧に分ける点を A，B，C，D，E，F とします。x，y の値を求めなさい。

教 p.183

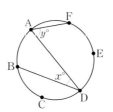

ここがポイント

$\overparen{AB} = \overparen{BC} = \overparen{CD} = \overparen{DE} = \overparen{EF} = \overparen{FA}$ だから，$\overparen{AB}$ の長さと円周の比は 1 : 6
また，円全体の円周角は
$$360° \times \frac{1}{2} = 180°$$

3 円周角の定理の逆　次の(1)，(2)に答えなさい。

教 p.185 Q1, Q2

(1) 次のア～ウのうち，4点 A，B，C，D が1つの円周上にあるものはどれですか。記号で答えなさい。

ア
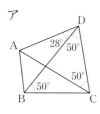

イ
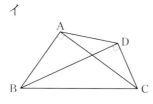

ウ
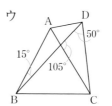

ここがポイント

4点が1つの円周上にあるかどうかを調べる問題では，

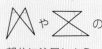

の部分に注目しよう。

(2) 次の図で，x の値を求めなさい。

①
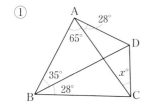

②
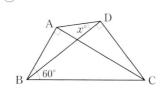

覚えておこう

$\angle APB = \angle AQB = 90°$ のとき，点 P，Q は AB を直径とする円周上にある。

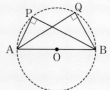

6章

1節　円周角の定理

1 次の図で，(1)，(2)は x，y の値，(3)〜(6)は x の値を求めなさい。

(1)
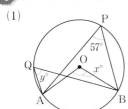

(2)
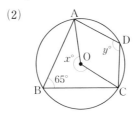

(3)
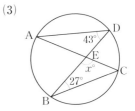

(4)
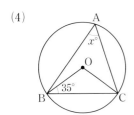

(5)
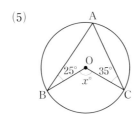

(6)
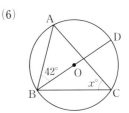

2 次の図で，x の値を求めなさい。

(1)
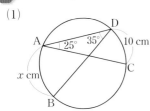

(2)
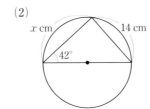

(3)
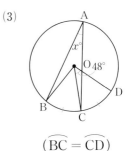

$(\overset{\frown}{BC} = \overset{\frown}{CD})$

3 右の図のように，円周を5つの等しい長さの弧に分ける点を A，B，C，D，E とするとき，次の(1)，(2)に答えなさい。

(1)　∠BED の大きさを求めなさい。

(2)　AC と BE の交点を P とするとき，∠BPC の大きさを求めなさい。

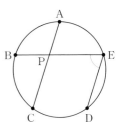

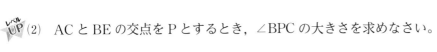

1 (4)　△OBC は OB = OC の二等辺三角形である。

(5)，(6)　補助線をひいて考える。(5)は半径 OA をひく。(6)は2点 A，D を結ぶ。

3 (2)　2点 A，B を結んで考える。

4 右の図のように、∠C＝90°の直角三角形 ABC と点 P があり、∠APB＝90° です。

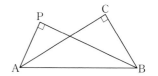

(1) 4点 A，B，C，P は1つの円周上にあるといえますか。

(2) 点 P が ∠APB＝90° という条件をみたしながら動くとき，P はどんな線をえがきますか。ただし，P は直線 AB について C と同じ側を動くものとします。

5 右の図について，次の(1)，(2)に答えなさい。

(1) 4点 A，B，C，D が1つの円周上にあることを証明しなさい。

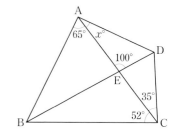

(2) x の値を求めなさい。

![入試問題をやってみよう！](入試問題を やってみよう！)

① 右の図で，4点 A，B，C，D は円 O の周上にあり，線分 BD は円 O の直径である。このとき，∠x の大きさを求めよ。　〔京都〕

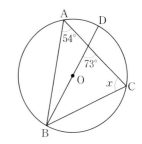

② 図で，C，D は AB を直径とする半円 O の周上の点であり，E は直線 AC と BD との交点である。

半円 O の半径が 5 cm，弧 CD の長さが 2π cm のとき，∠CED の大きさは何度か，求めなさい。　〔愛知〕

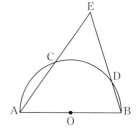

① ∠ABD＝$a°$ とすると，三角形の内角と外角の関係から，$54°＋a°＝73°$　　2点 D，C を結ぶ。

② 中心角の大きさは弧の長さに比例することから，∠COD の大きさを求める。

 2節 円の性質の利用
① 丸太から角材を切り出す方法を考えよう
② 円の外部にある点から接線を作図しよう ③ 円と2つの線分の関係を調べよう

例1 円の外部にある点からひく接線
教 p.188, 189 → **基本** 問題 ❶ ❷

円Oの外部にある点Aから，円Oに接線を作図しなさい。

考え方 接点の見つけ方を考える。接線は，接点を通る半径に垂直だから，90°の角をつくることを考える。

解き方 ① 2点A，Oを結ぶ。

② 線分AOの [①_____] をひき，AOの中点Mを求める。

③ Mを中心とする半径 [②____] の円をかき，円Oとの交点をそれぞれB，Cとする。

④ AとB，AとCを結ぶと2本の接線がひける。

思い出そう

円の接線

円の接線は，その接点を通る半径に垂直である。

ここが ポイント

半円の弧に対する円周角は90°だから，線分OAを直径とする円Mを作図すればよい。

例2 円での三角形の相似の証明
教 p.190 → **基本** 問題 ❸

右の図で，△PAC∽△PDBであることを証明しなさい。

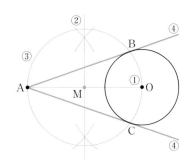

考え方 円周角の定理を利用する。

解き方 **証明** △PACと△PDBで，

∠APC = ∠DPB（共通）……①

$\overset{\frown}{AD}$ に対する円周角だから，

∠ACP = [③____] ……②

→ 1つの弧に対する円周角の大きさは等しい。

①，②から，2組の角がそれぞれ等しいので，

△PAC∽△PDB

思い出そう

三角形の相似条件

1 3組の辺の比がすべて等しい。

2 2組の辺の比が等しく，その間の角が等しい。

3 2組の角がそれぞれ等しい。

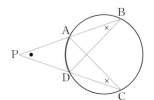

円では，円周角の定理を利用すると，等しい角が見つかるね。

基本問題 ·· 解答 p.32

1 円の外部にある点からひく接線

　右の図のように，円Oと，円Oの中心Oと外部の点Pを直径の両端とする円が2点A，Bで交わっています。このとき，PA，PBが円Oの接線となる理由を説明しなさい。 教 p.188, 189

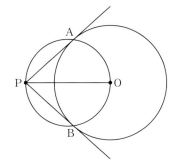

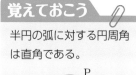

覚えておこう

半円の弧に対する円周角は直角である。

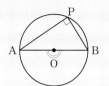

2 円の外部にある点からひく接線　下の図の点Aから円Oに接線を作図しなさい。 教 p.189 Q2

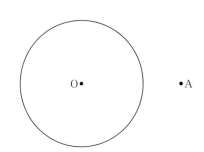

思い出そう

線分の垂直二等分線の作図

① 2点A，Bをそれぞれ中心として，等しい半径の円をかく。

② 2円の交点をP，Qとし，直線PQをひく。

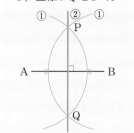

6
章

3 円での三角形の相似の証明　次の(1)，(2)に答えなさい。 教 p.190 Q1

(1)　右の図で，△PAC ∽ △PDB であることを証明しなさい。

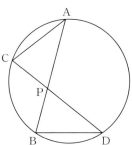

知ってると得 発展

△PAC ∽ △PDBより，対応する辺の比が等しいから，

　PA：PD = PC：PB

これより，円の2つの直線の交点をPとすると，次の方べきの定理が成り立つ。

　PA×PB = PC×PD

（左ページ 例**2**のような場合も成り立つ。）

(2)　PA = 4.5 cm，PB = 2 cm，PC = 3 cm のとき，PD の長さを求めなさい。

解答　p.32

2節　円の性質の利用

❶ 次の図のように，3点A，B，Cがあります。

(1)　線分ABを直径とする
円Oを作図しなさい。

(2)　(1)で作図した円Oについて，点Cから円Oに接線を作図しなさい。

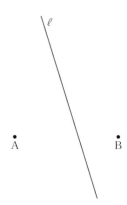

❷ 右の図のように，直線ℓと2点A，Bがあります。
直線ℓ上にあって，∠APB = 90°となるような点P
を1つ作図しなさい。

❸ 次の図を作図しなさい。

(1)　線分ABを斜辺とする
直角二等辺三角形

(2)　線分ABを底辺とする
頂角30°の二等辺三角形

A ————————— B

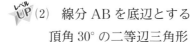

A ———————— B

❶ まず円の中心を作図によって求める。

❸ (2)　中心角60°の弧に対する円周角は30°であることを利用する。また，60°の角は正三角形の作図により求まる。

👑よく出る **4** 右の図のように，円Oの円周上に4点A，B，C，D
があります。点Pは，線分ACと線分BDの交点です。
また，点Qは，線分ADと線分BCの延長の交点です。

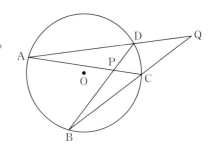

(1) △PAD∽△PBC であることを証明しなさい。

(2) △QAC∽△QBD であることを証明しなさい。

(3) (2)で，QA = 7.5 cm，QB = 5 cm，QD = 2 cm のとき，QCの長さを求めなさい。

5 右の図で，A，B，C，Dは円周上の点で，$\overset{\frown}{AB} = \overset{\frown}{AC}$ です。線分
AD，BCの交点をEとするとき，△ADC∽△ACE となることを証
明しなさい。

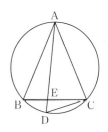

📝 入試問題を やってみよう！ ┄┄┄┄┄┄┄┄┄┄┄┄┄┄┄┄┄┄┄┄

① 右の図のように，円周上に4点A，B，C，Dがあり，
∠ABC = 80°，∠ACD = 30° である。線分CD上にあり，
∠CBP = 25° となる点Pを，定規とコンパスを使って作図しな
さい。ただし，作図に用いた線は消さないこと。 〔山口〕

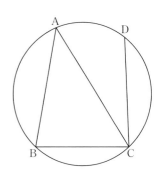

6章

② 右の図のような，おうぎ形ABCがあり，$\overset{\frown}{BC}$ 上に点Dをとり，
$\overset{\frown}{DC}$ 上に点Eを，$\overset{\frown}{DE} = \overset{\frown}{EC}$ となるようにとる。また，線分AEと
線分BCの交点をF，線分AEの延長と線分BDの延長の交点をG
とする。△GAD∽△GBF であることを証明しなさい。 〔山口〕

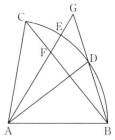

① 2点B，Dを結ぶと，$\overset{\frown}{AD}$ に対する円周角だから，∠ABD = ∠ACD = 30°
② ∠GADは $\overset{\frown}{DE}$ に対する中心角で，∠GBFは $\overset{\frown}{DC}$ に対する円周角である。
　ここで，条件 $\overset{\frown}{DE} = \overset{\frown}{EC}$ を利用する。

実力判定テスト　ステージ3　円

40分　/100

1 次の図で，x の値を求めなさい。　5点×6（30点）

(1)
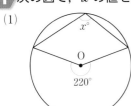

(2)

(3)

（　　　　　）　　　（　　　　　）　　　（　　　　　）

(4)
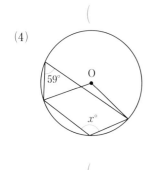

(5)
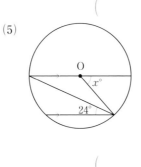

(6)
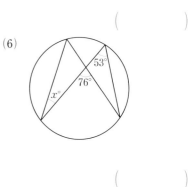

（　　　　　）　　　（　　　　　）　　　（　　　　　）

2 右の図の四角形 ABCD の 4 つの頂点が 1 つの円の周上に
あるときの x，y，z の値を求めなさい。　5点×3（15点）

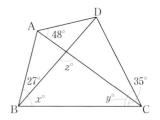

x（　　　　　）　y（　　　　　）　z（　　　　　）

3 次の図で，x，y の値を求めなさい。　5点×4（20点）

(1)
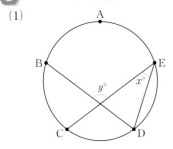

A〜E は円周を
5 等分する点

(2)
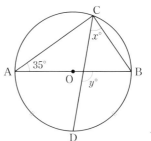

$\overparen{AD} = \overparen{BD}$

x（　　　　　）　y（　　　　　）　　　　x（　　　　　）　y（　　　　　）

4 右の図の □ABCD で，∠BPC ＝ 90° となる点 P を辺 AD 上にとることができます。

　　点 P を作図しなさい。　　　　　（8点）

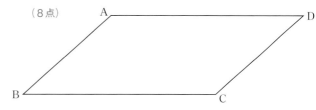

5 右の図のように，円周上に 4 点 A，B，C，D があり，$\overparen{AB} = \overparen{CD}$ です。このとき，AD ∥ BC であることを証明しなさい。　　　　　　　　　　（9点）

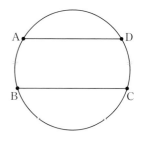

6 右の図で，3 点 A，B，C は円 O の周上にあり，BC は円 O の直径です。∠ACB の二等分線をひき，弦 AB と円 O との交点をそれぞれ D，E とします。△ADC ∽ △EBC であることを証明しなさい。　　　　　　　　　　　　（9点）

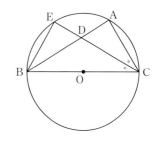

7 右の図のように，2 つの弦 AB，CD が点 P で交わっています。このとき，∠APC の大きさは，$\overparen{AC}$ に対する円周角と $\overparen{BD}$ に対する円周角の和に等しいことを証明しなさい。　　　　（9点）

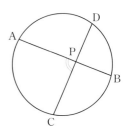

 アプリ【どこでもワーク計算編・図形編】をやって，さらに力をつけよう！

 **1節　三平方の定理**
① 三平方の定理とその証明　② 直角三角形の辺の長さ
③ 三平方の定理の逆

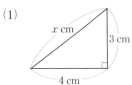 **直角三角形の辺の長さ** 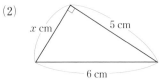 教 p.200 → 基本問題❷

次の直角三角形で，x の値を求めなさい。

(1) x cm，3 cm，4 cm

(2) x cm，5 cm，6 cm

考え方 斜辺はどこかを確認して，三平方の定理にあてはめる。

解き方 (1)　斜辺が x cm だから，三平方の定理を使うと，

$$x^2 = 4^2 + 3^2 \quad \leftarrow c^2 = a^2 + b^2$$
$$= 25$$

$x > 0$ であるから， ←$x^2=25$ を解くと，$x=\pm5$ 辺の長さは正の数だから，$x>0$ となる。

$$x = \boxed{①}$$

(2)　斜辺が 6 cm だから，三平方の定理を使うと，

$$5^2 + x^2 = 6^2 \quad \leftarrow a^2 + b^2 = c^2$$
$$x^2 = 6^2 - 5^2$$
$$= 11$$

$x > 0$ であるから，

$$x = \boxed{②}$$

たいせつ
三平方の定理
直角三角形の直角をはさむ 2 辺の長さを a，b，斜辺の長さを c とすると，
$$a^2 + b^2 = c^2$$

(1)の直角三角形の 3 辺の比は，「3：4：5」となっていて，ピタゴラス数（右ページ参照）というよ。「6：8：10」や「9：12：15」の形でも使われるよ。

例❷ 三平方の定理の逆 教 p.202, 203 → 基本問題❸

3 辺の長さが次のような三角形のうち，直角三角形はどちらですか。

ア　5 cm，6 cm，8 cm　　　　イ　8 cm，15 cm，17 cm

考え方 最も長い辺の長さの 2 乗が，他の 2 辺の長さの 2 乗の和になるか調べる。

解き方 ア　$a=5$，$b=6$，$c=8$ とすると， ←$a=6$，$b=5$ でもよい。

$$a^2 + b^2 = 5^2 + 6^2 = 61 \leftarrow a^2+b^2=c^2 は成り立たない。$$
$$c^2 = 8^2 = 64$$

イ　$a=8$，$b=15$，$c=17$ とすると， ←$a=15$，$b=8$ でもよい。

$$a^2 + b^2 = 8^2 + 15^2 = 289$$
$$c^2 = 17^2 = 289 \leftarrow a^2+b^2=c^2 が成り立つ。$$

$a^2+b^2=c^2$ が成り立つのは $\boxed{③}$ だから，直角三角形は $\boxed{④}$ である。

たいせつ
三平方の定理の逆
3 辺の長さが a，b，c の三角形で，
$$a^2 + b^2 = c^2$$
ならば，その三角形は長さ c の辺を斜辺とする直角三角形である。

解答 p.35

① **三平方の定理とその証明** 右の図で，四角形 ABCD は正方形で，△ABH ≡ △BCE ≡ △CDF ≡ △DAG です。

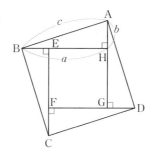

教 p.199 Q1

(1) △ABH の面積を求めなさい。

(2) 四角形 EFGH はどのような四角形かいいなさい。また，その面積を求めなさい。

(3) 面積の関係は，

正方形 ABCD = 四角形 EFGH + 4 × △ABH

で表されます。このことから，$a^2 + b^2 = c^2$ であることを証明しなさい。

知ってると得

直角三角形では，直角をはさむ 2 辺をそれぞれ 1 辺とする 2 つの正方形の面積の和は，斜辺を 1 辺とする正方形の面積に等しい。

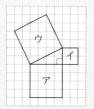

上の図で，

(アの面積) + (イの面積)
= (ウの面積)

ピタゴラスの定理

三平方の定理をピタゴラスの定理ともいう。

② **直角三角形の辺の長さ** 次の直角三角形で，x の値を求めなさい。 教 p.201 Q1~Q3

(1)
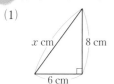
x cm, 8 cm, 6 cm

(2)
9 cm, 6 cm, x cm

(3)
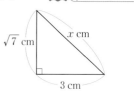
$\sqrt{7}$ cm, x cm, 3 cm

(4)
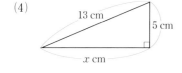
13 cm, 5 cm, x cm

(5)
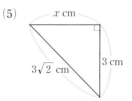
x cm, 3 cm, $3\sqrt{2}$ cm

(6)
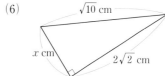
$\sqrt{10}$ cm, x cm, $2\sqrt{2}$ cm

③ **三平方の定理の逆** 3 辺の長さが次のア～エのような三角形のうち，直角三角形はどれですか。 教 p.203 Q1

ア 4 cm, 5 cm, 6 cm　　　　イ 9 cm, 40 cm, 41 cm

ウ $\sqrt{6}$ cm, $\sqrt{7}$ cm, $\sqrt{13}$ cm　エ 4 cm, 6 cm, $\sqrt{10}$ cm

知ってると得

ピタゴラス数

$a^2 + b^2 = c^2$ を成り立たせる自然数 a, b, c の組をピタゴラス数という。

例 (a, b, c)
$= (3, 4, 5), (5, 12, 13),$
$(7, 24, 25)$ など

7 章

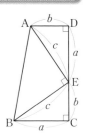

解答 p.35

　ステージ **2**　**1節　三平方の定理**

❶ 右の図で，四角形 ABCD は AD // BC の台形で，△AED ≡ △EBC です。
この図を利用して，三平方の定理 $a^2 + b^2 = c^2$ を証明しなさい。

❷ 次の直角三角形で，残りの1辺の長さを求めなさい。

(1)　直角をはさむ2辺の長さが 4 cm，5 cm である直角三角形

(2)　斜辺と他の1辺の長さが，$\sqrt{15}$ cm，$\sqrt{3}$ cm である直角三角形

❸ 次の直角三角形で，x の値を求めなさい。

(1)
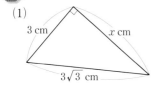

(2)
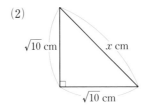

(3)
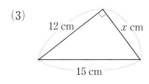

(4)
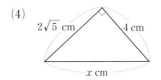

(5)
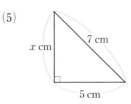

(6)
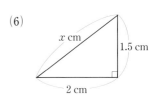

❹ 直角三角形の直角をはさむ2辺の長さをそれぞれ a，b とし，斜辺の長さを c とします。右の表の空らんをうめなさい。

a	3	(イ)	7	(エ)	9
b	(ア)	12	24	15	(オ)
c	5	13	(ウ)	17	41

❶ 面積の関係に着目すると，台形の面積 = 3つの三角形の面積の和
このことから $a^2 + b^2 = c^2$ を導く。

❷ 求める辺の長さを x cm として，三平方の定理にあてはめる。

⑤ 3辺の長さが次のア～エのような三角形のうち，直角三角形はどれですか。

ア　2 cm，4 cm，$2\sqrt{5}$ cm　　イ　$\sqrt{6}$ cm，$3\sqrt{2}$ cm，5 cm

ウ　1 cm，2 cm，$\sqrt{3}$ cm　　エ　$\dfrac{29}{5}$ cm，$\dfrac{21}{5}$ cm，4 cm

⑥ 右の図のような直角三角形 ABC で，直角の頂点 C から斜辺 AB に垂線 CD をひきます。

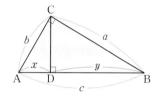

(1)　△ABC と相似な三角形を答えなさい。

(2)　(1)を使って，x，y をそれぞれ a，b，c の式で表しなさい。

(3)　(2)を使って，$a^2+b^2=c^2$ を導きなさい。

入試問題を やってみよう！

① 連続する 3 つの整数を 3 辺の長さとする直角三角形 ABC があります。∠ABC = 90°，AB < BC < CA とするとき，(1)～(4)の各問いに答えなさい。　〔佐賀〕

(1)　上の条件にあう △ABC の図を，次の①～③の中から 1 つ選び，番号を書きなさい。

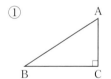
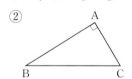
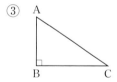

(2)　辺 AB の長さを x とするとき，辺 CA の長さを x を用いて表しなさい。

(3)　辺 BC の長さを x とするとき，辺 AB の長さを x を用いて表しなさい。

(4)　△ABC の 3 辺の長さをそれぞれ求めなさい。

　　ただし，「辺 ▢ の長さを x とすると」の ▢ に辺を書き入れ，その x について の方程式をつくり，答えを求めるまでの過程も書きなさい。

⑤ ア～ウのように，辺の長さが平方根で表されているときは，まず各辺を 2 乗して，いちばん大きいものを斜辺とすればよい。

⑥ 相似比をもとに，x，y をそれぞれ a，b，c の式で表す。

7章

2節　三平方の定理と図形の計量
① 平面図形の計量

例1 正三角形の高さと面積

教 p.204 → 基本 問題 ❶ ❷ ❸

1辺が6cmの正三角形の高さと面積を求めなさい。

考え方 三角形の高さを1辺とする直角三角形を見いだして三平方の定理を利用する。

解き方 右の図のように，頂点Aから辺BCに垂線AMをひく。点Mは辺BCの中点だから，BM＝□① cm

また，△ABMは直角三角形だから，
AH＝h cmとすると，三平方の定理から，

$$h^2 + 3^2 = 6^2 \qquad h^2 = 36 - 9 = 27$$

$h > 0$ であるから，$h = \sqrt{27} = $ □②　答 高さ □② cm

よって，面積は，$\dfrac{1}{2} \times BC \times h$ ← 三角形の面積＝$\frac{1}{2}$×底辺×高さ

$$= \dfrac{1}{2} \times 6 \times 3\sqrt{3}$$

$$= \boxed{③}\ (\text{cm}^2) \qquad 答 面積 \boxed{③} \text{cm}^2$$

別解 △ABMは，∠B＝60°の直角三角形だから，

$$3 : h = 1 : \sqrt{3}$$

$a:b=c:d$ ならば $ad=bc$

よって，$h = 3\sqrt{3}$

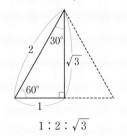
例2 弦の長さ

教 p.206 → 基本 問題 ❹

半径5cmの円Oで，中心からの距離（きょり）が3cmである弦（げん）ABの長さを求めなさい。

考え方 中心Oから弦ABに垂線OHをひく。
OHの長さが，中心Oと弦ABとの距離になる。
また，HはABの中点だから，AB＝2AH
直角三角形OAHでAHの長さを求める。

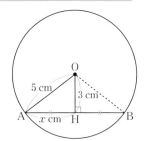

解き方 中心Oから弦ABに垂線OHをひき，AH＝x cmとする。
直角三角形OAHで三平方の定理から，

$$x^2 + 3^2 = 5^2 \qquad x^2 = 16$$

ピタゴラス数
3：4：5

$x > 0$ であるから，$x = \boxed{④}$

AB＝2AH＝$\boxed{⑤}$　　答 AB＝$\boxed{⑤}$ cm

基本問題 ··· 解答 p.36

❶ 対角線の長さ 次の図形の対角線の長さを求めなさい。 教 p.204 Q1

(1) 1辺が 5 cm の正方形

(2) 1辺が a cm の正方形

(3) 縦が 2 cm，横が 3 cm の長方形

(4) 縦が a cm，横が b cm の長方形

> ❶も❷も図をかいて
> 直角三角形を見いだ
> そう。
>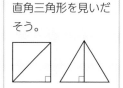

❷ 三角形の高さと面積 次の三角形の高さと面積を求めなさい。

(1) 1辺が 10 cm の正三角形 教 p.204 Q2

(2) 底辺が 4 cm，残りの 2 辺が 7 cm の二等辺三角形

❸ 特別な直角三角形 次の直角三角形で，x，y の値を求めなさい。 教 p.205 たしかめ❶, Q3

(1)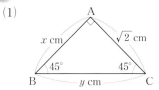

(2)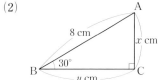

❹ 弦や接線の長さ 次の(1)，(2)を求めなさい。 教 p.206 Q4, Q5

(1) 円 O で，中心からの距離が 4 cm である弦の長さが 6 cm のとき，円 O の半径。

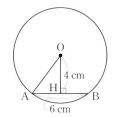

ここがポイント
円の中心 O から弦 AB に
垂線 OH をひくと，H は
AB の中点となるから，
AB = 2AH

(2) 半径が 3 cm の円 O に，円の外部にある点 P から接線をひき，接点を A とします。線分 OP の長さが 7 cm のとき，接線 PA の長さ。

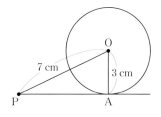

思い出そう
円の接線
円の接線は，接点を通る
半径に垂直である。

2節　三平方の定理と図形の計量
② 座標平面上の点と距離　③ 空間図形の計量

例1 2点間の距離

教 p.207 → 基本問題❶

座標平面上で，点 A$(-1, 2)$ と点 B$(4, -1)$ の間の距離を求めなさい。

考え方 2点を結ぶ線分を斜辺とする直角三角形をつくり，三平方の定理を使う。

解き方 右の図のように，点 A，B から座標軸に平行な直線をかいて，
その交点を C とすると，←C(4, 2)

$\qquad AC = 4-(-1) = 5$ ←x座標の差，$BC = 2-(-1) = 3$ ←y座標の差

$AB = x$ とすると，三平方の定理から，$x^2 = 5^2+3^2 = 34$

$x > 0$ であるから，$x = \boxed{}$　　答　$AB = \boxed{}$

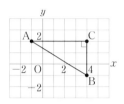

例2 直方体の対角線の長さ

教 p.208 → 基本問題❷

縦，横，高さがそれぞれ 4 cm，8 cm，5 cm の直方体の対角線の長さを求めなさい。

考え方 対角線を1辺とする直角三角形を見いだして，三平方の定理を使う。

解き方 右の図で，△EFG と △AEG はともに直角三角形である。

△EFG で，三平方の定理を使うと，←∠EFG=90°

$\qquad EG^2 = 8^2+4^2 \quad \cdots\cdots ①$

$AG = x$ cm として，△AEG で三平方の定理を使うと，←∠AEG=90°

$\qquad x^2 = 5^2+EG^2 \quad \cdots\cdots ②$

①を②に代入して，$x^2 = 5^2+(8^2+4^2) = 105$

$x > 0$ であるから，$x = \boxed{}$　　答　$\boxed{}$ cm

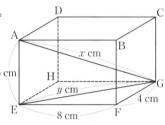

別解 縦，横，高さがそれぞれ a，b，c の直方体の対角線の長さを ℓ とすると，$\ell = \sqrt{a^2+b^2+c^2}$ となる。

$a = 4$，$b = 8$，$c = 5$ だから，$\ell = \sqrt{4^2+8^2+5^2} = \sqrt{105}$ (cm)

知ってると得

直方体の対角線の長さ
$m^2 = a^2+b^2$，
$\ell^2 = m^2+c^2$
だから，
$\ell = \sqrt{a^2+b^2+c^2}$

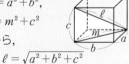

例3 円錐の体積

教 p.209 → 基本問題❸❹

底面の半径が 3 cm，母線の長さが 8 cm の円錐の体積を求めなさい。

考え方 底面の半径，高さ，母線を3辺とする直角三角形で，三平方の定理を利用する。

解き方 高さを h cm とする。△ABO は直角三角形であるから，←∠AOB=90°

三平方の定理を使うと，$h^2+3^2 = 8^2$

$\qquad\qquad h^2 = 8^2-3^2 = 55$

$h > 0$ であるから，$h = \sqrt{55}$

体積は，$\dfrac{1}{3}\times\pi\times3^2\times\sqrt{55} = \boxed{}$　　答　$\boxed{}$ cm^3
　　　　　　底面積　　高さ

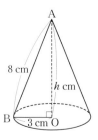

基本問題 ··· 解答 p.37

1 **2点間の距離** 次の2点間の距離を求めなさい。 教 p.207 Q1

(1) A$(2, 4)$, B$(-3, -1)$

(2) P$(-3, 2)$, Q$(1, -3)$

> **知ってると得**
>
> 2点 A(x_1, y_1), B(x_2, y_2) 間の距離は,
> $$AB = \sqrt{(x_2-x_1)^2+(y_2-y_1)^2}$$

2 **直方体の対角線の長さ** 次の対角線の長さを求めなさい。 教 p.208 Q1, Q2

(1) 縦 3 cm, 横 6 cm, 高さ 2 cm の直方体

(2) 1辺が 10 cm の立方体

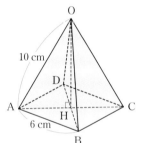

3 **四角錐の体積と表面積** 右の図の正四角錐について, 次の(1)～(5)に答えなさい。 教 p.209 Q3, Q4

(1) AH の長さを求めなさい。

(2) OH の長さを求めなさい。

(3) 正四角錐の体積を求めなさい。

(4) △OAB の面積を求めなさい。

(5) 正四角錐の表面積を求めなさい。

> **ここがポイント**
>
> 正四角錐の高さ OH を求めるには
> ① AC の長さを求める。
> ② AH の長さを求める。
> ③ △OAH で, 三平方の定理を使う。

> 正四角錐の側面は, 二等辺三角形だね。

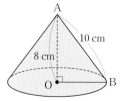

> **覚えておこう**
>
> **正四角錐の底面 ABCD**
>
> △ABC は直角二等辺三角形だから,
> AB : AC = 1 : $\sqrt{2}$
> また
> AH = $\dfrac{1}{2}$AC

7 章

4 **円錐の体積と表面積** 高さが 8 cm, 母線の長さが 10 cm の円錐の体積と表面積を求めなさい。 教 p.209 Q5

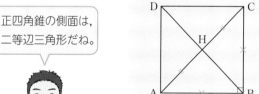

左ページの例の答え ① $\sqrt{34}$ ② $\sqrt{105}$ ③ $3\sqrt{55}\,\pi$

確認のワーク **ステージ 1**

3節 三平方の定理の利用
① 富士山が見える範囲を調べよう ② 図形の面積を比べよう

例 **1** 空間図形への利用

教 p.211, 212 → **基本問題①**

標高 1410 m の地点 A から標高 1500 m の地点 B にロープウェイが作られています。地点 A，B 間の水平距離は 120 m です。地点 A，B 間の距離を求めなさい。

考え方 空間のなかでも直角三角形を見いだすと，三平方の定理が使える。

解き方 地点 A，B 間の垂直距離は標高の差だから，

$$1500 - 1410 = 90 \text{(m)}$$

水平距離は，120 m

地点 A，B 間の距離は，右の直角三角形の斜辺 AB の長さになる。

このことから，三平方の定理を使って，地点 A，B 間の距離を求める。

$$AB^2 = 120^2 + 90^2 = 22500 \leftarrow 225 \times 100 = 15^2 \times 10^2$$

AB > 0 であるから，AB = $\boxed{①}$

```
5) 225       225
5)  45    = 5² × 3²
3)   9     だね。
      3
```

答 約 $\boxed{①}$ m

例 **2** 三角形の面積

教 p.213 → **基本問題②**

右の図の △ABC の面積を求めなさい。

考え方 右の図で，直角三角形 ABH と直角三角形 ACH に着目する。

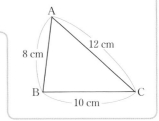

解き方 頂点 A から辺 BC に垂線 AH をひく。←辺BCを底辺としたときの高さがAH

AH = h cm，BH = x cm とすると，

$$CH = (\boxed{②}) \text{cm} \leftarrow CH = BC - BH$$

△ABH で三平方の定理を使うと，

$$h^2 + x^2 = 8^2 \qquad h^2 = 8^2 - x^2 \quad \cdots\cdots①$$

△ACH で三平方の定理を使うと，

$$h^2 + (\boxed{②})^2 = 12^2 \quad \cdots\cdots②$$

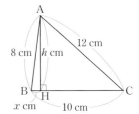

①を②に代入して，←hを消去する。

$$8^2 - x^2 + (\boxed{②})^2 = 12^2$$

$$\left.\begin{array}{l} 8^2 - x^2 + (10-x)^2 = 12^2 \\ 64 - x^2 + 100 - 20x + x^2 = 144 \\ \qquad\qquad -20x = -20 \end{array}\right\}$$

これを解くと，$x = \boxed{③}$

これを①に代入して，$h^2 = \boxed{④}$ ← $h^2 = 8^2 - 1^2$

$h > 0$ であるから，$h = \boxed{⑤}$

よって，△ABC $= \dfrac{1}{2} \times 10 \times \boxed{⑤} = \boxed{⑥}$

答 $\boxed{⑥}$ cm²

ここが ポイント

AH = h cm，BH = x cm として，h と x についての式を2つつくる。

基本問題 ··· 解答 p.37

① 空間図形への利用 右の図のように，水平距離が 70 m，垂直距離が 24 m の坂があります。地点 A から地点 B まで坂を登ると，何 m 歩くことになるか求めなさい。 教 p.211, 212

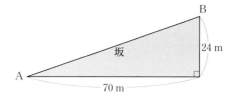

坂を歩く距離を求めるから，左の図の直角三角形の斜辺の長さを求めればいいね。

② 三角形の面積 右の図で，△ABC の高さ AH と面積を，それぞれ求めなさい。 教 p.213 Q1

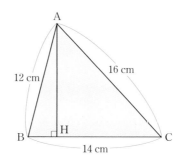

ここがポイント

1　AH = h cm，BH = x cm として，h と x についての式を 2 つつくる。
2　h を消去する。
3　x についての方程式を解く。
4　h を求める。

③ 図形の面積 次の図形の面積を求めなさい。 教 p.213 Q2

(1)
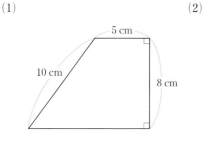

(2)
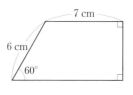

思い出そう

台形の面積

(上底＋下底)×高さ×$\dfrac{1}{2}$

ひし形の面積

対角線×対角線×$\dfrac{1}{2}$

(3)
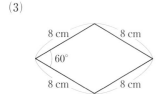

(4)
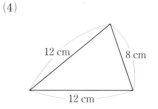

ここがポイント

(2)，(3)は 30° と 60° の直角三角形の辺の比を使う。

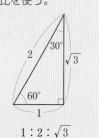

$1 : 2 : \sqrt{3}$

7章

左ページの 例 の答え　① 150　② $10-x$　③ 1　④ 63　⑤ $3\sqrt{7}$　⑥ $15\sqrt{7}$

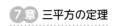

定着のワーク　ステージ **2**
2節　三平方の定理と図形の計量
3節　三平方の定理の利用

解答 p.38

❶ 次の(1), (2)を求めなさい。

(1)　底辺が 10 cm, 残りの 2 辺が 7 cm の二等辺三角形の高さ

(2)　高さが 3 cm の正三角形の 1 辺の長さ

❷ 次の図で, x, y の値を求めなさい。

(1)
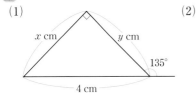

(2)
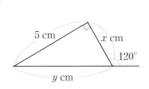

(3)
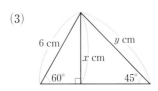

❸ 次の図形の面積を求めなさい。

(1)
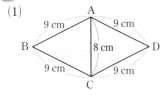

(2)
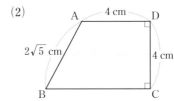

(3)
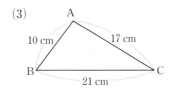

❹ 座標平面上に, 3 点 A(−6, 4), B(2, 8), C(8, −4) を頂点とする三角形があります。この △ABC の面積を求めなさい。

❺ 半径 6 cm の円 O で, 中心からの距離が 4 cm である弦の長さを求めなさい。

❻ 縦 8 cm, 横 10 cm, 高さ 4 cm の直方体の対角線の長さを求めなさい。

❼ 右の図の球 O で, 中心 O から 6 cm の距離にある平面で球 O を切ったときの切り口の円の面積は $81\pi \text{ cm}^2$ です。球 O について, 次の(1)〜(3)を求めなさい。

(1)　半径　　　(2)　体積　　　(3)　表面積

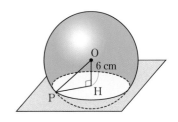

❸ (3)　頂点 A から底辺 BC に垂線 AH をひく。BH $= x$ cm とすると, CH $= (21-x)$ cm △ABH と △ACH で三平方の定理を利用して, AH を 2 通りの式で表す。

❼ まず, 切り口の円の半径を求める。

8 右の図のような直方体の表面上を，頂点 A を出発して，辺 BF，CG 上を通って頂点 H まで進むときの最短距離を求めなさい。

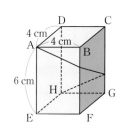

9 右の図において，点 A はエベレストの山頂を表しています。点 B は，エベレストが見える境界の地点で，地球の中心を O，地球の半径を r，エベレストの高さを h とします。$r = 6378$ km，$h = 8.85$ km とし，地球を球として，さえぎるものはないと考えます。

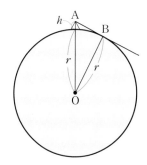

(1) ∠OBA の大きさを求めなさい。

(2) AB の長さはおよそ何 km ですか。小数第 1 位を四捨五入して求めなさい。

入試問題をやってみよう！

1 図で，円 P，Q は直線 ℓ にそれぞれ点 A，B で接している。円 P，Q の半径がそれぞれ 4 cm，2 cm で，PQ = 5 cm のとき，線分 AB の長さは何 cm か，求めなさい。　〔愛知〕

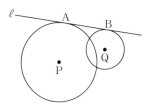

2 右の図のような，点 A，B，C，D を頂点とする正四面体 ABCD がある。辺 AB を 1：2 に分ける点 E，辺 CD の中点 F をとり，3 点 B，E，F を結んで △BEF をつくる。

辺 AB の長さが 6 cm のとき，次の各問いに答えなさい。

なお，各問いにおいて，答えに √ がふくまれるときは，√ の中をできるだけ小さい自然数にしなさい。　〔三重〕

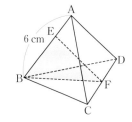

(1) 辺 BF の長さを求めなさい。

(2) 辺 BF を底辺としたときの △BEF の高さを求めなさい。

1 円の接線は，接点を通る半径に垂直だから，四角形 APQB は台形である。

2 (1) △BCD は正三角形で，点 F は辺 CD の中点だから，BF は △BCD の高さである。

(2) 点 A，E から △BCD に垂線 AH，EH′ をひき，まず AH の長さを求める。

実力判定テスト　ステージ3　三平方の定理　　40分　/100

1 次の図で，x の値を求めなさい。　　　　　　　　　　　　　5点×3（15点）

(1)
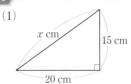
x cm　15 cm　20 cm

(2)
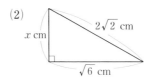
x cm　$2\sqrt{2}$ cm　$\sqrt{6}$ cm

(3)
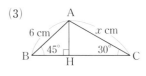
6 cm　x cm　45°　30°　B H C　A

(　　　　　　　　)　　(　　　　　　　　)　　(　　　　　　　　)

2 3 辺の長さが次のア〜エのような三角形のうち，直角三角形はどれですか。　（5点）

ア　9 cm，12 cm，15 cm　　　　　　イ　3 cm，4.1 cm，5.1 cm

ウ　$\sqrt{5}$ cm，$\sqrt{7}$ cm，$\sqrt{11}$ cm　　　エ　2 cm，3 cm，$\sqrt{13}$ cm

(　　　　　　　　)

3 次の図形の面積を求めなさい。　　　　　　　　　　　　　6点×3（18点）

(1)　△ABC は正三角形
A　12 cm　B　C

(2)　四角形 ABCD は台形
A　2 cm　D　4 cm　4 cm　B　6 cm　C

(3)
A　40 cm　26 cm　B　42 cm　C

(　　　　　　　　)　　(　　　　　　　　)　　(　　　　　　　　)

4 次の(1)〜(3)を求めなさい。　　　　　　　　　　　　　　5点×3（15点）

(1)　1 辺が 4 cm の正方形の対角線の長さ

(　　　　　　　　)

(2)　1 辺が $\sqrt{6}$ cm の正三角形の高さ

(　　　　　　　　)

(3)　縦 4 cm，横 6 cm，高さ 5 cm の直方体の対角線の長さ

(　　　　　　　　)

目標 ①～⑤は基本問題である。全問正解をめ ざしたい。また，⑥～⑧も確実に得点で きるようにしたい。

⑤ 次の(1)，(2)に答えなさい。

(1) 右の図のように，半径 3 cm の円 O に，中心からの距
離が 7 cm である点 P から，接線をひきました。接点を
A として，接線 PA の長さを求めなさい。　（6点）

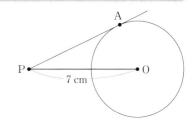

（ 　　　　　 ）

(2) 座標平面上に，3 点 A(2, 4)，B(-4, 1)，C(-1, -5) があります。　3点×5（15点）

① 線分 AB，BC，CA の長さを求めなさい。

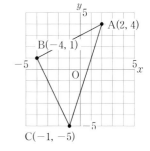

AB（ 　　　 ）　BC（ 　　　 ）　CA（ 　　　 ）

② △ABC はどんな三角形ですか。

（ 　　　　　 ）

③ △ABC の面積を求めなさい。

（ 　　　　　 ）

⑥ 右の図は，1 辺が 8 cm の立方体です。正方形 EFGH の対角線
の交点を O とします。2 点 C，O 間の距離を求めなさい。

（6点）

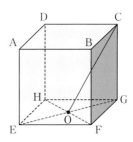

（ 　　　　　 ）

⑦ 右の図のような正四角錐の体積と表面積を求めなさい。

7点×2（14点）

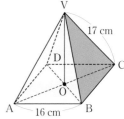

体積（ 　　　 ）　表面積（ 　　　 ）

⑧ 右の図のような，母線の長さが 9 cm，底面の円の半径が 3 cm の円錐
があります。底面の円周上の点 B から，円錐の側面を 1 周して点 B まで
最短の長さになるようにひもをかけます。このひもの長さを求めなさい。

（6点）

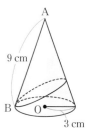

（ 　　　　　 ）

アプリ【どこでもワーク計算編・図形編】をやって，さらに力をつけよう！

確認のワーク　ステージ1　1節　標本調査　　2節　標本調査の利用

例1 全数調査と標本調査
教 p.220, 221 → 基本問題1

次の調査は，全数調査と標本調査のどちらですか。それぞれ答えなさい。

(1) かんづめの品質検査
(2) 学校で行う体力測定
(3) ある地域に生息する鹿の数の調査
(4) テレビの視聴率

考え方 全数調査は，その集団をつくっているもの全部について行う調査。標本調査は，集団の一部分について調べて，その結果からもとの集団の性質を推定する調査である。

解き方 全部調査する必要があるから，[①　　　]は全数調査である。

全部調査することはできないから，[②　　　　　]は標本調査である。

例2 母集団の平均値の推定
教 p.222～225 → 基本問題3

ある中学校の3年男子の身長を書き出し，Aさんは無作為に10人を取り出し，Bさんは無作為に30人を取り出し，それぞれ平均値を求めました。AさんとBさんの求め方では，どちらがより母集団の平均値に近いと考えられるか答えなさい。

考え方 標本調査の場合，調査の対象となるもとの集団を**母集団**といい，調査のために母集団から取り出された一部分を**標本**という。そして，母集団から抽出した標本の平均値を**標本平均**といい，標本として取り出されたデータの個数を標本の大きさという。標本の大きさが大きいほど，標本平均は母集団の平均値に近づいていく。

解き方 標本の大きさが大きいのは[③　　]さんのほうだから，

母集団の平均値に近いのは[③　　]さんのほうである。

覚えておこう

母集団から標本を取り出すときには，その母集団の性質がよく現れるように，偏りがなく公平に取り出す工夫をしなければならない。このようにして標本を取り出すことを**無作為に抽出する**という。

例3 母集団の数量の推定
教 p.226, 227 → 基本問題4

容器の中に入っている大豆の数を推定するのに，取り出した57個の大豆に目印をつけて容器に戻しました。容器の中をよくかき混ぜて，大豆を一部取り出したら37個あり，目印をつけた大豆が3個混じっていました。容器の中にある大豆の数を推定しなさい。

考え方 取り出した大豆にふくまれる目印の数の割合を，容器の中の大豆の目印の数の割合と考える。

解き方 容器の中の大豆の数を x 個とすると，

$$3 : 37 = 57 : x \qquad 3x = 37 \times 57$$

$x = $ [④　　　] だから，およそ [⑤　　　] 個と推定する。

覚えておこう

標本の割合が，母集団の割合と推定できる。比の式をつくって考えよう。

基本問題
解答 p.40

1 全数調査と標本調査　次の調査は，全数調査と標本調査のどちらですか。それぞれ答えなさい。
教 p.221 Q1

(1) 入学希望者に行う学力検査　(2) 果物の糖度検査

(3) おかしの品質調査　　　(4) 入出国時の金属探知機検査

思い出そう
全体を調査するのに，時間や費用がかかりすぎたり，全部を調べるわけにはいかない場合に標本調査を行う。

2 母集団と標本　A市には，15歳以上の人が全部で100000人住んでいます。その人たちの1日の睡眠時間がどれくらいかを調べるために，無作為に500人の人を選び，その睡眠時間の平均値を推定しようとしています。
教 p.221 Q2

(1) 母集団をいいなさい。

(2) 標本とその大きさをいいなさい。

ここがポイント
調査は全数調査がのぞましいので，問題を解くときは，まず全数調査が可能かどうかを考えてみる。

3 母集団の平均値の推定　1400ページの辞書に掲載されている見出し語の数を調べるために，10ページを無作為に選び，そこに掲載されている見出し語の数を調べると，27，16，29，18，21，42，23，15，30，22となりました。
教 p.224 ①

(1) 無作為に取り出した10ページに掲載されている見出し語の数の1ページあたりの平均値を求めなさい。

(2) この辞書に掲載されている見出し語は全部でおよそ何万何千語かを推定しなさい。

覚えておこう
1ページあたりの平均値は，10ページの見出し語の数の合計を，ページ数でわって求める。
何万何千語という形で答えるから，百の位を四捨五入して求める。

4 母集団の数量の推定　大きな池にいるコイの数を推定するために，捕まえた29匹のコイに目印をつけてまた池に戻しました。数日後に，同じ池で29匹を捕まえたら，目印のついたコイが4匹いました。
池にいるコイの数を推定し，十の位までの概数で答えなさい。
教 p.227 Q1

8章

5 母集団の数量の推定　袋の中に赤玉と白玉が入っています。よくかき混ぜてから，ひとつかみ取り出して赤玉と白玉の個数を調べたところ，赤玉は7個，白玉は16個ありました。初めに袋の中に入っていた玉全体に対する赤玉の個数の割合を推定しなさい。
教 p.227 Q2

解答 p.40

定着のワーク ステージ2　1節 標本調査　2節 標本調査の利用

1 次の □ にあてはまることばを答えなさい。

調査の対象となっている集団から一部分を無作為に取り出して調査し，それによって集団全体の性質を推定する調査を ① □ といい，調査対象全体の集団を ② □，そこから無作為に取り出された集団の一部分を ③ □ という。

2 次の文章で，正しいものには○，誤っているものには×を答えなさい。

(1) 標本調査では，標本がその集団の性質をよく表すように，標本を偏りなく選び出す。

(2) ある集団から標本を選ぶとき，どのように標本を選んでも，正しい推測が得られる。

(3) 1000 人の人を選んで世論調査をするのに，調査員が適当に自分の気に入った人を 1000 人選んで調査した。

3 ニワトリの卵を販売する会社で，20 個の卵の重さを調べました。右の表はその結果です。

この中から大きさが 5 である標本をつくるのに，乱数表から，順に次の乱数を得ました。

37，43，04，36，86，72，63，43，21，06，10，35，13，61，01，98，23，67，…

(1) 上の乱数を利用して，右の表から標本を無作為に抽出しなさい。

番号	重さ(g)	番号	重さ(g)
1	58	11	60
2	51	12	53
3	53	13	56
4	60	14	50
5	55	15	52
6	52	16	57
7	58	17	55
8	53	18	56
9	54	19	52
10	59	20	54

(2) (1)で抽出した標本の標本平均を求めなさい。

4 池にいる金魚の数を推定するのに，捕まえた 26 匹の金魚に目印をつけて戻しました。1 日おいてよく混ざった状態になったとき，同じ池で 23 匹捕まえたら，目印のついた金魚が 5 匹いました。池の中にいる金魚の数を推定し，十の位までの概数で答えなさい。

2 (2) 標本を選ぶときは，偏りがなく公平に取り出す工夫をする必要がある。

3 (1) 乱数のうち，20 より大きい数や 00，また，同じ数は除いて 5 個の数をとり，表の対応する番号のデータを標本とする。

5 箱の中に三角くじが入っています。よくかき混ぜてから，三角くじを取り出してあたりとはずれの枚数を調べたところ，あたりは3枚，はずれは34枚でした。このとき，この箱の中に入っているあたりの割合を推定しなさい。

入試問題を やってみよう！ ・・・

1 袋（ふくろ）の中に同じ大きさの赤球だけがたくさん入っている。標本調査を利用して袋の中の赤球の個数を調べるため，赤球だけが入っている袋の中に，赤球と同じ大きさの白球を400個入れ，次の〈実験〉を行った。

> 〈実験〉
> 　袋の中をよくかき混ぜた後，その中から60個の球を無作為に抽出（ちゅうしゅつ）し，赤球と白球の個数を数えて袋の中にもどす。

　この〈実験〉を5回行い，はじめに袋の中に入っていた赤球の個数を，〈実験〉を5回行った結果の赤球と白球それぞれの個数の平均値をもとに推測することにした。

　下の表は，この〈実験〉を5回行った結果をまとめたものである。　　　　　〔福島〕

表

	1回目	2回目	3回目	4回目	5回目
赤球の個数	38	43	42	37	40
白球の個数	22	17	18	23	20

(1) 〈実験〉を5回行った結果の白球の個数の平均値を求めなさい。

(2) はじめに袋の中に入っていた赤球の個数を推測すると，どのようなことがいえるか。

　　次のア，イのうち，適切なものを1つ選び，記号で答えなさい。

　　また，選んだ理由を，根拠となる数値を示して説明しなさい。

　ア　袋の中の赤球の個数は640個以上であると考えられる。

　イ　袋の中の赤球の個数は640個未満であると考えられる。

2 ある中学校で，全校生徒600人が夏休みに読んだ本の1人あたりの冊数を調べるために，90人を対象に標本調査を行うことにしました。次のア〜エの中から，標本の選び方として最も適切なものを1つ選び，その記号を書きなさい。また，それが最も適切である理由を説明しなさい。　　　　　〔埼玉〕

　ア　3年生全員の200人に通し番号をつけ，乱数さいを使って生徒90人を選ぶ。

　イ　全校生徒600人に通し番号をつけ，乱数さいを使って生徒90人を選ぶ。

　ウ　3年生全員の200人の中から，図書室の利用回数の多い順に生徒90人を選ぶ。

　エ　全校生徒600人の中から，図書室の利用回数の多い順に生徒90人を選ぶ。

4 標本の割合が母集団の割合と等しいと考えて比の式をつくって解く。十の位までの概数を答えるときは，一の位を四捨五入する。

実力
判定テスト　ステージ 3 　標本調査　　20分　/100

1 電球の耐久照明時間の検査について，次の(1)，(2)に答えなさい。　10点×2（20点）

(1)　この検査は，全数調査と標本調査のどちらが適していますか。また，標本調査だとすると，母集団は何か答えなさい。

（　　　　　　　　）（　　　　　　　　）

(2)　(1)のように答えた理由を，次のア，イから選び，記号で答えなさい。

ア　電球全部を検査しないと，耐久照明時間は調べられないから。

イ　電球全部を検査してしまうと，使える電球がなくなってしまうから。

（　　　　　　　　）

2 米びつの中に入っている米粒のうち，250粒に赤い色をつけ，米びつに戻し，よくかき混ぜました。次に，米びつの中から米粒をひとつかみ取り出したところ，色のついていない米粒が206粒，赤い米粒が54粒ありました。この米びつの中に入っていた米粒の数を推定し，百の位までの概数で答えなさい。　（20点）

（　　　　　　　　）

3 袋の中に赤玉と白玉が合わせて2000個入っています。この袋の中から60個の玉を無作為に取り出したところ，赤玉は7個でした。この袋の中の赤玉の個数を推定し，十の位までの概数で答えなさい。　（20点）

（　　　　　　　　）

4 袋の中に白玉だけが入っています。この袋の中に同じ大きさの赤玉400個を入れ，よくかき混ぜたあと，その中から200個の玉を無作為に取り出したところ，赤玉が13個ありました。この袋の中に入っていた白玉の個数を推定し，百の位までの概数で答えなさい。　（20点）

（　　　　　　　　）

5 ある湖のフナの数を推定するために，742匹のフナを捕まえて，捕まえた742匹全部に目印をつけて放流しました。1週間後に同じ湖で143匹を捕まえたら，目印のついたフナが6匹いました。この湖にいるフナの数を推定し，千の位までの概数で答えなさい。　（20点）

（　　　　　　　　）

多項式の計算

多項式と単項式の乗除

① 単項式 × 多項式 ⟹ $a(b+c)=ab+ac$

② 多項式 ÷ 単項式 ⟹ $(a+b)÷c=\dfrac{a}{c}+\dfrac{b}{c}$

③ 多項式どうしの乗法(式の展開)

⟹ $(a+b)(c+d)=ac+ad+bc+bd$

乗法公式

① $(x+a)(x+b)=x^2+(a+b)x+ab$

② $(x+a)^2=x^2+2ax+a^2$ 〔和の平方〕

③ $(x-a)^2=x^2-2ax+a^2$ 〔差の平方〕

④ $(x+a)(x-a)=x^2-a^2$ 〔和と差の積〕

因数分解

共通な因数 → $ma+mb+mc=m(a+b+c)$

因数分解の公式

①′ $x^2+(a+b)x+ab=(x+a)(x+b)$

②′ $x^2+2ax+a^2=(x+a)^2$

③′ $x^2-2ax+a^2=(x-a)^2$

④′ $x^2-a^2=(x+a)(x-a)$

平方根

平方根

① $(\sqrt{a})^2=a$

　 $(-\sqrt{a})^2=a$

② a, b が正の数で，$a<b$ ならば，$\sqrt{a}<\sqrt{b}$

根号をふくむ式の計算

a, b を正の数とするとき

① $\sqrt{a}×\sqrt{b}=\sqrt{ab}$　　② $\dfrac{\sqrt{a}}{\sqrt{b}}=\sqrt{\dfrac{a}{b}}$

③ $a\sqrt{b}=\sqrt{a^2b}$, $\sqrt{a^2b}=a\sqrt{b}$ $(\sqrt{a^2}=a)$

④ $\dfrac{a}{\sqrt{b}}=\dfrac{a×\sqrt{b}}{\sqrt{b}×\sqrt{b}}=\dfrac{a\sqrt{b}}{b}$ (分母の有理化)

⑤ $m\sqrt{a}+n\sqrt{a}=(m+n)\sqrt{a}$

⑥ $m\sqrt{a}-n\sqrt{a}=(m-n)\sqrt{a}$

2次方程式

平方根の考えを使った解き方

① $x^2-a=0$ ⟹ $x=\pm\sqrt{a}$

② $ax^2=b$ ⟹ $x=\pm\sqrt{\dfrac{b}{a}}$

③ $(x+m)^2=n$ ⟹ $x=-m\pm\sqrt{n}$

2次方程式の解の公式

2次方程式 $ax^2+bx+c=0$ の解は，

$$x=\dfrac{-b\pm\sqrt{b^2-4ac}}{2a}$$

因数分解を使った解き方

$AB=0$ ならば，$A=0$ または $B=0$

① $(x+a)(x+b)=0$ ⟹ $x=-a$, $x=-b$

② $x(x+a)=0$ ⟹ $x=0$, $x=-a$

③ $(x+a)^2=0$ ⟹ $x=-a$

④ $(x+a)(x-a)=0$ ⟹ $x=\pm a$

関数 $y=ax^2$

関数 $y=ax^2$

y が x の2乗に比例 ⟺ $y=ax^2$(a は比例定数)

関数 $y=ax^2$ のグラフ

① y 軸について対称な曲線で，原点を通る。

② $a>0$ のとき，グラフは上に開いた放物線。

　$a<0$ のとき，グラフは下に開いた放物線。

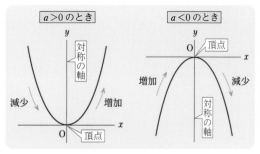

関数 $y=ax^2$ の変化の割合

関数 $y=ax^2$ の変化の割合は一定ではない。

$$(変化の割合)=\dfrac{(y の増加量)}{(x の増加量)}$$

相似な図形

相似な図形の性質

①対応する部分の長さの比は，すべて等しい。

②対応する角の大きさは，それぞれ等しい。

三角形の相似条件

①３組の辺の比が
すべて等しい。

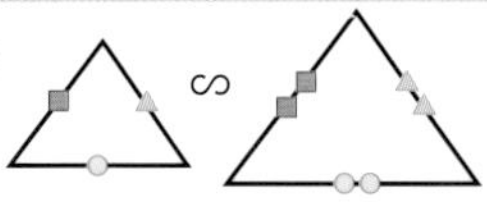

②２組の辺の比と
その間の角が
それぞれ等しい。

③２組の角が
それぞれ等しい。

三角形と比の定理，三角形と比の定理の逆

△ABC の辺 AB，AC 上の点を
それぞれ D，E とするとき，

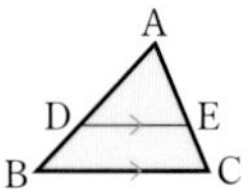

①DE∥BC ならば AD：AB＝AE：AC＝DE：BC

②DE∥BC ならば AD：DB＝AE：EC

①′ AD：AB＝AE：AC ならば DE∥BC

②′ AD：DB＝AE：EC ならば DE∥BC

中点連結定理

△ABC の２辺 AB，AC の中点を
それぞれ M，N とすると，

MN∥BC，MN＝$\frac{1}{2}$BC

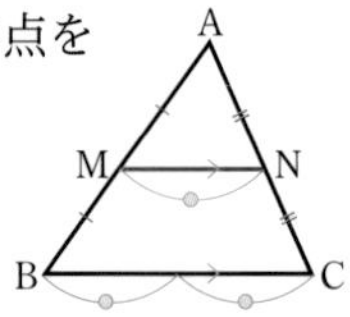

平行線と比

右の図において，

ℓ，m，n が平行ならば，

① $a：b＝a′：b′$

② $a：a′＝b：b′$

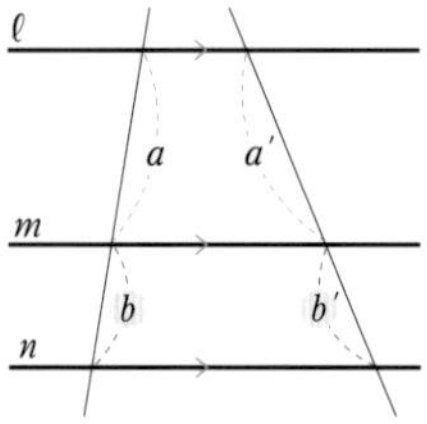

相似な図形の面積と体積

相似比が $m：n$ ならば，

①周の長さの比 ➡ $m：n$

②面積比・表面積の比 ➡ $m^2：n^2$

③体積比 ➡ $m^3：n^3$

円

円周角の定理

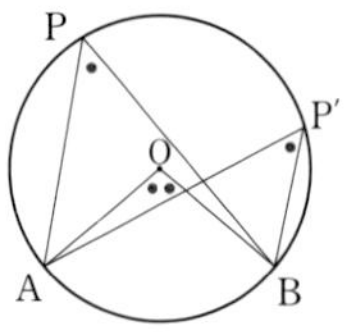

∠APB＝∠AP′B

　　　＝$\frac{1}{2}$∠AOB

円周角の定理の逆

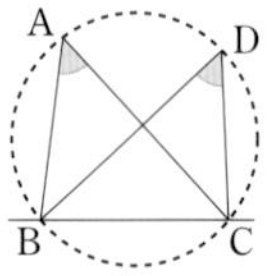

２点 A，D が直線 BC の
同じ側にあって，
∠BAC＝∠BDC ならば，
４点 A，B，C，D は
１つの円周上にある。

三平方の定理

三平方の定理

直角三角形の直角をはさむ２辺の
長さを a，b，斜辺の長さを c と
すると，　$a^2＋b^2＝c^2$

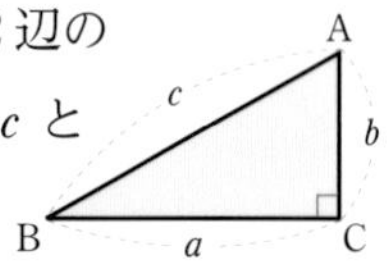

三角定規の３辺の長さの割合

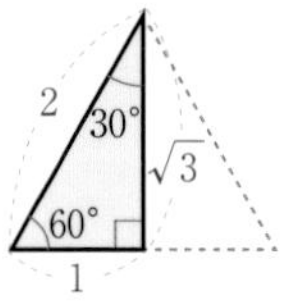

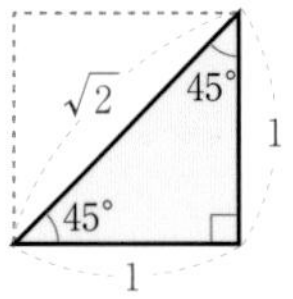

平面図形への利用

①２点間の距離

右の図の△ABC で，

AB＝$\sqrt{BC^2＋AC^2}$

　　＝$\sqrt{(a-c)^2＋(b-d)^2}$

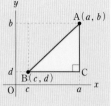

②円の弦の長さ

右の図の円 O で，

AB＝2AH

　　＝$2\sqrt{r^2-a^2}$

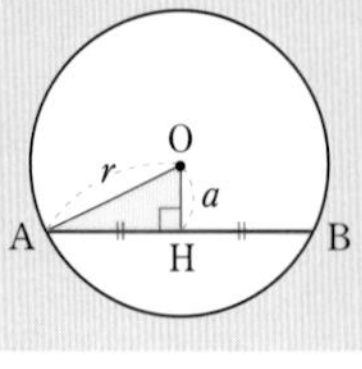

空間図形への利用

①直方体の対角線の長さ

$\ell＝\sqrt{a^2＋b^2＋c^2}$

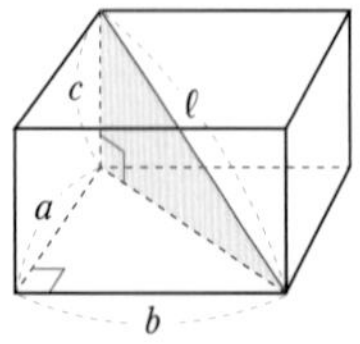

②円錐の高さ

$h＝\sqrt{\ell^2-r^2}$

得点アップ！ 予想問題

1
この「予想問題」で
実力を確かめよう！

時間も
はかろう

2
「解答と解説」で
答え合わせをしよう！

3
わからなかった問題は
戻って復習しよう！

この本での
学習ページ

スキマ時間でポイントを確認！
別冊「スピードチェック」も使おう

●予想問題の構成

回数	教科書ページ	教科書の内容	この本での学習ページ
第1回	12〜41	1章　多項式	2〜17
第2回	44〜73	2章　平方根	18〜33
第3回	78〜98	3章　2次方程式	34〜45
第4回	102〜131	4章　関数	46〜61
第5回	136〜172	5章　相似と比	62〜81
第6回	176〜192	6章　円	82〜93
第7回	196〜216	7章　三平方の定理	94〜107
第8回	218〜232	8章　標本調査	108〜112

数学3年　大日本図書版

解答　p.41

第1回 予想問題　**1章　多項式**

40分　/100

1　次の計算をしなさい。　3点×4（12点）

(1)　$3x(x-5y)$

(2)　$(4a^2b+6ab^2-2a)\div 2a$

(3)　$(6xy-3y^2)\div\left(-\dfrac{3}{5}y\right)$

(4)　$4a(a+2)-a(5a-1)$

(1)		(2)		(3)		(4)	

2　次の式を展開しなさい。　3点×10（30点）

(1)　$(2x+3)(x-1)$

(2)　$(a-4)(a+2b-3)$

(3)　$(x-2)(x-7)$

(4)　$(x+5)(x-4)$

(5)　$\left(y-\dfrac{1}{2}\right)^2$

(6)　$(3x-2y)^2$

(7)　$(5x+9)(5x-9)$

(8)　$(4x-3)(4x+5)$

(9)　$(a+2b-5)^2$

(10)　$(x+y-4)(x-y+4)$

(1)		(2)		
(3)		(4)		(5)
(6)		(7)		(8)
(9)		(10)		

3　次の計算をしなさい。　3点×2（6点）

(1)　$2x(x-3)-(x+2)(x-8)$

(2)　$(a-2)^2-(a+4)(a-4)$

(1)		(2)	

4　次の式を因数分解しなさい。　3点×2（6点）

(1)　$4xy-2y$

(2)　$5a^2-10ab+15a$

(1)		(2)	

5 次の式を因数分解しなさい。　　　　　　　　　　　　　　3点×4（12点）

(1)　$x^2 - 7x + 10$

(2)　$x^2 - x - 12$

(3)　$m^2 + 8m + 16$

(4)　$y^2 - 36$

(1)		(2)	
(3)		(4)	

6 次の式を因数分解しなさい。　　　　　　　　　　　　　　3点×6（18点）

(1)　$6x^2 - 12x - 48$

(2)　$8a^2b - 2b$

(3)　$4x^2 + 12xy + 9y^2$

(4)　$(a+b)^2 - 16(a+b) + 64$

(5)　$(x-3)^2 - 7(x-3) + 6$

(6)　$x^2 - y^2 - 2y - 1$

(1)		(2)		(3)	
(4)		(5)		(6)	

7 次の式を工夫して計算しなさい。　　　　　　　　　　　　3点×2（6点）

(1)　49^2

(2)　$7 \times 29^2 - 7 \times 21^2$

(1)		(2)	

8 連続する2つの整数で，大きいほうの数の2乗から小さいほうの数の2乗をひいた差は，もとの2つの整数の和になることを証明しなさい。　　　　　　　　　　　　　（4点）

9 75にできるだけ小さい自然数をかけて，ある自然数の2乗になるようにします。どんな数をかければよいか答えなさい。　　　　　　　　　　　　　　（3点）

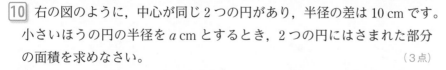

10 右の図のように，中心が同じ2つの円があり，半径の差は10cmです。小さいほうの円の半径を$a$cmとするとき，2つの円にはさまれた部分の面積を求めなさい。　　　　　　　　　　　　　　（3点）

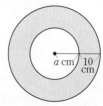

解答 p.42

第**2**回
予想問題

2章　平方根

40分

/100

---

1 次の数を求めなさい。　　　　　　　　　　　　　　　　　　　　2点×4（8点）

(1) 49 の平方根　　　　　　　　　　　　　(2) $\sqrt{64}$

(3) $\sqrt{(-9)^2}$　　　　　　　　　　　　　(4) $\left(-\sqrt{6}\right)^2$

(1)	(2)	(3)	(4)

---

2 次の各組の数の大小を，不等号を使って表しなさい。　　　　　　2点×3（6点）

(1) 6, $\sqrt{30}$　　　　　(2) -3, -4, $-\sqrt{10}$　　　　　(3) $3\sqrt{2}$, $\sqrt{15}$, 4

(1)	(2)	(3)

---

3 $\sqrt{1}$, $\sqrt{4}$, $\sqrt{9}$, $\sqrt{15}$, $\sqrt{25}$, $\sqrt{50}$ のなかから，無理数をすべて選びなさい。　　（2点）

---

4 次の数を，根号の中の数ができるだけ小さい自然数になるように，$a\sqrt{b}$ または $\dfrac{\sqrt{b}}{a}$ の

形にしなさい。　　　　　　　　　　　　　　　　　　　　　　2点×2（4点）

(1) $\sqrt{112}$　　　　　　　　　　　　　(2) $\sqrt{\dfrac{7}{64}}$

(1)	(2)

---

5 次の数の分母を有理化しなさい。　　　　　　　　　　　　　　2点×2（4点）

(1) $\dfrac{2}{\sqrt{6}}$　　　　　　　　　　　　　(2) $\dfrac{5\sqrt{3}}{\sqrt{15}}$

(1)	(2)

---

6 $\sqrt{3}=1.732$ として，次の数の近似値を求めなさい。　　　　　2点×2（4点）

(1) $\sqrt{30000}$　　　　　　　　　　　　(2) $\sqrt{0.03}$

(1)	(2)

---

7 次の計算をしなさい。　　　　　　　　　　　　　　　　　　　3点×4（12点）

(1) $\sqrt{6}\times\sqrt{8}$　　　　　　　　　　　(2) $\sqrt{75}\times2\sqrt{3}$

(3) $8\div\sqrt{12}$　　　　　　　　　　　(4) $3\sqrt{6}\div\left(-\sqrt{10}\right)\times\sqrt{5}$

(1)	(2)	(3)	(4)

8 次の計算をしなさい。　　　　　　　　　　　　　　　　　　　　　3点×6（18点）

(1)　$2\sqrt{6} - 3\sqrt{6}$

(2)　$4\sqrt{5} + \sqrt{3} - 3\sqrt{5} + 6\sqrt{3}$

(3)　$\sqrt{98} - \sqrt{50} + \sqrt{2}$

(4)　$\sqrt{63} + 3\sqrt{28}$

(5)　$\sqrt{48} - \dfrac{3}{\sqrt{3}}$

(6)　$\dfrac{18}{\sqrt{6}} - \dfrac{\sqrt{24}}{4}$

(1)		(2)		(3)	
(4)		(5)		(6)	

9 次の計算をしなさい。　　　　　　　　　　　　　　　　　　　　　3点×6（18点）

(1)　$\sqrt{3}(3\sqrt{3} + \sqrt{6})$

(2)　$(\sqrt{7} + 3)(\sqrt{7} - 2)$

(3)　$(\sqrt{6} - \sqrt{15})^2$

(4)　$\dfrac{10}{\sqrt{2}} - 2\sqrt{7} \times \sqrt{14}$

(5)　$(2\sqrt{3} + 1)^2 - \sqrt{48}$

(6)　$\sqrt{5}(\sqrt{45} - \sqrt{15}) - (\sqrt{5} - \sqrt{3})(\sqrt{5} + \sqrt{3})$

(1)		(2)		(3)	
(4)		(5)		(6)	

10 次の式の値を求めなさい。　　　　　　　　　　　　　　　　　　3点×2（6点）

(1)　$x = 1 - \sqrt{3}$ のときの，式 $x^2 - 2x + 5$ の値

(2)　$a = \sqrt{5} + \sqrt{2}$，$b = \sqrt{5} - \sqrt{2}$ のときの，式 $a^2 - b^2$ の値

(1)		(2)	

11 次の(1)～(6)に答えなさい。　　　　　　　　　　　　　　　　　3点×6（18点）

(1)　$4 < \sqrt{n} < 5$ にあてはまる自然数 n はいくつありますか。

(2)　$\sqrt{22 - 3n}$ が整数となるような自然数 n をすべて求めなさい。

(3)　48 にできるだけ小さい自然数をかけて，その結果をある自然数の2乗にします。どんな数をかければよいですか。

(4)　$\sqrt{63n}$ が自然数になるような2けたの自然数 n をすべて求めなさい。

(5)　$\sqrt{58}$ を小数で表したとき，その整数部分の値を求めなさい。

(6)　$\sqrt{5}$ の小数部分を a とするとき，$a(a+2)$ の値を求めなさい。

(1)		(2)		(3)	
(4)		(5)		(6)	

解答 ▶ p.43

第3回 予想問題   3章 2次方程式

40分   /100

1 次の(1), (2)に答えなさい。   3点×2(6点)

(1) 次の方程式のうち，2次方程式を選び，記号で答えなさい。

ⓐ $3(x+2)=4x-5$ ⓑ $(x+2)(x-5)=x^2-3$ ⓒ $x(x-4)=2x^2-x$

(2) 右の□にあてはまる数を答えなさい。 x^2-12x+ ①□ $=(x-$ ②□ $)^2$

(1)		(2)	①	②

2 次の2次方程式を解きなさい。   3点×10(30点)

(1) $x^2-9=0$ (2) $25x^2=6$

(3) $(x-4)^2=36$ (4) $3x^2+5x-4=0$

(5) $x^2-8x+3=0$ (6) $2x^2-3x+1=0$

(7) $(x+4)(x-5)=0$ (8) $x^2-15x+14=0$

(9) $x^2+10x+25=0$ (10) $x^2-12x=0$

(1)		(2)		(3)	
(4)		(5)		(6)	
(7)		(8)		(9)	
(10)					

3 次の2次方程式を解きなさい。   4点×6(24点)

(1) $x^2+6x=16$ (2) $4x^2+6x-8=0$

(3) $\frac{1}{2}x^2=4x-8$ (4) $x^2-4(x+2)=0$

(5) $(x-2)(x+4)=7$ (6) $(x+3)^2=5(x+3)$

(1)		(2)		(3)	
(4)		(5)		(6)	

4 次の(1), (2)に答えなさい。　　　　　　　　　　　　　　　　　　　5点×2（10点）

(1)　2次方程式 $x^2+ax+b=0$ の解が2と−5のとき，a と b の値をそれぞれ求めなさい。

(2)　2次方程式 $x^2+x-12=0$ の小さいほうの解が2次方程式 $x^2+ax-24=0$ の解の1つになっています。このとき，a の値を求めなさい。

(1)	a		b		(2)	

5 連続する2つの整数があり，それぞれの整数を2乗して，それらの和を計算したら85になりました。小さいほうの整数を x として方程式をつくり，連続する2つの整数を求めなさい。

3点×2（6点）

方程式	
答え	

6 横の長さが縦の長さの2倍の長方形の紙があります。この紙の4つの隅から1辺の長さが2cmの正方形を切り取り，直方体の容器を作ったら，容積が192cm³になりました。もとの紙の縦の長さを求めなさい。　　　（6点）

7 縦30m，横40mの長方形の土地があります。右の図のように，この土地の真ん中を畑にしてまわりに同じ幅の道をつくり，畑の面積が土地の面積の半分になるようにします。道の幅は何mになるか求めなさい。　　　（6点）

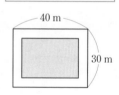

8 右の図のような1辺が8cmの正方形ABCDで，点Pは，Bを出発してAB上をAまで動きます。また，点Qは，点PがBを出発するのと同時にCを出発し，Pと同じ速さでBC上をBまで動きます。△PBQの面積が3cm²になるのは，点PがBから何cm動いたとき か求めなさい。　　　（6点）

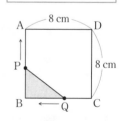

9 右の図で，点Pは $y=x+3$ のグラフ上の点で，その x 座標は正です。また，点Aは x 軸上の点で，Aの x 座標はPの x 座標の2倍になっています。△POAの面積が28cm²であるとき，点Pの座標を求めなさい。ただし，座標の1めもりは1cmとします。　　　（6点）

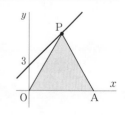

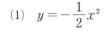

解答 ▶ p.44

第**4**回
予想問題

4章　関数

40分

/100

1 y は x の2乗に比例し，$x=2$ のとき $y=-8$ です。　　　　4点×3（12点）

(1) y を x の式で表しなさい。

(2) $x=-3$ のときの y の値を求めなさい。

(3) $y=-50$ となる x の値を求めなさい。

(1)		(2)		(3)	

2 次の関数のグラフを右の図にかきなさい。　　4点×2（8点）

(1) $y=-\dfrac{1}{2}x^2$　　　　(2) $y=\dfrac{1}{4}x^2$

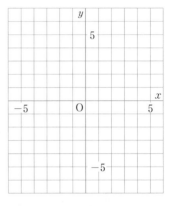

3 次の⑦〜㋕の関数のなかから，下の(1)〜(4)にあてはまるものを選び，記号で答えなさい。

3点×4（12点）

㋐ $y=x^2$　　　　　㋑ $y=-2x^2$　　　　　㋒ $y=5x^2$

㋓ $y=\dfrac{1}{2}x^2$　　　　㋔ $y=-\dfrac{1}{2}x^2$　　　　㋕ $y=-3x^2$

(1) グラフが下に開いているもの

(2) グラフの開き方がいちばん小さいもの

(3) $x>0$ の範囲で，x の値が増加すると，y の値も増加するもの

(4) グラフが $y=2x^2$ のグラフと x 軸について対称であるもの

(1)		(2)		(3)		(4)	

4 次の関数について，x の変域が $-3\leqq x\leqq1$ のときの y の変域を求めなさい。

4点×3（12点）

(1) $y=2x+4$　　　　(2) $y=3x^2$　　　　(3) $y=-2x^2$

(1)		(2)		(3)	

5 次の関数について，x の値が -4 から -2 まで増加するときの変化の割合を求めなさい。

4点×3（12点）

(1) $y=-2x+3$　　　　(2) $y=2x^2$　　　　(3) $y=-x^2$

(1)		(2)		(3)	

6 次の(1)〜(5)に答えなさい。　　　　　　　　　　　　　　　　　　　　4点×5（20点）

(1) 関数 $y = ax^2$ について，x の変域が $-1 \leqq x \leqq 2$ のとき，y の変域が $-4 \leqq y \leqq 0$ です。a の値を求めなさい。

(2) 関数 $y = 2x^2$ で，x の変域が $-2 \leqq x \leqq a$ のとき，y の変域が $b \leqq y \leqq 18$ です。a，b の値を求めなさい。

(3) 関数 $y = ax^2$ で，x の値が 1 から 3 まで増加するときの変化の割合が 12 です。a の値を求めなさい。

(4) 関数 $y = ax^2$ と $y = -4x + 2$ は，x の値が 2 から 6 まで増加するときの変化の割合が等しくなります。a の値を求めなさい。

(5) 関数 $y = ax^2$ のグラフと $y = -2x + 3$ のグラフの交点の 1 つを A とします。A の x 座標が 3 のとき，a の値を求めなさい。

(1)		(2)	a		b		(3)	
(4)		(5)						

7 右の図のような縦 10 cm，横 20 cm の長方形 ABCD で，点 P は B を出発して辺 AB 上を A まで動きます。また，点 Q は点 P と同時に B を出発して辺 BC 上を C まで，P の 2 倍の速さで動きます。BP の長さが x cm のときの △PBQ の面積を y cm² として，次の(1)〜(4)に答えなさい。

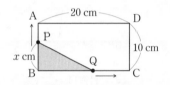

3点×4（12点）

(1) y を x の式で表しなさい。

(2) $x = 6$ のときの y の値を求めなさい。

(3) y の変域を求めなさい。

(4) △PBQ の面積が 25 cm² になるのは，BP の長さが何 cm のときですか。

(1)		(2)		(3)		(4)	

8 右の図で，①は関数 $y = \dfrac{1}{4}x^2$ のグラフで，②は①のグラフ上の 2 点 A(8, a)，B(-4, 4) を通る直線です。直線②と y 軸との交点を C とします。

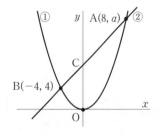

4点×3（12点）

(1) a の値を求めなさい。

(2) 直線②の式を求めなさい。

(3) ①のグラフ上の A から B までの部分に点 P をとります。

△OCP の面積が △OAB の面積の $\dfrac{1}{2}$ になるときの点 P の座標を求めなさい。

(1)		(2)		(3)	

第**5**回 予想問題 | **5章　相似と比**

解答 p.45

⏱**40**分　/100

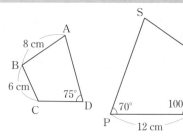

1 右の図で，四角形 ABCD ∽ 四角形 PQRS である
とき，次の(1)〜(3)に答えなさい。　4点×3(12点)

(1) 四角形 ABCD と四角形 PQRS の相似比を求め
なさい。

(2) QR の長さを求めなさい。

(3) ∠C の大きさを求めなさい。

(1) | (2) | (3) |

2 次のそれぞれの図において，△ABC と相似な三角形を記号 ∽ を使って表し，そのときに
使った相似条件をいいなさい。また，x の値を求めなさい。　2点×6(12点)

(1)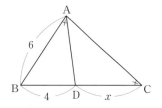

∠BAD＝∠BCA

(2)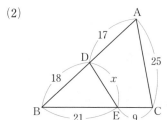

(1)	△ABC ∽	相似条件		x
(2)	△ABC ∽	相似条件		x

3 右の図のように，∠C＝90° の直角三角形 ABC で，点 C から
辺 AB に垂線 CH をひきます。このとき，△ABC ∽ △CBH とな
ることを証明しなさい。　(6点)

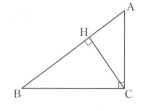

4 右の図のように，1辺の長さが 12 cm の正三角形 ABC で，辺 BC，
CA 上にそれぞれ点 P，Q を ∠APQ＝60° となるようにとるとき，次
の(1)，(2)に答えなさい。　4点×2(8点)

(1) △ABP ∽ ☐ です。☐にあてはまるものを答えなさい。

(2) BP＝4 cm のとき，CQ の長さを求めなさい。

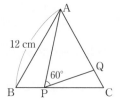

(1) | (2) |

5 下の図で，DE∥BC のとき，x の値を求めなさい。　　5点×3（15点）

(1)

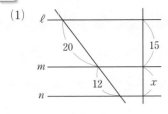

(2)

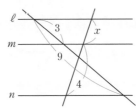

(3)

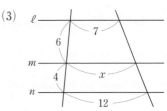

(1)		(2)		(3)	

6 右の図のように，△ABC の辺 BC の中点を D とし，線分 AD の中点を E とします。直線 BE と辺 AC の交点を F，線分 CF の中点を G とするとき，次の(1)，(2)に答えなさい。　　5点×2（10点）

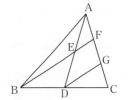

(1)　AF：FG を求めなさい。

(2)　線分 BE の長さは線分 EF の長さの何倍ですか。

(1)		(2)	

7 下の図で，ℓ∥m∥n のとき，x の値を求めなさい。　　5点×3（15点）

(1)

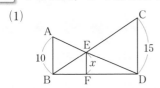

(2)

(3)

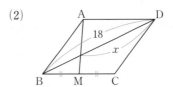

(1)		(2)		(3)	

8 下の図で，x の値を求めなさい。　　5点×2（10点）

(1)

AB∥CD∥EF

(2)

▱ABCD で，M は辺 BC の中点。

(1)		(2)	

9 次の(1)，(2)に答えなさい。　　4点×3（12点）

(1)　相似な 2 つの図形 A，B があり，その相似比は 5：2 です。A の面積が $125\,\mathrm{cm}^2$ のとき，B の面積を求めなさい。

(2)　相似な 2 つの立体 P，Q があり，その表面積の比は 9：16 です。P と Q の相似比を求めなさい。また，P と Q の体積の比を求めなさい。

(1)		(2)	相似比	体積の比

第**6**回
予想問題

6章　円

/100

1 次の図で，x の値を求めなさい。
5点×6（30点）

(1)
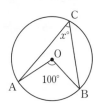

(2)
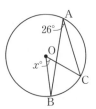

(3)
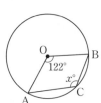

(4)
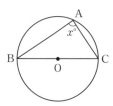

(5)
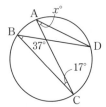

(6)
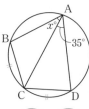

$\overset{\frown}{BC} = \overset{\frown}{CD}$

(1)		(2)		(3)	
(4)		(5)		(6)	

2 次の図で，x の値を求めなさい。
5点×6（30点）

(1)
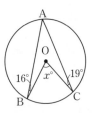

(2)
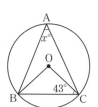

(3)
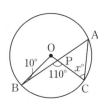

(4)
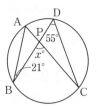

(5)
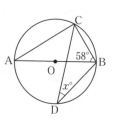

(6)
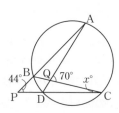

(1)		(2)		(3)	
(4)		(5)		(6)	

3 次の図で，x の値を求めなさい。 5点×3（15点）

(1)
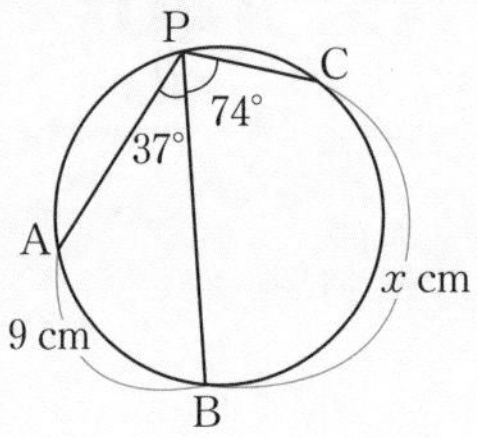

(2)
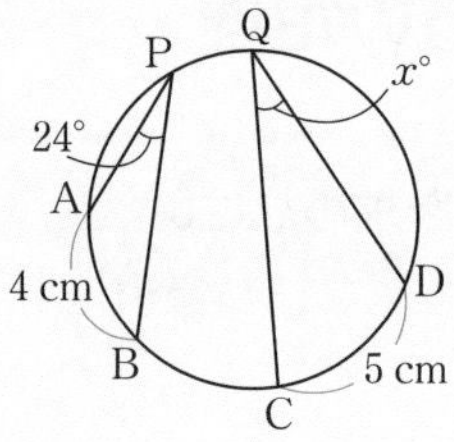

(3)
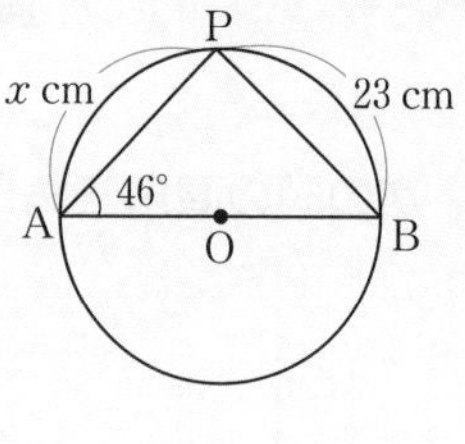

(1)		(2)		(3)	

4 右の図で，4点 A，B，C，D が1つの円周上にあることを証明しなさい。 （5点）

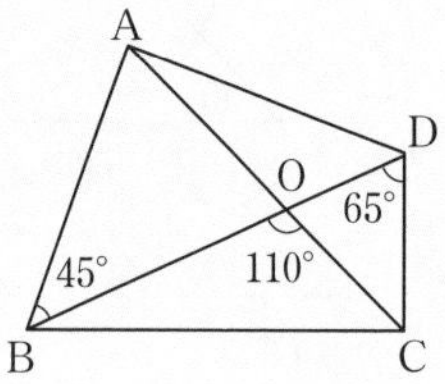

5 右の図のように，円 O と円外の点 A があります。 5点×2（10点）

(1) 右の図に，点 A から円 O に接線を作図し，円 O との接点 P，P′ を求めなさい。

(2) (1)で作図し求めた円 O の接点 P，P′ で，∠PAP′ = 40° になるとき，∠POP′ の大きさを求めなさい。

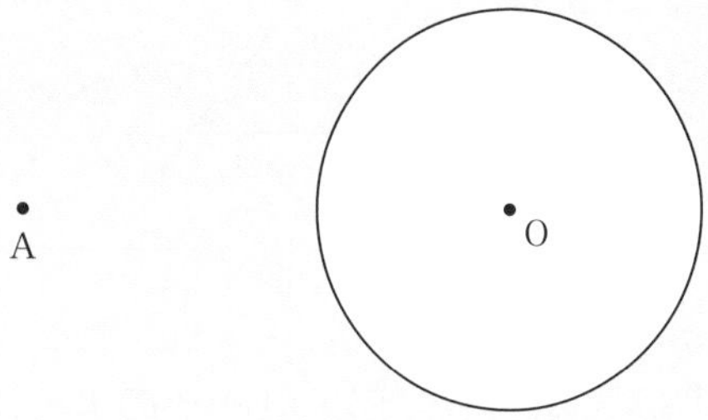

(1)	上の図にかき入れなさい。	(2)	

6 右の図で，A，B，C，D は円 O の周上の点で，$\overset{\frown}{AB} = \overset{\frown}{BC}$ です。弦（げん）AC と BD の交点を P とするとき，△BPC ∽ △BCD となることを証明しなさい。 （10点）

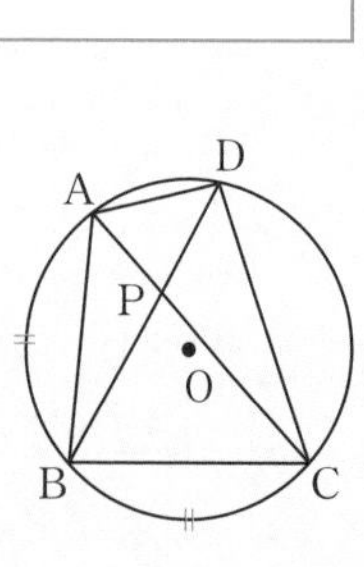

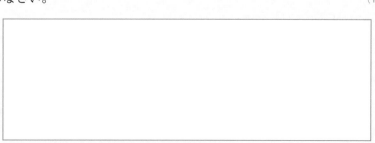

第**7**回
予想問題

7章　三平方の定理

解答▶p.47

40分

/100

1 次の図の直角三角形で，x の値を求めなさい。　　4点×4（16点）

(1)
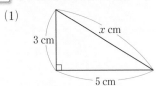

(2)
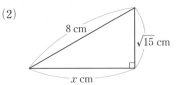

(3)
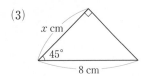

(4)
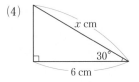

(1)		(2)		(3)		(4)	

2 次の図で，x の値を求めなさい。　　4点×3（12点）

(1)
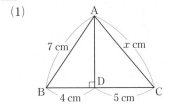

(2)
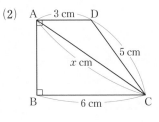

(3)
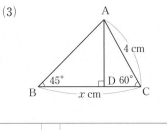

(1)		(2)		(3)	

3 3辺の長さが次の(1)〜(4)のような三角形について，直角三角形には○，そうでないものには×を答えなさい。　　3点×4（12点）

(1)　17 cm，15 cm，8 cm

(2)　1.5 cm，2 cm，3 cm

(3)　$\sqrt{10}$ cm，8 cm，$3\sqrt{6}$ cm

(4)　$\dfrac{2}{3}$ cm，$\dfrac{1}{2}$ cm，$\dfrac{5}{6}$ cm

(1)		(2)		(3)		(4)	

4 次の(1)〜(3)に答えなさい。　　4点×3（12点）

(1)　1辺が 7 cm の正方形の対角線の長さを求めなさい。

(2)　1辺が 8 cm の正三角形の面積を求めなさい。

(3)　右の図の二等辺三角形 ABC で，h の値を求めなさい。

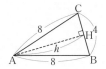

(1)		(2)		(3)	

5 次の(1)～(3)に答えなさい。　　　　　　　　　　　　　4点×3（12点）

(1)　2点 A$(-2, 4)$，B$(-5, -3)$ の間の距離を求めなさい。

(2)　半径が9cmの円Oで，中心からの距離が6cmである弦 AB の長さを求めなさい。

(3)　底面の半径が3cm，母線の長さが7cmの円錐の体積を求めなさい。

(1)		(2)		(3)	

6 右の図の △ABC で，A から辺 BC に垂線 AH をひくとき，
次の(1)～(3)に答えなさい。　　　　　　　　　4点×3（12点）

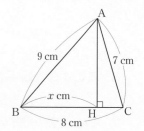

(1)　BH $= x$ cm として，x の方程式をつくりなさい。

(2)　BH の長さを求めなさい。

(3)　AH の長さを求めなさい。

(1)		(2)		(3)	

7 長方形 ABCD を，右の図のように，線分 EG を折り目として折り，
頂点 A を辺 BC 上の点 F に重ねます。AB $= 8$ cm，BF $= 4$ cm の
とき，線分 BE の長さを求めなさい。　　　　　　　（4点）

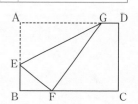

8 右の図のような底面が1辺4cmの正方形で，ほかの辺が6cm
の正四角錐があります。この正四角錐の表面積と体積を求めなさい。

4点×2（8点）

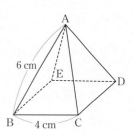

表面積	体積

9 右の図の立体は，1辺が4cmの立方体で，M，N はそれぞれ辺
AB，AD の中点です。　　　　　　　　　　　　4点×3（12点）

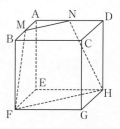

(1)　線分 MG の長さを求めなさい。

(2)　M から辺 BF を通って点 G まで糸をかけます。かける糸の長さ
　　が最も短くなるときの，糸の長さを求めなさい。

(3)　4点 M，F，H，N を頂点とする四角形の面積を求めなさい。

(1)		(2)		(3)	

解答 ▶ p.48

第8回 予想問題 8章 標本調査

(20分) /100

1 次の調査について，全数調査は○，標本調査は×を答えなさい。　4点×4（16点）

(1) ある農家で生産したみかんの糖度の調査　(2) ある工場で作った製品の強度の調査

(3) 今年度入学した生徒の家族構成の調査　(4) 選挙の時にマスコミが行う出口調査

(1)		(2)		(3)		(4)	

2 ある工場で昨日作った5万個の製品の中から，300個の製品を無作為に取り出して調べたら，その中の6個が不良品でした。　8点×3（24点）

(1) この調査の母集団をいいなさい。

(2) この調査の標本の大きさをいいなさい。

(3) 昨日作った5万個の製品の中にある不良品の数を推定しなさい。

(1)		(2)		(3) およそ	

3 袋の中に同じ大きさの球がたくさん入っています。この袋の中の球の数を調べるために，袋の中から100個の球を取り出して印をつけて袋に戻します。次に，袋の中をよくかき混ぜて無作為にひとつかみの球を取り出して数えると，印のついた球が4個，印のついていない球が23個でした。袋の中の球の数を推定し，百の位までの概数で答えなさい。　（20点）

およそ

4 袋の中に白い碁石がたくさん入っています。その数を調べるために，同じ大きさの黒い碁石60個を白い碁石の入っている袋の中に入れ，よくかき混ぜたあと，その中から50個の碁石を無作為に取り出して調べたら，黒い碁石が6個ふくまれていました。袋の中の白い碁石の数を推定しなさい。　（20点）

およそ

5 900ページの辞典があります。この辞典に掲載されている見出し語の語数を調べるために，無作為に10ページを選び，そのページに掲載されている見出し語の数を調べると，次のようになりました。　18, 21, 15, 16, 9, 17, 20, 11, 14, 16　10点×2（20点）

(1) この辞典の1ページに掲載されている見出し語の数の平均を推測しなさい。

(2) この辞典の全体の見出し語の数を推定し，千の位までの概数で答えなさい。

(1) およそ		(2) およそ	

教科書ワーク 数学 特別ふろく ①

どこでもワーク

こちらにアクセスして，ご利用ください。
https://portal.bunri.jp/app.html

① 計算編 テンキー入力形式で学習できる！ 重要公式つき！

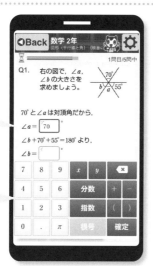

解き方を穴埋め形式で確認！

テンキー入力で，計算しながら解ける！

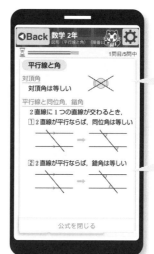

重要公式をその場で確認できる！

カラーだから見やすく，わかりやすい！

② 図形編 グラフや図形を自分で動かして，学習理解をサポート！

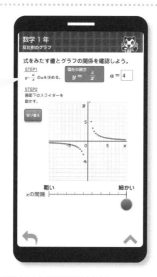

自分で数値を決められるから，いろいろなグラフの確認ができる！

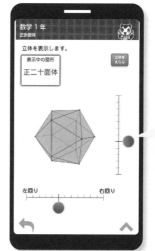

上下左右に回転させて，様々な角度から立体をみることができる！

中学教科書ワーク

解答と解説

大日本図書版

数学3年

この「解答と解説」は，取りはずして 使えます。

※ステージ1の例の答えは本冊右ページ下にあります。

1章 多項式

p.2〜3 ステージ1

❶ (1) $6xy+15x$ (2) $-4a^2+28ab$
   (3) $-4a^2-12ab+2a$ (4) $5y+2$
   (5) $4x-1$ (6) $12a-3b$

❷ (1) $xy+3x+5y+15$ (2) $ab+7a-2b-14$
   (3) $2x^2-7x+5$ (4) $2x^2-x-28$
   (5) $x^2+xy+3x+4y-4$
   (6) $a^2-2ab+4a-6b+3$

❸ (1) $x^2+9x+18$ (2) $x^2+3x-40$
   (3) x^2-x-30 (4) a^2-3a+2
   (5) x^2+2x+1 (6) $y^2+10y+25$
   (7) x^2-4x+4 (8) $a^2-18a+81$
   (9) x^2-25 (10) x^2-9

━━━ 解 説 ━━━

❶ 分配法則を使って計算する。

(2) **ミス注意** $(a-7b)\times(-4a)$
$= a\times(-4a)-7b\times(-4a)$
$= -4a^2+28ab$ ←符号に注意。

(4) $(25xy+10x)\div 5x$
$= \dfrac{25xy+10x}{5x} = \dfrac{25xy}{5x}+\dfrac{10x}{5x} = 5y+2$

(6) **ミス注意** $(16a^2-4ab)\div\dfrac{4}{3}a$ $\Big\}$ $\frac{4}{3}a=\frac{4a}{3}$
$= (16a^2-4ab)\times\dfrac{3}{4a}$
$= 16a^2\times\dfrac{3}{4a}-4ab\times\dfrac{3}{4a}$
$= 12a-3b$

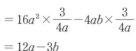

ポイント
式を分数の形で表して簡単にするか，除法を乗法に
なおして計算する。

❷ 展開して同類項があればまとめる。

(3)  $(2x-5)(x-1)$
$= 2x\times x+2x\times(-1)+(-5)\times x+(-5)\times(-1)$
$= 2x^2-2x-5x+5$ $\Big\}$ 同類項をまとめる。
$= 2x^2-7x+5$

(6) $(a-2b+1)(a+3)$ ←$a-2b+1$をひとまとまりにみる。
$= (a-2b+1)\times a+(a-2b+1)\times 3$
$= a^2-2ab+a+3a-6b+3$ $\Big\}$ 同類項をまとめる。
$= a^2-2ab+4a-6b+3$

❸ 展開の公式を利用する。

(2) $(x+8)(x-5)$ ←$x-5$を$x+(-5)$と考える。
$= x^2+\{8+(-5)\}x+8\times(-5)$
　　　　　和　　　　　積
$= x^2+3x-40$

p.4〜5 ステージ1

❶ (1) $4x^2+12x+5$ (2) $9x^2-15x-14$
   (3) $25x^2+10x+1$ (4) $4x^2-4xy+y^2$
   (5) $9x^2+12xy+4y^2$ (6) x^2-16y^2
   (7) $a^2+2ab+b^2+7a+7b+10$
   (8) $a^2-2ab+b^2-6a+6b+9$

❷ (1) $2x^2-11x-2$ (2) $-10x+18$

❸ 上から順に
   (1) $100,\ 100,\ 100,\ 10000,\ 9984$
   (2) $3,\ 3,\ 3,\ 600,\ 9,\ 9409$

❹ (1) 6 (2) 19

━━━ 解 説 ━━━

❶ (1) **ミス注意** $2x$をひとまとまりにみて，
公式1 $(x+a)(x+b)=x^2+(a+b)x+ab$ を
使う。

$(2x+1)(2x+5)$
$= (2x)^2+(1+5)\times 2x+1\times 5$ $\Big\}$ $\frac{(A+1)(A+5)}{=A^2+6A+5}$
$= 4x^2+12x+5$

(3) $(5x+1)^2 = (5x)^2 + 2 \times 1 \times 5x + 1^2$ ← $(x+a)^2$
$= 25x^2 + 10x + 1$ $= x^2 + 2ax + a^2$

(5) $(3x+2y)^2 = (3x)^2 + 2 \times 2y \times 3x + (2y)^2$
$= 9x^2 + 12xy + 4y^2$

(6) $(x+4y)(x-4y) = x^2 - (4y)^2$ ← $(x+a)(x-a)$
$= x^2 - 16y^2$ $= x^2 - a^2$

(7) $a+b = A$ と置くと
$(a+b+5)(a+b+2)$
$= (A+5)(A+2)$
$= A^2 + 7A + 10$ ⎞ Aをもとに
$= (a+b)^2 + 7(a+b) + 10$ ⎠ 戻す。
$= a^2 + 2ab + b^2 + 7a + 7b + 10$

❷ (2) **ミス注意！**

$\underbrace{(x-9)(x-1)} - \underbrace{(x-3)(x+3)}$ ⎞ かっこを
$= x^2 - 10x + 9 - \underbrace{(x^2-9)}$ ⎠ つける。
$= x^2 - 10x + 9 - x^2 + 9$ ←符号に注意。
$= -10x + 18$

❸ **ポイント**

(1) 公式 $(x+a)(x-a) = x^2 - a^2$
(2) 公式 $(x-a)^2 = x^2 - 2ax + a^2$ を利用する。

(1) 104×96
$= (100+4)(100-4)$ ⎞ $104=100+4$,
$= 100^2 - 4^2$ ⎟ $96=100-4$ と考える。
$= 10000 - 16$ ⎟ $(x+a)(x-a)=x^2-a^2$
$= 9984$ ⎟ で，$x=100$, $a=4$と
⎠ みる。

(2) 97^2 ←$97=100-3$と考える。
$= (100-3)^2$ ⎞ $(x-a)^2=x^2-2ax+a^2$
$= 100^2 - 2 \times 3 \times 100 + 3^2$ ⎟ で，$x=100$, $a=3$
$= 10000 - 600 + 9$ ⎠ とみる。
$= 9409$

❹ (1) $(x-5y)(x+y) + 5y^2$
$= x^2 - 4xy - 5y^2 + 5y^2$
$= x^2 - 4xy$
$= 2^2 - 4 \times 2 \times \left(-\dfrac{1}{4}\right)$ ⎞ $x=2$, $y=-\dfrac{1}{4}$
⎠ を代入する。
$= 4 + 2 = 6$

(2) $(x+y)^2 + (2x+y)(2x-y)$
$= x^2 + 2xy + y^2 + 4x^2 - y^2$
$= 5x^2 + 2xy$
$= 5 \times 2^2 + 2 \times 2 \times \left(-\dfrac{1}{4}\right)$
$= 20 - 1 = 19$

---

❶ (1) $12x^2 - 18xy - 6x$ (2) $-4ab^2 + 6ab$
(3) $-8a + 4b - 1$ (4) $15a - 10b$

❷ (1) $xy - 3x + 4y - 12$
(2) $ax + ay - bx - by$
(3) $3x^2 - 22x + 35$
(4) $2x^2 + xy - 6x - y^2 + 3y$

❸ (1) $x^2 - 14x + 45$ (2) $x^2 - 5x - 14$
(3) $x^2 - 7x - 8$ (4) $x^2 + 3x + \dfrac{5}{4}$
(5) $x^2 + 0.2x + 0.01$ (6) $y^2 - y + \dfrac{1}{4}$
(7) $25 - 10a + a^2$ (8) $x^2 - \dfrac{1}{25}$
(9) $81 - m^2$ (10) $x^2 - 2x - 8$
(11) $x^2 - 8x + 15$ (12) $x^2 - 12x + 36$

❹ (1) $9x^2 - 18x - 16$
(2) $x^2 - 12xy + 36y^2$
(3) $4a^2 - 49b^2$
(4) $x^2 + 4xy + 4y^2 + 4x + 8y - 5$
(5) $a^2 - b^2 + 2b - 1$

❺ 左から順に
(1) 3, 5
(2) $9x$, $9x$, $16y^2$

❻ (1) $3x^2 - 14x - 49$ (2) $10b^2 - 4ab$

❼ (1) 2491 (2) 38025
(3) 9702

❽ 6

• • • • • •

① (1) $-36a^2 + 4ab$ (2) $5a - 2b$
(3) $2a + 1$ (4) $2x$
(5) $-11x + 8$ (6) $9x - 49$

② 23

解 説

❶ (4) **ミス注意！**

$(12a^2 - 8ab) \div \dfrac{4}{5}a$ ⎞ $\dfrac{4}{5}a = \dfrac{4a}{5}$
$= (12a^2 - 8ab) \times \dfrac{5}{4a}$ ⎠
$= 12a^2 \times \dfrac{5}{4a} - 8ab \times \dfrac{5}{4a}$
$= 15a - 10b$

1 章

❷ (4) $(2x-y)(x+y-3)$
$= 2x(x+y-3)-y(x+y-3)$
$= 2x^2 \underline{+2xy}-6x\underline{-xy}-y^2+3y$
$= 2x^2 \underline{+xy}-6x-y^2+3y$
↑同類項はまとめる。

❸ (4) $\left(x+\dfrac{1}{2}\right)\left(x+\dfrac{5}{2}\right)$
$= x^2+\left(\dfrac{1}{2}+\dfrac{5}{2}\right)x+\dfrac{1}{2}\times\dfrac{5}{2}$
$= x^2+3x+\dfrac{5}{4}$

(6) $\left(y-\dfrac{1}{2}\right)^2 = y^2-2\times\dfrac{1}{2}\times y+\left(\dfrac{1}{2}\right)^2$
$= y^2-y+\dfrac{1}{4}$

(7) $(5-a)^2 = 5^2-2\times a\times 5+a^2$
$= 25-10a+a^2$

(9) $(9-m)(9+m) = 9^2-m^2 = 81-m^2$

(10) $(x-4)(2+x) = (x-4)(x+2) = x^2-2x-8$

(11) $3-x = -x+3 = -(x-3)$,
$5-x = -x+5 = -(x-5)$ だから,
$(3-x)(5-x) = \{-(x-3)\}\{-(x-5)\}$
$= (x-3)(x-5)$
$= x^2-8x+15$

(12) $(-6+x)^2 = (x-6)^2 = x^2-12x+36$

❹ (1) $(3x+2)(3x-8)$
$= (3x)^2+(2-8)\times 3x+2\times(-8)$
$= 9x^2-18x-16$

(4) $(x+2y-1)(x+2y+5)$ ⟩ $x+2y=A$ と置く。
$= (A-1)(A+5)$
$= A^2+4A-5$
$= (x+2y)^2+4(x+2y)-5$ ⟩ Aをもとに戻す。
$= x^2+4xy+4y^2+4x+8y-5$

(5) $(a+b-1)(a-b+1)$ ⟩ 共通の $b-1$ をつくり出す。
$= (a+b-1)\{a-(b-1)\}$
$= (a+A)(a-A)$ ⟩ $b-1=A$ と置く。
$= a^2-A^2$
$= a^2-(b-1)^2$ ⟩ Aをもとに戻す。
$= a^2-(b^2-2b+1)$
$= a^2-b^2+2b-1$

ポイント

(5)では, $-b+1 = -(b-1)$ と, かっこでくくることにより, 共通の $b-1$ をつくり出している。

❻ (1) $4(x+2)(x-3)-(x+5)^2$
$= 4(x^2-x-6)-(x^2+10x+25)$
$= 4x^2-4x-24-x^2-10x-25$
$= 3x^2-14x-49$

❼ (1) 53×47
$= (50+3)(50-3)$ ← $(x+a)(x-a)=x^2-a^2$
$= 50^2-3^2$ で, $x=50$, $a=3$ とみる。
$= 2491$

(2) 195^2
$= (200-5)^2$ ← $(x-a)^2=x^2-2ax+a^2$で,
$= 200^2-2\times 5\times 200+5^2$ $x=200, a=5$ とみる。
$= 38025$

(3) 99×98
$= (100-1)(100-2)$ ← $(x+a)(x+b)$ $=x^2+(a+b)x+ab$ を使う。
$= 100^2+\{(-1)+(-2)\}\times 100+(-1)\times(-2)$
$= 10000-300+2 = 9702$

❽ $(a-2b)^2-(a+b)(a+4b)$
$= a^2-4ab+4b^2-(a^2+5ab+4b^2)$
$= a^2-4ab+4b^2-a^2-5ab-4b^2$
$= -9ab$
$= -9\times(-2)\times\dfrac{1}{3}$ ⟩ $a=-2$, $b=\dfrac{1}{3}$ を代入する。
$= 6$

① (3) $(8a^3b^2+4a^2b^2)\div(2ab)^2$ ←累乗を先に計算する。
$= (8a^3b^2+4a^2b^2)\div 4a^2b^2$
$= \dfrac{8a^3b^2}{4a^2b^2}+\dfrac{4a^2b^2}{4a^2b^2}$
$= 2a+1$

(4) $(2x+1)(3x-1)-(2x-1)(3x+1)$
$= 6x^2-2x+3x-1\underline{-(6x^2+2x-3x-1)}$
$= 6x^2-2x+3x-1\underline{-6x^2-2x+3x+1}$
$= 2x$

ポイント

かっこをつけて展開する。かっこをつけて展開しないと, 負の数をかけるとき, 計算ミスをしてしまうので注意!

② $(3a+4)^2-9a(a+2)$
$= 9a^2+24a+16-9a^2-18a$
$= 6a+16$
$= 6\times\dfrac{7}{6}+16$ ⟩ $a=\dfrac{7}{6}$ を代入する。
$= 23$

4 解答と解説

p.8〜9 ═══ ステージ**1**

❶ 共通な因数，因数分解の順に

(1) $7,\ 7(x-y)$　　(2) $x,\ x(m+n)$

(3) $m,\ m(m-4)$　　(4) $x,\ x(x-y+1)$

(5) $3m,\ 3m(3x+y)$　(6) $5x,\ 5x(x-2y)$

(7) $4ab,\ 4ab(4-3a)$

(8) $2a,\ 2a(2x^2+4x+3)$

❷ (1) $(x+1)(x+5)$　　(2) $(x+3)(x+5)$

(3) $(x+3)(x+4)$　　(4) $(x-1)(x-7)$

(5) $(x-2)(x-4)$　　(6) $(x-2)(x-8)$

(7) $(x+1)(x-3)$　　(8) $(x-3)(x+9)$

(9) $(a-2)(a+9)$　　(10) $(x+3)(x-7)$

(11) $(y+2)(y-8)$　　(12) $(x+8)(x-9)$

❸ (1) $(x+1)^2$　　　(2) $(x+3)^2$

(3) $(x-3)^2$　　　(4) $(x-7)^2$

(5) $(x-9)^2$　　　(6) $\left(x+\dfrac{1}{2}\right)^2$

(7) $(x+4)(x-4)$　　(8) $(x+9)(x-9)$

(9) $(1+y)(1-y)$　　(10) $(n+0.2)(n-0.2)$

━━━━━━━━ 解 説 ━━━━━━━━

❶ (2) $mx+nx=m\times \underline{x}+n\times \underline{x}=x(m+n)$

(3) $m^2-4m=\underline{m}\times m-4\times \underline{m}=m(m-4)$

(6) $5x^2-10xy=\underline{5x}\times x-\underline{5x}\times 2y=5x(x-2y)$

(7) $16ab-12a^2b=\underline{4ab}\times 4-\underline{4ab}\times 3a$
　　　　　　　$=4ab(4-3a)$

❷ 公式 1′　$x^2+(a+b)x+ab=(x+a)(x+b)$ を使う。

(1) 積が 5，和が 6 の 2 数は 1 と 5 だから，
$x^2+6x+5=(x+1)(x+5)$

(4) 積が 7，和が -8 の 2 数は -1 と -7 だから，
$x^2-8x+7=(x-1)(x-7)$

(7) 積が -3，和が -2 の 2 数は 1 と -3 だから，
$x^2-2x-3=(x+1)(x-3)$

(8) 積が -27，和が 6 の 2 数は -3 と 9 だから，
$x^2+6x-27=(x-3)(x+9)$

ポイント

$x^2+\triangle x+\square$ を因数分解するには，積が $\square$，和が $\triangle$ になる 2 数を見つける。

❸ (1)〜(6)　公式 2′　$x^2+2ax+a^2=(x+a)^2$
公式 3′　$x^2-2ax+a^2=(x-a)^2$ を使う。

(6) $x^2+x+\dfrac{1}{4}=x^2+2\times \dfrac{1}{2}\times x+\left(\dfrac{1}{2}\right)^2=\left(x+\dfrac{1}{2}\right)^2$

(7)〜(10)　公式 4′　$x^2-a^2=(x+a)(x-a)$ を使う。

p.10〜11 ═══ ステージ**1**

❶ (1) $3(x+1)(x+4)$　(2) $2a(x-2)(x+5)$

(3) $2(x+3)(x-3)$　(4) $-3y(x+2)(x-3)$

(5) $(x+2y)(x+4y)$　(6) $(x+3y)(x-6y)$

(7) $(2x-y)^2$　　　(8) $(3a+1)(3a-1)$

❷ (1) $(x-1)(x-2)$　　(2) $(a-2)(a-9)$

(3) $(x+y-4)(x-y+4)$

(4) $(x+3)(a-5)$　　(5) $(y+1)(x+3)$

(6) $(2a-1)(b-2)$

❸ (1) 400　　　　　(2) 21000

(3) 628

❹ (1) 2500　　　　(2) 5200

━━━━━━━━ 解 説 ━━━━━━━━

❶ (1) $3x^2+15x+12=3(x^2+5x+4)$　←共通因数 3 でくくる。
　　　　　　　　$=3(x+1)(x+4)$

(5) 積が $8y^2$，和が $6y$ になるのは $2y$ と $4y$ だから，$x^2+6xy+8y^2=(x+2y)(x+4y)$

❷ (1) $(x+1)^2-5(x+1)+6$　←$x+1=A$ と置く。
$=A^2-5A+6=(A-2)(A-3)$
$=\{(x+1)-2\}\{(x+1)-3\}=(x-1)(x-2)$

(3) $x^2-(y-4)^2=x^2-A^2$　←$y-4=A$ と置く。
$=(x+A)(x-A)$
$=\{x+(y-4)\}\{x-(y-4)\}$
$=(x+y-4)(x-y+4)$

(5) $\underline{xy+x}+3(y+1)$
$=x(y+1)+3(y+1)=xA+3A$　←$y+1=A$ と置く。
$=A(x+3)=(y+1)(x+3)$

(6) $2ab-b-2(2a-1)$
$=b(2a-1)-2(2a-1)$　←$2a-1=A$ と置く。
$=bA-2A=A(b-2)=(2a-1)(b-2)$

❸ (1) 52^2-48^2　←$x^2-a^2=(x+a)(x-a)$ で $x=52$，$a=48$ とみる。
$=(52+48)(52-48)$
$=100\times 4=400$

(3) $27^2\times 3.14-23^2\times 3.14$　まず，共通な因数をくくり出す。
$=3.14(27^2-23^2)$
$=3.14(27+23)(27-23)$
$=3.14\times 50\times 4=3.14\times 200=628$

❹ (1) $x^2+14x+49$
$=(x+7)^2$　←$x=43$ を代入する。
$=(43+7)^2=50^2=2500$

(2) $x^2-y^2=(x+y)(x-y)$　←$x=76$，$y=24$ を代入する。
$=(76+24)(76-24)$
$=100\times 52=5200$

p.12〜13 ステージ1

1 n を整数とすると，連続する2つの整数は，n，$n+1$ と表される。

$$n^2+(n+1)^2 = n^2+n^2+2n+1$$
$$= 2n^2+2n+1$$
$$= 2(n^2+n)+1$$

n^2+n は整数だから，$2(n^2+n)+1$ は奇数である。

よって，連続する2つの整数の2乗の和は奇数になる。

2 (1) $2m+1$, $2n+1$

(2) m，n を整数とすると，2つの奇数は，$2m+1$，$2n+1$ と表される。

$$(2m+1)+(2n+1) = 2m+2n+2$$
$$= 2(m+n+1)$$

$m+n+1$ は整数だから，$2(m+n+1)$ は偶数である。

よって，奇数と奇数の和は偶数である。

3 (1) $(14a-49)\,\mathrm{m}^2$

(2) $91\,\mathrm{m}^2$

4 $S = \pi(r+d)^2 - \pi r^2$
$$= \pi(r^2+2rd+d^2) - \pi r^2$$
$$= 2\pi rd + \pi d^2 = \pi d(2r+d) \quad\cdots\cdots①$$

一方，$\ell = 2\pi\left(r+\dfrac{d}{2}\right) = \pi(2r+d) \quad\cdots\cdots②$

①，②より，$S = d\ell$

解説

3 (1) $a^2-(a-7)^2 = a^2-(a^2-14a+49)$
花壇の面積 $= a^2-a^2+14a-49$
$$= 14a-49 \ (\mathrm{m}^2)$$

(2) $14\times10-49 = 140-49 = 91 \ (\mathrm{m}^2)$

p.14〜15 ステージ2

1 (1) $mx(x+1)$ (2) $3ab(1-3b)$

(3) $(x-2)(x+12)$ (4) $(x+3)(x-10)$

(5) $(x-3)(x+4)$ (6) $(x-4)(x+6)$

(7) $\left(x-\dfrac{1}{2}\right)^2$ (8) $(8+x)(8-x)$

(9) $\left(x+\dfrac{1}{4}\right)^2$

2 左から順に

(1) $5x$, 8 (2) $\dfrac{1}{25}$, $\dfrac{1}{5}$

3 (1) $-4(x-2)(x-4)$ (2) $2a(2+3x)(2-3x)$

(3) $(x-4y)(x-9y)$ (4) $(2a+5b)^2$

(5) $2(x-2y)(x+8y)$ (6) $9(2x+3y)(2x-3y)$

(7) $(x-2)(x+5)$ (8) $(b+2)(3a-1)$

(9) $(b-1)(a-1)$ (10) $(a-4)(3a-4)$

(11) $(3x-7)(x+1)$

(12) $(x+3)(x-3)(2y-1)$

4 $x(x+9)+18$ は，$x(x+9)$ と 18 の和の形で，因数の積の形になっていないので，因数分解したとはいえない。（正しくは $(x+3)(x+6)$）

5 900

6 (1) ⑦ 真ん中の ④ 4

(2) n を整数とすると，連続する3つの整数は，$n-1$，n，$n+1$ と表される。

$(n+1)^2-(n-1)^2 = (n^2+2n+1)-(n^2-2n+1)$
$$= n^2+2n+1-n^2+2n-1 = 4n$$

よって，最も大きい整数の2乗から最も小さい整数の2乗をひいた差は，真ん中の整数の4倍になる。

7 (1) 3

(2) n を整数とすると，連続する2つの奇数は，$2n+1$，$2n+3$ と表される。

$(2n+1)(2n+3) = 4n^2+8n+3$
$$= 4(n^2+2n)+3$$

n^2+2n は整数だから，連続する2つの奇数の積を4でわったときの余りは3になる。

8 $\mathrm{AC} = 2b\ \mathrm{cm}$ とすると，

$\dfrac{1}{2}\mathrm{AB} = \dfrac{1}{2}(2b+2a) = a+b\ (\mathrm{cm})$

$\dfrac{1}{2}\mathrm{AC} = b\ \mathrm{cm}$, $\mathrm{AM} = a+2b\ (\mathrm{cm})$

色のついた部分の面積 $S\ \mathrm{cm}^2$ は，
$S = \pi(a+b)^2 - \pi b^2 = \pi a^2 + 2\pi ab$
$$= a\times\pi(a+2b) \quad\cdots\cdots①$$

また，ℓ は AM を直径とする円の周の長さだから，$\ell = \pi(a+2b) \quad\cdots\cdots②$

①，②より，$S = a\ell$

- - - - - -

① (1) $(x-3)(x+12)$ (2) $(x-4)(x+5)$

(3) $(x-7)(x+7)$

(4) $(a+2b-1)(a+2b+2)$

② 40

◀ 解説 ▶

❶ (5)　$-12+x+x^2=x^2+x-12=(x-3)(x+4)$

　(6)　$2x-24+x^2=x^2+2x-24=(x-4)(x+6)$

　(8)　$-x^2+64=64-x^2=8^2-x^2=(8+x)(8-x)$

❸ (7)　$(x-1)^2+5(x-1)-6$　←$x-1=A$ と置く。

　　　$=A^2+5A-6=(A-1)(A+6)$

　　　$=\{(x-1)-1\}\{(x-1)+6\}=(x-2)(x+5)$

　(8)　$3ab+6a-(b+2)$

　　　$=3a(b+2)-(b+2)=(b+2)(3a-1)$

　(9)　$ab-a-b+1=a(b-1)-(b-1)$

　　　　　　　　　　$=(b-1)(a-1)$

　(10)　$(a-4)^2-2a(4-a)=(a-4)^2+2a(a-4)$

　　　　　　　　　$=(a-4)(a-4+2a)$

　　　　　　　　　$=(a-4)(3a-4)$

　(11)　$(2x-3)^2-(x-4)^2$ ⎱ $2x-3=A,\ x-4=B$

　　　$=A^2-B^2=(A+B)(A-B)$ ⎰ と置く。

　　　$=(2x-3+x-4)\{2x-3-(x-4)\}$

　　　$=(3x-7)(2x-3-x+4)=(3x-7)(x+1)$

　(12)　$x^2(2y-1)+9(1-2y)$ ⎱ 項を入れかえて，

　　　$=x^2(2y-1)\underset{\smile}{-9(2y-1)}$ ⎰ 共通な部分をつくる。

　　　　　　　　　　　　　　　符号に注意！

　　　$=(x^2-9)(2y-1)=(x+3)(x-3)(2y-1)$

> **ポイント**
>
> **複雑な式の因数分解**
> ・4項式のとき，2項ずつに分けて共通因数でくくる。←(8)など
> ・まとまりを A と置いて公式を利用する。←(7)，(11)など

❺　$x^2-3xy-4y^2$

　$=(x+y)(x-4y)$　←$x=74$, $y=16$ を代入。

　$=(74+16)(74-4\times16)=90\times10=900$

①(2)　$(x+4)(x-3)-8=x^2+x-12-8$

　　　　　　　　　　$=x^2+x-20=(x-4)(x+5)$

　(3)　$(x-4)^2+8(x-4)-33$　←$x-4=A$ と置く。

　　　$=A^2+8A-33=(A-3)(A+11)$

　　　$=(x-4-3)(x-4+11)=(x-7)(x+7)$

　(4)　$(a+2b)^2+a+2b-2$　←$a+2b=A$ と置く。

　　　$=A^2+A-2=(A-1)(A+2)$

　　　$=(a+2b-1)(a+2b+2)$

②　$ab^2-81a=a(b^2-81)=a(b+9)(b-9)$

　　　　　　　$=\dfrac{1}{7}(19+9)(19-9)$

　　　　　　　$=\dfrac{1}{7}\times28\times10=40$

---

p.16〜17 ステージ❸

❶ (1)　$-12x^2+15xy$　　(2)　$6a^2+3ab-9a$

　(3)　$2y-3$　　　　　　(4)　$-3a-9b$

❷ (1)　$ab-3a+2b-6$　　(2)　$x^2-10x+21$

　(3)　$x^2-4x-32$　　　(4)　a^2-81

　(5)　$y^2+10y+25$　　　(6)　$4x^2+8x-5$

　(7)　$a^2+14ab+49b^2+10a+70b+25$

　(8)　$14x-71$

❸ (1)　$6ab(a-5)$　　　　(2)　$(x+6)^2$

　(3)　$(4+a)(4-a)$　　　(4)　$(x+7)(x-8)$

　(5)　$-2x(y-1)^2$　　　(6)　$(x+2y)(x-9y)$

　(7)　$(x+1)(x-4)$　　　(8)　$(2x-1)(y+3)$

❹　1600

❺ (1)　① 7　　② $13x$　　(2)　① $9y^2$　　② $3y$

❻ (1)　$102\times98=(100+2)(100-2)$

　　　　　　　　$=100^2-2^2=9996$

　(2)　$58^2-42^2=(58+42)(58-42)$

　　　　　　　　$=100\times16=1600$

❼ (1)　$4b^2-4a^2$　　(2)　$\ell=4a+4b$　　(3)　$d\ell$

❽ (1)　2つの奇数の間にある偶数

　(2)　n を整数とすると，連続した2つの奇数は $2n-1$，$2n+1$，その間にある偶数は $2n$ と表される。

　　　$(2n-1)(2n+1)+1=4n^2-1+1$

　　　　　　　　　　　　$=4n^2=(2n)^2$

　よって，連続した2つの奇数の積に1を加えた数は，この2つの奇数の間にある偶数の2乗に等しくなる。

◀ 解説 ▶

❶ (4)　$(2a^2+6ab)\div\left(-\dfrac{2}{3}a\right)$ ⎱ わる式の逆数をかけて，除法を乗法になおす。

　　　$=(2a^2+6ab)\times\left(-\dfrac{3}{2a}\right)$

　　　$=2a^2\times\left(-\dfrac{3}{2a}\right)+6ab\times\left(-\dfrac{3}{2a}\right)$

　　　$=-3a-9b$

❷ (6)　$(2x+5)(2x-1)$

　　　$=(2x)^2+(5-1)\times2x+5\times(-1)$

　　　$=4x^2+8x-5$

　(7)　$(a+7b+5)^2$ ⎱ $a+7b$ を A と置く。

　　　$=(A+5)^2$

　　　$=A^2+10A+25$

　　　$=(a+7b)^2+10(a+7b)+25$

　　　$=a^2+14ab+49b^2+10a+70b+25$

(8) $(x+7)(x-5)-(x-6)^2$
$= x^2+2x-35-(x^2-12x+36)$
$= x^2+2x-35-x^2+12x-36$ ← 符号ミスに注意！
$= 14x-71$

❸ (3) $16-a^2 = 4^2-a^2 = (4+a)(4-a)$

(5) $-2xy^2+4xy-2x$ ⎫ 共通な因数をくくり出す。
$= -2x(y^2-2y+1)$
$= -2x(y-1)^2$

(6) 積が $-18y^2$，和が $-7y$ の2式は，
2y と $-9y$ だから，
$x^2-7xy-18y^2 = (x+2y)(x-9y)$

(7) $(x-1)^2-(x-1)-6$ ← $x-1=A$ と置く。
$= A^2-A-6$
$= (A+2)(A-3)$
$= \{(x-1)+2\}\{(x-1)-3\}$
$= (x+1)(x-4)$

(8) $2xy+6x-(y+3)$
$= 2x(y+3)-(y+3)$ ← $2xA-A=(2x-1)A$
$= (2x-1)(y+3)$

得点アップのコツ

そのままでは因数分解の公式を使えないとき，
・共通な因数があればくくり出してから公式を使う。
・共通な部分があれば A と置いて公式を使う。

❹ $x^2-4xy+4y^2 = (x-2y)^2$ ← $x=86, y=23$ を代入。
$= (86-2\times23)^2 = 40^2 = 1600$

得点アップのコツ

直接式に値を代入してもよいが，式を展開したり，因数分解してから値を代入したほうが，計算が簡単になる場合がある。

❼ (1) 右の図のように，
道の面積は，
$(2b)^2-(2a)^2$
$= 4b^2-4a^2$

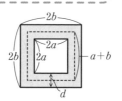

(2) 道の中央を通る線は，
右の図の破線で，$d=b-a$ だから，破線の正方形の1辺は，
$2a+\dfrac{b-a}{2}\times2 = 2a+b-a = a+b$
よって，$\ell = 4(a+b) = 4a+4b$

(3) $4b^2-4a^2 = 4(b^2-a^2)$
$= \underbrace{4(b+a)}_{\ell}\underbrace{(b-a)}_{d} = d\ell$

2章 平方根

p.18〜19　ステージ1

❶ (1) ±4　(2) ±7　(3) ±10
(4) ±0.6　(5) $\pm\dfrac{1}{3}$　(6) 0

❷ (1) $\pm\sqrt{2}$　(2) $\pm\sqrt{11}$
(3) $\pm\sqrt{0.7}$　(4) $\pm\sqrt{\dfrac{2}{5}}$

❸ (1) 3　(2) -9　(3) $\dfrac{5}{7}$
(4) -0.2　(5) 4　(6) 6

❹ (1) 10　(2) 10　(3) 25

❺ (1) $\sqrt{3}<\sqrt{5}$　(2) $3<\sqrt{10}$
(3) $5>\sqrt{23}$　(4) $\sqrt{0.81}=0.9$
(5) $-\sqrt{5}>-\sqrt{7}$　(6) $-1>-\sqrt{2}$

解説

❶ **ミス注意！** $x^2=a$ を成り立たせる x の値が a の平方根である。正の数には平方根が2つある。
(6) 0 の平方根は 0 だけである。

❷ 正の数 a の平方根は，$\pm\sqrt{a}$ である。

❸ $a>0$ のとき，$\sqrt{a^2}=a$
(1) $\sqrt{9}$ は，9の平方根のうち正のほうで，$\sqrt{9}=3$ 負のほうは，$-\sqrt{9}=-3$ である。
(6) **ミス注意！** $\sqrt{(-6)^2}=\sqrt{36}$ → $\sqrt{36}$ は，36の平方根の正のほうである。

❹ (1) $\sqrt{10}$ は，10の平方根の正のほうで，2乗すると10になる数である。
よって，$(\sqrt{10})^2=10$ ← $(\sqrt{a})^2=a$
(2) $-\sqrt{10}$ は，10の平方根の負のほうで，2乗すると10になる数である。
よって，$(-\sqrt{10})^2=10$ ← $(-\sqrt{a})^2=a$

❺ (2) $3^2=9$，$(\sqrt{10})^2=10$ で，$9<10$ だから，$\sqrt{9}<\sqrt{10}$ よって，$3<\sqrt{10}$
(4) $(\sqrt{0.81})^2=0.81$，$(0.9)^2=0.81$ だから，$\sqrt{0.81}=0.9$
(5), (6) **ミス注意！** 負の数どうしでは，絶対値が大きいほど小さい数である。
(6) $1^2=1$，$(\sqrt{2})^2=2$ で，$1<2$ だから，$1<\sqrt{2}$ 負の数の場合は不等号の向きが変わり，$-1>-\sqrt{2}$

p.20〜21 ステージ❶

❶ (1) $16.5 \leqq a < 17.5$　(2) $2.45 \leqq a < 2.55$

(3) $9.795 \leqq a < 9.805$

❷ (1) 6.65×10^3 km　(2) 3.779×10^5 km²

(3) 4.0×10^4 km

❸ 有理数　0.01, $\dfrac{5}{6}$, $\sqrt{64}$, -4, 0

無理数　$-\sqrt{6}$, π

❹ $5\cdots$C, $-5\cdots$B, $\dfrac{1}{5}\cdots$A, $\sqrt{5}\cdots$D, $0.5\cdots$A

解説

❶ ミス注意❗不等号 $\leqq$ または $<$ をまちがえない！

(1) 測定値 17 kg を，1 kg 未満を四捨五入して得られた数値とみると，真の値 a の範囲は，

$$16.5 \underset{\text{等号あり。}}{\leqq} a \underset{\text{等号なし。}}{<} 17.5$$

❷ (3) 有効数字 2 桁だから，有効数字は 4，0 であり，$4.0 \times 10000 = 4.0 \times 10^4$

❸ 有理数は分数で表すことのできる数で，分数で表すことができない数が無理数である。

$0.01 = \dfrac{1}{100}$, $\sqrt{64} = \sqrt{8^2} = 8 = \dfrac{8}{1}$, $-4 = -\dfrac{4}{1}$,

$0 = \dfrac{0}{1}$ と分数で表すことができるが，$-\sqrt{6}$, π は分数で表すことができない。

❹ $0.5 = \dfrac{1}{2}$ であるから有理数である。

p.22〜23 ステージ❷

❶ (1) ± 6　(2) ± 11

(3) ± 0.8　(4) $\pm \dfrac{5}{12}$

❷ (1) $\pm\sqrt{13}$　(2) $\pm\sqrt{29}$

(3) $\pm\sqrt{0.9}$　(4) $\pm\sqrt{\dfrac{7}{2}}$

❸ (1) 7　(2) -30　(3) $-\dfrac{2}{9}$

(4) 0.1　(5) 4　(6) 8

(7) 12　(8) 13　(9) 4

❹ (1) ± 4　(2) 6　(3) ○

(4) 3　(5) ○　(6) 2

❺ (1) $8 > \sqrt{60}$　(2) $-7 < -\sqrt{45}$

(3) $\sqrt{1.69} = 1.3$　(4) $\sqrt{0.3} > 0.3$

(5) $\sqrt{3} < 2 < \sqrt{5}$　(6) $-2 < -\sqrt{3} < -1$

❻ (1) 100 km の位　(2) 2.50×10^3 g

❼ (1) A$\cdots -\sqrt{4}$, B$\cdots -0.5$, C$\cdots \sqrt{3}$, D$\cdots \sqrt{6}$

(2) 2, 3, 5, 6, 7, 8

❽ (1) 2, 3, 4, 5　(2) 5, 6, 7, 8

(3) 13 個

● ● ● ● ● ●

① (1) 21　(2) 1, 6, 9

② 67, 68, 69　**③** $\dfrac{2}{9}$

解説

❶ 2 乗すると a になる数，つまり，$x^2 = a$ を成り立たせる x の値が a の平方根である。正の数の平方根は 2 つあることに注意する。

❷ 正の数 a の平方根は，$\pm\sqrt{a}$

❸ (6) ミス注意❗ $\sqrt{(-8)^2} = \sqrt{64} \to \sqrt{64}$ は，64 の平方根の正のほうなので，8

-8 と答えないように，注意する。

(7)〜(9) 平方根の定義から，

$(\sqrt{a})^2 = a$, $(-\sqrt{a})^2 = a$

$$\boxed{\begin{array}{c}\sqrt{a} \\ -\sqrt{a}\end{array}} \underset{\text{平方根}}{\overset{2\text{乗}}{\rightleftarrows}} \boxed{a}$$

❹ (1) $4^2 = 16$, $(-4)^2 = 16$ より，16 の平方根は ± 4 である。

(2) $\sqrt{36}$ は，36 の平方根の正のほうなので，6

(4) ミス注意❗ $\sqrt{(-3)^2} = \sqrt{9} \to \sqrt{9}$ は，9 の平方根の正のほうであるから，$\sqrt{(-3)^2} = 3$

(6) ミス注意❗ $-\sqrt{2}$ は，2 の平方根の負のほうで，2 乗すると 2 になる数である。

よって，$\underline{(-\sqrt{2})^2 = 2} \leftarrow (-\sqrt{a})^2 = a$

❺ (1) $8^2 = 64$, $(\sqrt{60})^2 = 60$ で，$64 > 60$ だから，$\sqrt{64} > \sqrt{60}$　よって，$8 > \sqrt{60}$

(2) $7^2 = 49$, $(\sqrt{45})^2 = 45$ で，$49 > 45$ だから，$\sqrt{49} > \sqrt{45}$　$7 > \sqrt{45}$　よって，$-7 < -\sqrt{45}$（負の数の場合は，不等号の向きが変わる。）

(4) $(\sqrt{0.3})^2 = 0.3$, $(0.3)^2 = 0.09$ で，$0.3 > 0.09$ だから，$\sqrt{0.3} > \sqrt{0.09}$　よって，$\sqrt{0.3} > 0.3$

(5) $2^2 = 4$, $(\sqrt{3})^2 = 3$, $(\sqrt{5})^2 = 5$ で，$3 < 4 < 5$ だから，$\sqrt{3} < \sqrt{4} < \sqrt{5}$　よって，$\sqrt{3} < 2 < \sqrt{5}$

(6) $1^2 = 1$, $2^2 = 4$, $(\sqrt{3})^2 = 3$ で，$1 < 3 < 4$ だから，$\sqrt{1} < \sqrt{3} < \sqrt{4}$　$1 < \sqrt{3} < 2$　よって，$-2 < -\sqrt{3} < -1$

6 (2) 最小のめもりが 10 g だから，有効数字は $\underline{2500}$ g の 2，5，0 である。

8 (1) $\sqrt{2}$，x，$\sqrt{30}$ は正の数だからそれぞれを 2 乗しても大小の関係は変わらない。
$(\sqrt{2})^2 < x^2 < (\sqrt{30})^2$ より，$2 < x^2 < 30$
x が整数になるような x^2 は，4，9，16，25 であり，
整数 x は，$\sqrt{4} = 2$，$\sqrt{9} = 3$，$\sqrt{16} = 4$，$\sqrt{25} = 5$

(2) (1)と同じように考えて，
$2^2 < (\sqrt{a})^2 < 3^2$ より，$4 < a < 9$
a は整数だから，$a = 5$，6，7，8

(3) (1)と同じように考えて，
$3^2 < (\sqrt{3a})^2 < 7^2$ より，$9 < 3a < 49$
$3 < a < 16.3\cdots$
a は整数だから，$a = 4$，5，…，16 の 13 個。

ポイント

平方根をふくむ不等式は，各辺をそれぞれ 2 乗して考える。

① (1) $\sqrt{189n} = \sqrt{3^2 \times 3 \times 7 \times n}$
$\sqrt{189n}$ が自然数となるには，〜〜 がある自然数の 2 乗になればよい。最小の n の値は，$3 \times 7 = 21$
このとき，$\sqrt{3^2 \times 3^2 \times 7^2} = \sqrt{63^2} = 63$ となる。

(2) 根号の中は正の数だから，$10 - n > 0$ より
$n < 10$　$n = 1$，2，…，9 のうち条件を満たす n の値を調べる。
$n = 1$ のとき，$\sqrt{10-1} = \sqrt{9} = 3$
$n = 6$ のとき，$\sqrt{10-6} = \sqrt{4} = 2$
$n = 9$ のとき，$\sqrt{10-9} = \sqrt{1} = 1$

② $8.2^2 < (\sqrt{n+1})^2 < 8.4^2$ より
$67.24 < n+1 < 70.56$　　$66.24 < n < 69.56$
n は自然数だから，$n = 67$，68，69

③ $\dfrac{\sqrt{ab}}{2}$ の値が有理数となるには，$\sqrt{ab}$ の値が自然数になればよい。ab がある自然数の 2 乗になればよいから，
$(a, b) = (1, 1)$，$(2, 2)$，$(3, 3)$，$(4, 4)$，$(5, 5)$，$(6, 6)$，$(1, 4)$，$(4, 1)$ の 8 通り。
求める確率は，$\dfrac{8}{6 \times 6} = \dfrac{2}{9}$

ポイント

$\sqrt{\Box}$ が自然数となるような問題では，$\Box$ がある自然数の 2 乗になるような値を考える。

---

① (1) $\sqrt{21}$　(2) 8　(3) -6
(4) 10　(5) $\sqrt{2}$　(6) $\sqrt{14}$
(7) -6　(8) $\sqrt{7}$　(9) -5
(10) $\dfrac{1}{2}$

② (1) $\sqrt{8}$　(2) $\sqrt{48}$　(3) $\sqrt{50}$

③ (1) $3\sqrt{2}$　(2) $2\sqrt{7}$　(3) $4\sqrt{2}$
(4) $3\sqrt{5}$　(5) $10\sqrt{3}$　(6) $100\sqrt{2}$
(7) $6\sqrt{5}$　(8) $6\sqrt{3}$　(9) $10\sqrt{6}$

④ (1) $\dfrac{\sqrt{11}}{10}$　(2) $\dfrac{\sqrt{5}}{4}$　(3) $\dfrac{2}{5}$
(4) $\dfrac{\sqrt{13}}{10}$　(5) $\dfrac{2\sqrt{3}}{5}$　(6) $\dfrac{\sqrt{13}}{5}$

解説

① (2) $\sqrt{2} \times \sqrt{32} = \sqrt{2 \times 32}$
$= \sqrt{64} = \sqrt{8^2}$
$= 8$

> $a > 0$，$b > 0$ のとき，
> ・$\sqrt{a} \times \sqrt{b} = \sqrt{ab}$
> ・$a\sqrt{b} = \sqrt{a^2 \times b}$
> ・$\dfrac{\sqrt{a}}{\sqrt{b}} = \sqrt{\dfrac{a}{b}}$

(5) $\sqrt{\ }$ の中の分数が約分できるときは，約分する。
$\sqrt{14} \div \sqrt{7} = \dfrac{\sqrt{14}}{\sqrt{7}} = \sqrt{\dfrac{14}{7}}$
$= \sqrt{2}$

> 根号を使わないで表すことのできる数は，使わないで表そうね。

② (1) $2\sqrt{2} = \sqrt{4} \times \sqrt{2}$
$= \sqrt{4 \times 2} = \sqrt{8}$
(2) $4\sqrt{3} = \sqrt{16} \times \sqrt{3}$
$= \sqrt{16 \times 3} = \sqrt{48}$

③ (1) $\sqrt{18} = \sqrt{3^2 \times 2} = 3\sqrt{2}$
(5) $\sqrt{300} = \sqrt{100 \times 3} = \sqrt{10^2 \times 3} = 10\sqrt{3}$
(6) $\sqrt{20000} = \sqrt{10000 \times 2} = \sqrt{100^2 \times 2} = 100\sqrt{2}$
(7) $3\sqrt{20} = 3 \times \sqrt{2^2 \times 5} = 3 \times \sqrt{2^2} \times \sqrt{5}$
$= 3 \times 2 \times \sqrt{5} = 6\sqrt{5}$

④ (1) $\sqrt{\dfrac{11}{100}} = \dfrac{\sqrt{11}}{\sqrt{100}} = \dfrac{\sqrt{11}}{10}$
(4) $\sqrt{0.13} = \sqrt{\dfrac{13}{100}} = \dfrac{\sqrt{13}}{\sqrt{100}} = \dfrac{\sqrt{13}}{10}$
(5) $\sqrt{0.48} = \sqrt{\dfrac{48}{100}} = \dfrac{\sqrt{48}}{\sqrt{100}} = \dfrac{4\sqrt{3}}{10} = \dfrac{2\sqrt{3}}{5}$

ポイント

小数の平方根の変形は，$\sqrt{100} = 10$，$\sqrt{10000} = 100$ が利用できるように，分母を 100，10000 にする。

p.26〜27 ステージ1

❶ (1) $\dfrac{\sqrt{15}}{3}$　　(2) $\sqrt{7}$　　(3) $3\sqrt{6}$

　　(4) $\dfrac{\sqrt{3}}{3}$　　(5) $\dfrac{\sqrt{5}}{3}$　　(6) $\sqrt{2}$

❷ (1) 14.14　　　　(2) 447.2

　　(3) 0.4472　　　(4) 0.01414

❸ (1) $4\sqrt{15}$　(2) $-12\sqrt{6}$　(3) $3\sqrt{10}$

　　(4) $-10\sqrt{6}$　(5) $21\sqrt{30}$　(6) $2\sqrt{5}$

　　(7) 6　　　　(8) 6　　　　(9) $-3\sqrt{10}$

❹ (1) $6\sqrt{7}$　　(2) $-4\sqrt{3}$　　(3) $3\sqrt{2}$

　　(4) $-4\sqrt{5}$　　(5) $6\sqrt{3}$　　(6) $-\sqrt{6}$

　　(7) $3\sqrt{2}+3\sqrt{5}$　　(8) $2\sqrt{7}-9$

──────── 解 説 ────────

❶ (1) $\dfrac{\sqrt{5}}{\sqrt{3}}=\dfrac{\sqrt{5}\times\sqrt{3}}{\sqrt{3}\times\sqrt{3}}$　←分母と分子に$\sqrt{3}$を
かけて，分母を$\sqrt{}$の
ない形にする。

$$=\dfrac{\sqrt{15}}{3}$$

❷ (2) $\sqrt{200000}=100\sqrt{20}=100\times4.472=447.2$

　　(4) $\sqrt{0.0002}=\sqrt{\dfrac{2}{10000}}=\dfrac{\sqrt{2}}{100}=\sqrt{2}\div100$

$$=1.414\div100=0.01414$$

❸ (1) $\sqrt{12}\times\sqrt{20}=2\sqrt{3}\times2\sqrt{5}$
　　　　　　　　　　　　　　→根号の中を簡単な数にする。

$$=2\times2\times\sqrt{3}\times\sqrt{5}=4\sqrt{15}$$

　　(3) $\sqrt{6}\times\sqrt{15}=\sqrt{2\times3}\times\sqrt{3\times5}$
　　　　　　　　　　　　　　→根号の中を素因数分解する。

$$=\sqrt{2}\times\sqrt{3}\times\sqrt{3}\times\sqrt{5}=3\sqrt{10}$$

　　(8) $\sqrt{18}\div\sqrt{14}\times2\sqrt{7}=\dfrac{\sqrt{18}\times2\sqrt{7}}{\sqrt{14}}=\dfrac{3\sqrt{2}\times2\sqrt{7}}{\sqrt{2}\times\sqrt{7}}$

$$=3\times2=6$$

　　(9) $\sqrt{35}\times3\sqrt{6}\div(-\sqrt{21})=-\dfrac{\sqrt{35}\times3\sqrt{6}}{\sqrt{21}}$

$$=-\dfrac{\sqrt{5}\times\sqrt{7}\times3\times\sqrt{2}\times\sqrt{3}}{\sqrt{3}\times\sqrt{7}}=-\sqrt{5}\times3\times\sqrt{2}=-3\sqrt{10}$$

❹ (3) $7\sqrt{2}-\sqrt{32}=7\sqrt{2}-4\sqrt{2}=(7-4)\sqrt{2}$

$$=3\sqrt{2}$$
　　　　　　根号の中を簡単な数にする。

　　(7) $-\sqrt{8}+2\sqrt{20}+\sqrt{50}-\sqrt{5}$

$$=-2\sqrt{2}+2\times2\sqrt{5}+5\sqrt{2}-\sqrt{5}$$
$$=-2\sqrt{2}+4\sqrt{5}+5\sqrt{2}-\sqrt{5}=3\sqrt{2}+3\sqrt{5}$$

　　(8) $3\sqrt{28}-12-4\sqrt{7}+3$
$$=3\times2\sqrt{7}-12-4\sqrt{7}+3$$
$$=6\sqrt{7}-12-4\sqrt{7}+3=2\sqrt{7}-9$$
　　　　　　　これ以上簡単に
　　　　　　　できない。

p.28〜29 ステージ1

❶ (1) $6\sqrt{3}$　　　　(2) $2\sqrt{6}$

　　(3) $\dfrac{5\sqrt{2}}{2}$　　　　(4) $-\sqrt{7}$

❷ (1) $\sqrt{10}+5$　　(2) $5\sqrt{3}-6$

　　(3) $12\sqrt{2}+3$　　(4) $4\sqrt{2}+2\sqrt{6}$

　　(5) $-3\sqrt{2}$　　　(6) $7+4\sqrt{3}$

　　(7) $8-2\sqrt{15}$　　(8) -1

　　(9) $7+3\sqrt{5}$　　(10) $4+6\sqrt{2}$

❸ (1) $5-\sqrt{5}$　　(2) 12

❹ 7 cm

──────── 解 説 ────────

❶ (1) $\sqrt{3}+\dfrac{15}{\sqrt{3}}=\sqrt{3}+\dfrac{15\times\sqrt{3}}{\sqrt{3}\times\sqrt{3}}=\sqrt{3}+\dfrac{15\sqrt{3}}{3}$

$$=\sqrt{3}+5\sqrt{3}=6\sqrt{3}$$　←分母を有理化する。

　　(3) $\sqrt{18}-\dfrac{1}{\sqrt{2}}=3\sqrt{2}-\dfrac{1\times\sqrt{2}}{\sqrt{2}\times\sqrt{2}}=3\sqrt{2}-\dfrac{\sqrt{2}}{2}$

$$=\left(3-\dfrac{1}{2}\right)\sqrt{2}=\dfrac{5\sqrt{2}}{2}$$　　$\dfrac{\sqrt{2}}{2}=\dfrac{1}{2}\times\sqrt{2}$↑

❷ (1) $\sqrt{5}(\sqrt{2}+\sqrt{5})=\sqrt{5}\times\sqrt{2}+\sqrt{5}\times\sqrt{5}=\sqrt{10}+5$

　　(4) $(1+\sqrt{3})(\sqrt{2}+\sqrt{6})$

$$=\sqrt{2}+\sqrt{6}+\sqrt{3}\times\sqrt{2}+\sqrt{3}\times\sqrt{6}$$
$$=\sqrt{2}+\sqrt{6}+\sqrt{6}+3\sqrt{2}$$　　$\sqrt{6}=\sqrt{2}\times\sqrt{3}$↑
$$=4\sqrt{2}+2\sqrt{6}$$

　　(6) $(2+\sqrt{3})^2=2^2+2\times\sqrt{3}\times2+(\sqrt{3})^2$
　　　　　　　　　　$=4+4\sqrt{3}+3=7+4\sqrt{3}$
　　　$(x+a)^2=x^2+2ax+a^2$

　　(8) $(\sqrt{6}+\sqrt{7})(\sqrt{6}-\sqrt{7})=(\sqrt{6})^2-(\sqrt{7})^2=6-7$
　　　　$(x+a)(x-a)=x^2-a^2$　　　　　　　　　$=-1$

ポイント

平方根をふくむ式の計算でも，展開の公式を利用する。

❸ (1) $x^2-5x+6=(x-2)(x-3)$
$$=\{(\sqrt{5}+2)-2\}\{(\sqrt{5}+2)-3\}$$
$$=\sqrt{5}(\sqrt{5}-1)=5-\sqrt{5}$$

❹ 正方形の対角線の長さが 10 cm となるから，正
方形の面積は，$10\times10\times\dfrac{1}{2}=50$ (cm²)

正方形の1辺の長さを x cm とすると，$x^2=50$
$x>0$ より，$x=5\sqrt{2}=5\times1.414=7.07$

p.30～31 ■■**ステージ2**

① (1) $6\sqrt{7}$　　　(2) $10\sqrt{6}$

　(3) $\dfrac{\sqrt{10}}{5}$　　　(4) $\dfrac{\sqrt{3}}{4}$

② (1) **17.32**　(2) **547.7**　(3) **0.05477**

③ (1) $15\sqrt{2}$　(2) $-30\sqrt{2}$　(3) $-5\sqrt{3}$

　(4) $2\sqrt{2}$　(5) 2　　(6) $-\sqrt{10}$

④ (1) $3\sqrt{5}$　　　(2) $5\sqrt{2}$

　(3) $-5\sqrt{3}-\sqrt{6}$　(4) $3\sqrt{3}-\sqrt{7}$

⑤ (1) $\dfrac{5\sqrt{6}}{2}$　　　(2) $7\sqrt{6}-6$

　(3) $9-6\sqrt{2}$　　　(4) -4

⑥ 4

⑦ (1) 3　　(2) $\sqrt{10}-3$　　(3) 10

⑧ $5\sqrt{6}$ cm

・・・・・・

① (1) $7\sqrt{3}$　　　(2) $13-3\sqrt{21}$

　(3) $8+2\sqrt{3}$　　(4) 3

　(5) 21　　　(6) $2-3\sqrt{2}$

② -11

■■■■■■ **解説** ■■■■■■

① (3) $\dfrac{\sqrt{6}}{\sqrt{15}}=\dfrac{\sqrt{2}\times\sqrt{3}}{\sqrt{3}\times\sqrt{5}}=\dfrac{\sqrt{2}}{\sqrt{5}}$

　　　$=\dfrac{\sqrt{2}\times\sqrt{5}}{\sqrt{5}\times\sqrt{5}}=\dfrac{\sqrt{10}}{5}$

　(4) $\dfrac{3}{\sqrt{48}}=\dfrac{3}{4\sqrt{3}}=\dfrac{3\times\sqrt{3}}{4\sqrt{3}\times\sqrt{3}}=\dfrac{3\times\sqrt{3}}{4\times3}=\dfrac{\sqrt{3}}{4}$

② (1) $\sqrt{300}=10\sqrt{3}=10\times1.732=17.32$

　(2) $\sqrt{300000}=100\sqrt{30}=100\times5.477=547.7$

　(3) $\sqrt{0.003}=\sqrt{\dfrac{30}{10000}}=\dfrac{\sqrt{30}}{100}=\sqrt{30}\div100$

　　　　$=5.477\div100=0.05477$

③ (1) $\sqrt{6}\times\sqrt{75}=\sqrt{2}\times\sqrt{3}\times5\sqrt{3}=15\sqrt{2}$

　(6) $\sqrt{45}\div3\sqrt{7}\times(-\sqrt{14})=-\dfrac{3\sqrt{5}\times\sqrt{14}}{3\sqrt{7}}$

　$=-\dfrac{3\sqrt{5}\times\sqrt{2}\times\sqrt{7}}{3\sqrt{7}}=-\sqrt{5}\times\sqrt{2}=-\sqrt{10}$

④ (1) $\sqrt{20}+\dfrac{\sqrt{45}}{3}=2\sqrt{5}+\dfrac{3\sqrt{5}}{3}=2\sqrt{5}+\sqrt{5}=3\sqrt{5}$

　(3) $\sqrt{54}-3\sqrt{12}-4\sqrt{6}+\sqrt{3}$

　　$=3\sqrt{6}-3\times2\sqrt{3}-4\sqrt{6}+\sqrt{3}$

　　$=3\sqrt{6}-6\sqrt{3}-4\sqrt{6}+\sqrt{3}$

　　$=-5\sqrt{3}-\sqrt{6}$

⑤ (1) $\dfrac{18}{\sqrt{6}}-\dfrac{\sqrt{54}}{6}=\dfrac{18\times\sqrt{6}}{\sqrt{6}\times\sqrt{6}}-\dfrac{3\sqrt{6}}{6}=\dfrac{18\sqrt{6}}{6}-\dfrac{\sqrt{6}}{2}$

　　$=3\sqrt{6}-\dfrac{\sqrt{6}}{2}=\left(3-\dfrac{1}{2}\right)\sqrt{6}=\dfrac{5\sqrt{6}}{2}$

　(4) $(\sqrt{5}-3)(\sqrt{5}+3)=(\sqrt{5})^2-3^2=5-9=-4$

⑦ (1), (2) $9<10<16$ より，$\sqrt{9}<\sqrt{10}<\sqrt{16}$

　　よって，$3<\sqrt{10}<4$ だから，$\sqrt{10}$ の整数部分は 3，小数部分は $\sqrt{10}-3$

　(3) $a^2+6a+9=(a+3)^2=\{(\sqrt{10}-3)+3\}^2=10$

ポイント

$\sqrt{10}$ の整数部分を a，小数部分を b とすると，$\sqrt{10}=a+b$ より，$b=\sqrt{10}-a$ と表される。

⑧ $500\div10\times3=150$ より，　← (正四角錐の体積)

底面の正方形の面積は　　$=\dfrac{1}{3}\times(底面積)\times(高さ)$

$150\,\mathrm{cm}^2$ である。

正方形の 1 辺の長さを x cm とすると，$x^2=150$

$x>0$ であるから，$x=\sqrt{150}=5\sqrt{6}$

① (1) $\dfrac{6}{\sqrt{3}}+\sqrt{15}\times\sqrt{5}=\dfrac{6\times\sqrt{3}}{\sqrt{3}\times\sqrt{3}}+\sqrt{3}\times\sqrt{5}\times\sqrt{5}$

　　$=\dfrac{6\sqrt{3}}{3}+5\sqrt{3}=2\sqrt{3}+5\sqrt{3}=7\sqrt{3}$

　(2) $(\sqrt{7}-\sqrt{3})(\sqrt{7}-2\sqrt{3})$

　　$=(\sqrt{7})^2+(-\sqrt{3}-2\sqrt{3})\times\sqrt{7}+(-\sqrt{3})\times(-2\sqrt{3})$

　　$=7-3\sqrt{3}\times\sqrt{7}+2\times3=7-3\sqrt{21}+6=13-3\sqrt{21}$

　(3) $(\sqrt{3}+1)(\sqrt{3}+5)-\sqrt{48}$

　　$=(\sqrt{3})^2+(1+5)\times\sqrt{3}+1\times5-4\sqrt{3}$

　　$=3+6\sqrt{3}+5-4\sqrt{3}=8+2\sqrt{3}$

　(4) $(\sqrt{2}-1)^2-\sqrt{50}+\dfrac{14}{\sqrt{2}}$

　　$=(\sqrt{2})^2-2\sqrt{2}+1-5\sqrt{2}+\dfrac{14\times\sqrt{2}}{\sqrt{2}\times\sqrt{2}}$

　　$=2-2\sqrt{2}+1-5\sqrt{2}+7\sqrt{2}=3$

　(5) $(2\sqrt{5}+1)(2\sqrt{5}-1)+\dfrac{\sqrt{12}}{\sqrt{3}}$

　　$=(2\sqrt{5})^2-1^2+\sqrt{\dfrac{12}{3}}=20-1+\sqrt{4}$

　　$=19+2=21$

　(6) $(\sqrt{2}+1)^2-5(\sqrt{2}+1)+4$　←$\sqrt{2}+1=A$ と置く。

　　$=A^2-5A+4=(A-1)(A-4)$

　　$=\{(\sqrt{2}+1)-1\}\{(\sqrt{2}+1)-4\}$

　　$=\sqrt{2}(\sqrt{2}-3)=2-3\sqrt{2}$

p.32〜33 ステージ3

❶ (1) ± 8　　(2) $\pm\sqrt{15}$　　(3) $\pm\dfrac{1}{7}$

❷ (1) -3　　(2) 9　　(3) 5

❸ $4,\ \sqrt{15},\ -3\sqrt{2},\ -2\sqrt{5}$

❹ (1) $2\sqrt{17}$　　(2) $3\sqrt{15}$　　(3) $8\sqrt{3}$

❺ (1) 3 つ　　　　(2) $a=2$

　　(3) 5.60×10^{7} km　　(4) $\sqrt{3},\ \dfrac{2}{\sqrt{3}},\ \sqrt{0.9}$

❻ (1) 244.9　　(2) 0.07746　　(3) 9.796

❼ (1) $\dfrac{\sqrt{35}}{7}$　　(2) $2\sqrt{2}$　　(3) $\dfrac{\sqrt{3}}{5}$

❽ (1) $\sqrt{14}$　　(2) -5　　(3) -15

　　(4) $11\sqrt{3}$　　(5) $-9\sqrt{2}$　　(6) $\dfrac{8\sqrt{6}}{3}$

　　(7) $\sqrt{3}$　　　　　　(8) $-14-11\sqrt{2}$

　　(9) $10-2\sqrt{21}$　　(10) 3

　　(11) $7+2\sqrt{3}$

❾ $18-12\sqrt{2}$

❿ 約 22.4 cm

━━ 解説 ━━

❶ **ミス注意！** 正の数の平方根は 2 つある。
(1) $8^2=64$, $(-8)^2=64$ より, 64 の平方根は ± 8

❷ (1) $-\sqrt{9}$ は, 9 の平方根の負のほうなので, -3
(2) **ミス注意！** $-\sqrt{9}$ は, 9 の平方根の負のほうで, 2 乗すると 9 になる数だから, $\underline{(-\sqrt{9})^2=9}$
(3) **ミス注意！** $\sqrt{(-5)^2}=\sqrt{25}=5$　↰$(-\sqrt{a})^2=a$

❸ $4^2=16$, $(\sqrt{15})^2=15$ で, $16>15$ だから, $\sqrt{16}>\sqrt{15}$　よって, $4>\sqrt{15}$
$(3\sqrt{2})^2=18$, $(2\sqrt{5})^2=20$ で, $18<20$ だから, $\sqrt{18}<\sqrt{20}$　よって, $3\sqrt{2}<2\sqrt{5}$ ⎫ 負の数の場合,
したがって, $-3\sqrt{2}>-2\sqrt{5}$ ⎭ 不等号の向きが変わる。
大きい順に並べると,
　　$4,\ \sqrt{15},\ -3\sqrt{2},\ -2\sqrt{5}$ ←(正の数)>(負の数)

❹ 根号の中の数が大きいときは, 素因数分解を利用して, 2 乗の因数を見つけるとよい。

(1)
```
2)68
2)34
  17
```
$68=2^2\times17$

(2)
```
3)135
3) 45
3) 15
   5
```
$135=3^2\times15$

(3)
```
2)192
2) 96
2) 48
2) 24
2) 12
2)  6
    3
```
$192=2^2\times2^2\times2^2\times3=8^2\times3$

❺ (1) $\sqrt{30}$ と $\sqrt{80}$ の間にある整数を x とすると, $\sqrt{30}<x<\sqrt{80}$ で, それぞれを 2 乗しても大小関係は変わらないから,
　　$(\sqrt{30})^2<x^2<(\sqrt{80})^2$　　$30<x^2<80$
x が整数になるような x^2 は, 36, 49, 64
よって, $\sqrt{36}=6$, $\sqrt{49}=7$, $\sqrt{64}=8$ の 3 つ。

(2) $\sqrt{72a}=\sqrt{6^2\times2\times a}=6\sqrt{2\times a}$
よって, 整数となるような最小の a は, $a=2$

得点アップのコツ
$\sqrt{\square a}$ が整数となるような自然数 a の値を求めるには, $\square$ を素因数分解して, $\sqrt{}$ の中が (自然数)^2 となるような値を見つける。

❻ (2) $\sqrt{0.006}=\sqrt{\dfrac{60}{10000}}=\dfrac{\sqrt{60}}{100}=\sqrt{60}\div100$
　　　　$=7.746\div100=0.07746$
(3) $\sqrt{96}=4\sqrt{6}=4\times2.449=9.796$

❼ (2) $\dfrac{4}{\sqrt{2}}=\dfrac{4\times\sqrt{2}}{\sqrt{2}\times\sqrt{2}}=\dfrac{4\sqrt{2}}{2}=2\sqrt{2}$

(3) $\dfrac{3}{\sqrt{75}}=\dfrac{3}{5\sqrt{3}}=\dfrac{3\times\sqrt{3}}{5\sqrt{3}\times\sqrt{3}}=\dfrac{3\sqrt{3}}{15}=\dfrac{\sqrt{3}}{5}$

❽ (3) $\sqrt{5}\times(-3\sqrt{10})\div\sqrt{2}=-\dfrac{\sqrt{5}\times3\sqrt{10}}{\sqrt{2}}$
　　　　　　　　　　　$=-3\times5=-15$

(6) $\sqrt{54}-\dfrac{2}{\sqrt{6}}=3\sqrt{6}-\dfrac{2\times\sqrt{6}}{\sqrt{6}\times\sqrt{6}}=3\sqrt{6}-\dfrac{2\sqrt{6}}{6}$
　　　　$=3\sqrt{6}-\dfrac{\sqrt{6}}{3}=\left(3-\dfrac{1}{3}\right)\sqrt{6}=\dfrac{8\sqrt{6}}{3}$

(7) $\sqrt{27}-\sqrt{2}\times\sqrt{6}=3\sqrt{3}-\sqrt{2}\times\sqrt{2\times3}$
　　　　　　　　　　$=3\sqrt{3}-2\sqrt{3}=\sqrt{3}$

(8) $(3\sqrt{2}+4)(\sqrt{2}-5)$
　$=3\sqrt{2}\times\sqrt{2}-3\sqrt{2}\times5+4\times\sqrt{2}-4\times5$
　$=6-15\sqrt{2}+4\sqrt{2}-20=-14-11\sqrt{2}$

(9) $(\sqrt{7}-\sqrt{3})^2=(\sqrt{7})^2-2\times\sqrt{3}\times\sqrt{7}+(\sqrt{3})^2$
　　　　　　　$=7-2\sqrt{21}+3=10-2\sqrt{21}$

❾ $x^2-2x-3=(x+1)(x-3)$
　　　　$=\{(3\sqrt{2}-1)+1\}\{(3\sqrt{2}-1)-3\}$
　　　　$=3\sqrt{2}(3\sqrt{2}-4)=18-12\sqrt{2}$

❿ 正方形の 1 辺の長さを x cm とすると,
　　$x^2=10^2+20^2=500$
　$x>0$ より, $x=\sqrt{500}=10\sqrt{5}=10\times2.236$
　　　　$=22.36$
小数第 2 位を四捨五入して, 約 22.4 cm

3章 2次方程式

❶ (1) ア，$a=1$，$b=-2$，$c=-3$
　　ウ，$a=2$，$b=0$，$c=-1$
　　エ，$a=1$，$b=3$，$c=0$
　　オ，$a=1$，$b=2$，$c=-3$
　(2) オ

❷ (1) $x=2$，$x=-7$　(2) $x=3$，$x=\dfrac{1}{2}$
　(3) $x=1$，$x=5$　(4) $x=2$，$x=-4$
　(5) $x=-3$，$x=-6$　(6) $x=-7$，$x=8$
　(7) $x=3$，$x=9$　(8) $x=-5$，$x=-8$
　(9) $x=-1$　(10) $x=6$

❸ (1) $x=0$，$x=-3$　(2) $x=0$，$x=1$
　(3) $x=-2$，$x=2$　(4) $x=-7$，$x=7$

❹ (1) $x=-3$，$x=3$　(2) $x=-1$，$x=5$
　(3) $x=-3$，$x=4$　(4) $y=-2$，$y=5$

━━━━━ 解 説 ━━━━━

❶ (1) イは1次方程式である。
　ウ：$2x^2-1=0$，オ：$x^2+2x-3=0$
として考える。

❷ 因数分解を利用して，$AB=0$ ならば $A=0$，
または $B=0$ より，解を求める。
　(2) $x-3=0$ または $2x-1=0$
　　よって，$x=3$
　　　　$2x=1$ より，$x=\dfrac{1}{2}$
　(3) $(x-1)(x-5)=0$　よって，$x=1$，$x=5$
　(9) $(x+1)^2=0$　よって，$x=-1$

❸ (2) **ミス注意!** $x^2-x=0$　　$x(x-1)=0$
　　よって，$x=0$，$x=1$

❹ (1) 両辺を2でわって，$x^2=9$　　$x^2-9=0$
　　$(x+3)(x-3)=0$　よって，$x=-3$，$x=3$
　(3) 左辺を展開して式を整理すると，
　　$x^2-x-6=6$　　$x^2-x-12=0$
　　$(x+3)(x-4)=0$　よって，$x=-3$，$x=4$
　(4) $y^2-1=3y+9$　　$y^2-3y-10=0$
　　$(y+2)(y-5)=0$　よって，$y=-2$，$y=5$

ポイント

複雑な形の2次方程式は，展開したり，移項したりして，$ax^2+bx+c=0$ の形に整理してから解く。

❶ (1) $x=\pm\sqrt{10}$　(2) $x=\pm2\sqrt{2}$
　(3) $x=\pm2$　(4) $x=2\pm\sqrt{7}$
　(5) $x=-1\pm\sqrt{3}$　(6) $x=5\pm2\sqrt{3}$
　(7) $x=-2$，$x=-14$

❷ (1) ① 4　② 4　③ 2　④ 5
　　$x=-2\pm\sqrt{5}$
　(2) ① 16　② 16　③ 4　④ 9
　　$x=1$，$x=7$

❸ (1) $x=\dfrac{-5\pm\sqrt{17}}{2}$　(2) $x=\dfrac{3\pm\sqrt{5}}{2}$
　(3) $x=\dfrac{1\pm\sqrt{21}}{10}$　(4) $x=-2\pm\sqrt{2}$
　(5) $x=\dfrac{1\pm\sqrt{13}}{3}$　(6) $x=\dfrac{1}{2}$，$x=-3$

❹ (1) $x=-4$，$x=12$　(2) $x=\dfrac{1}{3}$
　(3) $x=-1\pm2\sqrt{6}$　(4) $x=1$，$x=\dfrac{1}{4}$

━━━━━ 解 説 ━━━━━

❶ (2) $8-x^2=0$　(4) $(x-2)^2=7$
　　$x^2=8$　　　　$x-2=\pm\sqrt{7}$
　　$x=\pm2\sqrt{2}$　　$x=2\pm\sqrt{7}$

❷ (1) $x^2+4x=1$ ｝ xの係数4の半分の2乗を両辺に加える。
　　$x^2+4x+2^2=1+2^2$ ｝ 左辺を $(x+a)$ の形にする。
　　$(x+2)^2=5$ ｝ 平方根の考えを使う。
　　$x+2=\pm\sqrt{5}$
　　$x=-2\pm\sqrt{5}$

❸ (1) $a=1$，$b=5$，$c=2$ だから，
　　$x=\dfrac{-5\pm\sqrt{5^2-4\times1\times2}}{2\times1}=\dfrac{-5\pm\sqrt{25-8}}{2}$
　　　$=\dfrac{-5\pm\sqrt{17}}{2}$

❹ (1) $(x-4)^2=64$　　$x-4=\pm8$
　　$x=4\pm8$　よって，$x=12$，$x=-4$
　　別解 $(x-4)^2-8^2=0$
　　$\{(x-4)+8\}\{(x-4)-8\}=0$
　　$(x+4)(x-12)$　よって，$x=-4$，$x=12$
　(2) $18x^2-12x+2=0$　　$9x^2-6x+1=0$
　　$(3x-1)^2=0$　よって，$x=\dfrac{1}{3}$
　(4) $16x^2-20x+4=0$　　$4x^2-5x+1=0$
　　として解の公式を使う。

❶ (1) $x=3$, $x=-\dfrac{5}{2}$　(2) $x=-1$, $x=7$

(3) $x=-4$, $x=-6$　(4) $x=3$, $x=-12$

(5) $x=11$　　　　　(6) $x=0$, $x=-\dfrac{5}{3}$

(7) $x=-2$, $x=-9$　(8) $x=2$, $x=-5$

(9) $y=-2$, $y=4$　(10) $x=-4$, $x=8$

(11) $x=-2$, $x=10$　(12) $y=2$, $y=7$

❷ $x=0$ が解のとき，0 でわることはできない
から，両辺を x でわることはできない。
正しい解…$x=0$, $x=8$

❸ (1) $x=\pm2\sqrt{3}$　　(2) $x=\pm\dfrac{3}{4}$

(3) $x=-1\pm2\sqrt{5}$　(4) $x=\dfrac{11}{2}$, $x=\dfrac{1}{2}$

❹ $x=6\pm4\sqrt{2}$

❺ (1) $x=\dfrac{-1\pm\sqrt{13}}{2}$　(2) $x=\dfrac{3\pm\sqrt{29}}{10}$

(3) $x=\dfrac{-7\pm\sqrt{33}}{2}$　(4) $x=-3\pm2\sqrt{3}$

(5) $x=\dfrac{4\pm\sqrt{10}}{3}$　(6) $x=-1$, $x=-\dfrac{4}{5}$

❻ (1) $x=-3\pm2\sqrt{5}$　(2) $x=3$, $x=7$

❼ (1) $a=-2$, ほかの解　$x=6$

(2) $a=-8$, $b=15$

• • • • • •

① (1) $x=\dfrac{-3\pm\sqrt{33}}{2}$　(2) $x=0$, $x=9$

② $(2x-1)(x-4)=-4x+2$

$2x^2-8x-x+4=-4x+2$

$2x^2-5x+2=0$

$x=\dfrac{-(-5)\pm\sqrt{(-5)^2-4\times2\times2}}{2\times2}$

$=\dfrac{5\pm\sqrt{9}}{4}=\dfrac{5\pm3}{4}$

よって，$x=2$, $x=\dfrac{1}{2}$

別解 $(2x-1)(x-4)=-2(2x-1)$

$(2x-1)(x-4)+2(2x-1)=0$

$(2x-1)(x-4+2)=0$

$(2x-1)(x-2)=0$　$x=\dfrac{1}{2}$, $x=2$

③ $a=8$, $b=2$

解説

❶ (8) $5x^2+15x-50=0$　$x^2+3x-10=0$

$(x-2)(x+5)=0$　よって，$x=2$, $x=-5$

(11) $x^2-8x-9=11$　$x^2-8x-20=0$

$(x+2)(x-10)=0$　よって，$x=-2$, $x=10$

(12) $y+2=y^2-8y+16$　$y^2-9y+14=0$

$(y-2)(y-7)=0$　よって，$y=2$, $y=7$

❷ ミス注意！ $x^2-8x=0$　$x(x-8)=0$

よって，$x=0$, $x=8$

❸ (4) $(x-3)^2=\dfrac{25}{4}$　$x-3=\pm\dfrac{5}{2}$

$x=3\pm\dfrac{5}{2}$　よって，$x=\dfrac{11}{2}$, $x=\dfrac{1}{2}$

❹ $x^2-12x+4=0$

$x^2-12x+6^2=-4+6^2$

$(x-6)^2=32$

$x-6=\pm4\sqrt{2}$

$x=6\pm4\sqrt{2}$

（4を移項し，xの係数12の半分の2乗を両辺に加える。）

❻ (2) $x-4=A$ と置くと，$A^2=2A+3$

$A^2-2A-3=0$　$(A+1)(A-3)=0$

$A=-1$, $A=3$ だから，$x-4=-1$, $x-4=3$

よって，$x=3$, $x=7$

ポイント

2次方程式は，式を整理して $ax^2+bx+c=0$ の形にして解くのが基本であるが，式の形から，平方根の考えを使ったり，置きかえを利用したりする。

❼ (1) $x^2+ax-24=0$ に $x=-4$ を代入すると，

$(-4)^2+a\times(-4)-24=0$　よって，$a=-2$

このとき，$x^2-2x-24=0$

$(x+4)(x-6)=0$

ほかの解は，$x=6$

(2) 解が 3 と 5 であるから，$(x-3)(x-5)=0$

もとの方程式は，$x^2-8x+15=0$

よって，$a=-8$, $b=15$

① (2) $x-1=A$ と置くと，$A^2-7A-8=0$

$(A+1)(A-8)=0$　$A=-1$, $A=8$

$x-1=-1$, $x-1=8$　よって，$x=0$, $x=9$

③ $x^2+ax+15=0$ に $x=-3$ を代入すると，

$(-3)^2+a\times(-3)+15=0$　よって，$a=8$

このとき，$x^2+8x+15=0$　$(x+3)(x+5)=0$

もう1つの解 $x=-5$ と $a=8$ を $2x+a+b=0$

に代入して，$2\times(-5)+8+b=0$　$b=2$

p.40〜41 **ステージ1**

❶ (1) ① $x(x+9)=136$　　　8と17

　　　② $x(x-9)=136$　　　8と17

　(2) -7と-6,　6と7

❷ (1) $(10-x)$ cm

　(2) $(5+\sqrt{15})$ cm,　$(5-\sqrt{15})$ cm

❸ 5 m

◖◖◖ 解説 ◗◗◗

❶ (1) ① 小さいほうの自然数をxとすると,

$x(x+9)=136$

$x^2+9x-136=0$

$(x+17)(x-8)=0$

$x=-17,\ x=8$

xは自然数なので, -17は問題の答えとすることはできない。

$x=8$のとき, 大きいほうの自然数は17で, 8と17は問題の答えとしてよい。

　(2) 小さいほうの整数をxとすると,

$x^2+(x+1)^2=85$

$2x^2+2x-84=0$

$x^2+x-42=0$

$(x+7)(x-6)=0$

$x=-7,\ x=6$

$x=-7$のとき, 2つの整数は-7と-6

$x=6$のとき, 2つの整数は6と7

これらはどちらも問題の答えとしてよい。

❷ (1) DQ = AP = x cm

AQ = AD − DQ = $10-x$ (cm)

　(2) AP = x cm のときに, 5 cm² になるとする。

$\dfrac{1}{2}x(10-x)=5$　$\left.\begin{array}{l} x(10-x)=10 \\ 10x-x^2=10 \end{array}\right.$

$x^2-10x+10=0$

$x=5\pm\sqrt{15}$

これらはどちらも問題の答えとしてよい。

❸ 右の図のように, 通路を端に移動しても, 土地の面積（色のついた部分）は変わらないことを利用する。通路の幅をx mとすると,

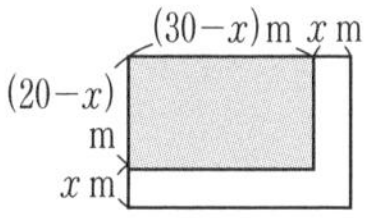

(30−x)m x m
(20−x) m
x m

$(20-x)(30-x)=375$

$x^2-50x+225=0$

$(x-45)(x-5)=0$　　$x=45,\ x=5$

$0<x<20$ より, $x=45$ は問題の答えとすることはできない。よって, 通路の幅は 5 m

p.42〜43 **ステージ2**

❶ (1) $(x-1)^2+x^2+(x+1)^2=194$

　(2) 7, 8, 9

❷ 9　　　　　　　**❸** 5

❹ (1) $(x-2)(x+3)=66$　　(2) 8 cm

❺ 12 cm　　　　　**❻** 2 m

❼ 3 cm　　　　　　**❽** (4, 12)

● ● ● ● ● ●

① 13

② (1) (ア) $x-7$　　　　(イ) $x+1$

　　　(ウ) $x^2-16x+48=0$

　(2) 5, 12, 13

◖◖◖ 解説 ◗◗◗

❶ (2) $(x-1)^2+x^2+(x+1)^2=194$　　$3x^2=192$

$x^2=64$　　$x=\pm8$

xは自然数なので, $x=8$

3つの自然数は 7, 8, 9

ミス注意! 連続する3つの整数を求める問題であれば, $x=-8$のとき, -9, -8, -7 も答えとすることができる。

ポイント

2次方程式を解いたとき, その解を問題の答えとしてよいかどうかの確認を忘れないこと。

❷ もとの自然数をxとすると,

$(x-2)^2=5x+4$　　$x^2-9x=0$

$x(x-9)=0$　　$x=0,\ x=9$

xは自然数なので, もとの自然数は9

❸ もとの自然数をxとすると,

$(x+4)^2-2(x+4)=63$　　$\left.\begin{array}{l}\end{array}\right\}$ $x+4$をAと置く。

$A^2-2A-63=0$

$(A+7)(A-9)=0$

$(x+4+7)(x+4-9)=0$

$(x+11)(x-5)=0$

$x=-11,\ x=5$

xは自然数なので, 5

❺ もとの正方形の1辺をx cmとすると, 底面が1辺$(x-4)$ cmの正方形で, 高さが2 cmの直方体ができるから,

$2(x-4)^2=128$　　$(x-4)^2=64$

$x-4=\pm8$　　$x=12,\ x=-4$

$x>4$ より, もとの正方形の1辺は12 cm

3章

6 通路の幅を x m とする。
右の図のように，通路を
端に寄せると，通路を除
いた土地の縦は $(8-x)$ m
横は $(12-2x)$ m となる。

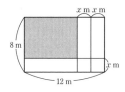

$$(8-x)(12-2x)=8\times12\times\frac{1}{2} \quad \Big) \, x^2-14x+24=0$$

これを解いて，$x=2$，$x=12$
$12-2x>0$ より，$x=2$

7 $AP=x$ cm とすると，
$CQ=2x$ cm となる。
$BP=AB-AP$
$\quad=8-x$ （cm）

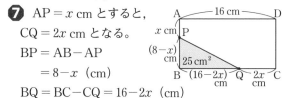

$BQ=BC-CQ=16-2x$ （cm）
△PBQ の面積が $25\,\text{cm}^2$ だから，

$$\frac{1}{2}(16-2x)(8-x)=25$$

これを解いて，$x=3$，$x=13$
$0<x<8$ より，$x=3$

8 点 P の x 座標を a とすると，y 座標は $2a+4$
$OQ=a$，$PQ=2a+4$ だから，

$$\frac{1}{2}a(2a+4)=24 \quad \Big) \, a^2+2a-24=0$$

これを解いて，$a=4$，$a=-6$
点 P の x 座標は正だから，$a=4$
点 P の y 座標は，$2\times4+4=12$

① $x^2+52=17x$
$\quad x^2-17x+52=0$
$\quad (x-4)(x-13)=0$
$\quad x=4$，$x=13$
x は素数だから，$x=13$

② (1)(ア) カレンダーで x の上にある数は，x より
$\qquad$ 7 小さいから，$x-7$
$\quad$(イ) カレンダーで x の右横にある数は，x より
$\qquad$ 1 大きいから，$x+1$
$\quad$(ウ) $(x-7)^2+x^2=(x+1)^2$
$\qquad$ これを整理して，$x^2-16x+48=0$
(2) $(x-4)(x-12)=0$
$\qquad x=4$，$x=12$
$\quad$ 2 番目に小さい数は $x\geqq8$ だから，$x=12$
$\quad x=4$ のとき，x の上に数はない。

---

p.44〜45 ステージ③

❶ (1) $(x-1)(x+3)=0$ $\quad$ (2) $(x+7)^2=0$

❷ (1) $x=\pm6$ $\qquad\qquad$ (2) $x=6\pm3\sqrt{2}$
$\quad$ (3) $x=0$，$x=3$ $\qquad$ (4) $x=4$，$x=5$
$\quad$ (5) $x=-12$ $\qquad\qquad$ (6) $y=-13$，$y=5$
$\quad$ (7) $x=3$，$x=5$ $\qquad$ (8) $x=\dfrac{-3\pm\sqrt{17}}{2}$

$\quad$ (9) $x=\dfrac{5\pm\sqrt{19}}{3}$ $\qquad$ (10) $x=\dfrac{-1\pm\sqrt{41}}{4}$

$\quad$ (11) $x=3$，$x=5$ $\qquad$ (12) $x=\dfrac{1}{2}$，$x=-\dfrac{1}{3}$

❸ $a=6$，ほかの解 $x=4$ $\qquad$ **❹** 4，5，6

❺ 7 $\qquad\qquad\qquad\qquad$ **❻** $20-8\sqrt{5}$ （m）

❼ 4 cm，8 cm $\qquad\qquad$ **❽** P$(4,\ 6)$

━━ 解説 ━━

❶ (1) $x=1$，$x=-3$ より，$x-1=0$，$x+3=0$
$\quad$ よって，$(x-1)(x+3)=0$

❷ (1) $2x^2-72=0$ $\quad x^2=36$ $\quad x=\pm6$
$\quad$ (2) $(x-6)^2=18$ $\quad x-6=\pm3\sqrt{2}$
$\qquad x=6\pm3\sqrt{2}$
$\quad$ (3) $4x^2=12x$ $\quad 4x^2-12x=0$ $\quad x^2-3x=0$
$\qquad x(x-3)=0$ $\quad x=0$，$x=3$
$\quad$ (4) $(x-4)(x-5)=0$ $\quad x=4$，$x=5$
$\quad$ (5) $(x+12)^2=0$ $\quad x=-12$
$\quad$ (6) $-y^2-8y+65=0$ $\quad y^2+8y-65=0$
$\qquad (y+13)(y-5)=0$ $\quad y=-13$，$y=5$
$\quad$ (7) $3x^2+45=24x$ $\quad 3x^2-24x+45=0$
$\qquad x^2-8x+15=0$
$\qquad (x-3)(x-5)=0$ $\quad x=3$，$x=5$
$\quad$ (8) $x=\dfrac{-3\pm\sqrt{3^2-4\times1\times(-2)}}{2\times1}=\dfrac{-3\pm\sqrt{17}}{2}$

$\quad$ (9) $x=\dfrac{-(-10)\pm\sqrt{(-10)^2-4\times3\times2}}{2\times3}$

$\qquad\quad =\dfrac{10\pm\sqrt{76}}{6}=\dfrac{10\pm2\sqrt{19}}{6}=\dfrac{5\pm\sqrt{19}}{3}$

$\quad$ (10) $2x^2+6x=5x+5$ $\quad 2x^2+x-5=0$
$\qquad x=\dfrac{-1\pm\sqrt{1^2-4\times2\times(-5)}}{2\times2}=\dfrac{-1\pm\sqrt{41}}{4}$

$\quad$ (11) $(x-3)^2-2(x-3)=0$ $\quad A^2-2A=0$
$\qquad A(A-2)=0$ $\quad (x-3)\{(x-3)-2\}=0$
$\qquad (x-3)(x-5)=0$ $\quad x=3$，$x=5$
$\quad$ (12) $6x^2+3x=4x+1$ $\quad 6x^2-x-1=0$
$\qquad x=\dfrac{-(-1)\pm\sqrt{(-1)^2-4\times6\times(-1)}}{2\times6}=\dfrac{1\pm5}{12}$

$$x = \frac{6}{12}, \quad x = -\frac{4}{12} \qquad x = \frac{1}{2}, \quad x = -\frac{1}{3}$$

❸ $x^2 - ax + 8 = 0$ に $x = 2$ を代入して,

$2^2 - a \times 2 + 8 = 0$ より, $-2a = -12$ $a = 6$

もとの方程式は, $x^2 - 6x + 8 = 0$

$(x-2)(x-4) = 0$

$x = 2, \quad x = 4$ より, ほかの解は $x = 4$

❹ 真ん中の自然数を x とすると,

$(x+1)^2 = 4\{(x-1) + x\}$

$x^2 + 2x + 1 = 8x - 4 \qquad x^2 - 6x + 5 = 0$

$(x-1)(x-5) = 0 \qquad x = 1, \quad x = 5$

$x = 1$ のとき, 3つの数は 0, 1, 2 となり, 問題の答えとすることができない。

よって, 3つの自然数は, 4, 5, 6

❺ ある自然数を x とすると,

$x^2 - 2x = 35 \qquad x^2 - 2x - 35 = 0$

$(x+5)(x-7) = 0 \qquad x = -5, \quad x = 7$

x は自然数なので, 7

❻ 右の図のように, 通路を端に移して考える。

$(20-x)^2 = 320$

$20 - x = \pm\sqrt{320} = \pm 8\sqrt{5}$

$x = 20 \pm 8\sqrt{5}$

$0 < x < 20$ より, $x = 20 + 8\sqrt{5}$ は問題の答えとすることはできない。よって, $x = 20 - 8\sqrt{5}$

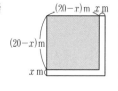

得点アップのコツ

通路の幅を求める問題では, 通路を端に寄せ, 残りの土地を1つの長方形で表して考える。

❼ x cm 折り曲げるとすると,

$AB = CD = x$ cm, $AD = BC = (24-2x)$ cm

$x(24-2x) = 64 \qquad 2x^2 - 24x + 64 = 0$

$x^2 - 12x + 32 = 0 \qquad (x-4)(x-8) = 0$

$x = 4, \quad x = 8 \qquad 0 < x < 12$ より, これらはどちらも問題の答えとしてよい。

❽ $R(0, 2)$ であり, 点 P の x 座標を t とすると,

$P(t, t+2)$, $Q(t, 0)$ ←Pは直線 $y=x+2$ 上の点。

よって, 台形 PROQ の面積について,

$$\frac{1}{2} \times \underbrace{\{2 + (t+2)\}}_{} \times \underbrace{t}_{} = 16 \quad \leftarrow \substack{\text{台形の面積} \\ = \frac{1}{2}(\text{上底} + \text{下底}) \times \text{高さ}}$$

$\underset{\text{OR}}{} \quad \underset{\text{PQ}}{} \quad \underset{\text{OQ}}{}$

$t(t+4) = 32 \qquad t^2 + 4t - 32 = 0$

$(t-4)(t+8) = 0 \qquad t = 4, \quad t = -8$

$t > 0$ であるから, $t = 4$ よって, $P(4, 6)$

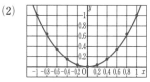

4章 関数

p.46〜47 **ステージ1**

❶ イ, エ

❷ (1) $y = 10x^2$ (2) $y = 4\pi x^2$

(3) $y = 2\pi x$ (4) $y = \frac{1}{16}x^2$

y が x の2乗に比例するもの…(1), (2), (4)

❸ (1) ㋐ 0.36 ㋑ 0.16 ㋒ 0.16 ㋓ 0.36

(2)

(3) ① 原点

② y 軸

解説

❶ ア 三角形の内角の和は $180°$ より,

$y = -x + 120$ これは1次関数である。

イ (円の面積) $= \pi \times$ (半径)^2 だから, $y = \pi x^2$

π は定数 ($= 3.14\cdots$) だから, π を $y = ax^2$ の a と考える。

ウ (円柱の体積) $=$ (底面積) $\times$ (高さ) だから,

$y = 36\pi x$ これは比例である。

エ (三角柱の体積) $=$ (底面積) $\times$ (高さ) だから,

$y = \left(\frac{1}{2} \times x \times x\right) \times 4$ よって, $y = 2x^2$

❷ (1) (正四角柱の体積) $=$ (底面積) $\times$ (高さ) だから,

$y = x^2 \times 10$

(2) (円柱の体積) $=$ (底面積) $\times$ (高さ) だから,

$y = \pi x^2 \times 4$

(3) (円の周の長さ) $= 2\pi \times$ (半径) だから,

$y = 2\pi \times x$

(4) 正方形の1辺の長さは $\frac{1}{4}x$ cm になる。

❸ (1) $y = x^2$ に x の値を代入して y の値を求める。

㋐ $x = -0.6$ のとき, $y = (-0.6)^2 = 0.36$

㋑, ㋒, ㋓ についても同様に計算する。

(2) (1)の表の x, y の値の組から, (x, y) を座標とする点を座標平面上にとり, それらの点をなめらかな曲線で結ぶ。

ポイント

関数 $y = x^2$ のグラフ

原点を通り, y 軸について対称で, 限りなく延びるなめらかな曲線。

18 解答と解説

❶ (1) ① 3倍　　② $\dfrac{1}{4}$ 倍

　(2) 右の図

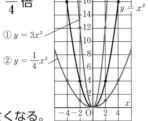

①$y=3x^2$
②$y=\dfrac{1}{4}x^2$
$y=x^2$

　(3) 開き方が小さくなる。

❷ (1) イ，オ

　(2) アとオ，イとエ

❸ ① 減少　　② 減少　　③ 0で最小値

　④ 増加

❹ (1) $2 \leqq y \leqq 18$　　(2) $8 \leqq y \leqq 32$

　(3) $0 \leqq y \leqq 8$

━━ 解説 ━━

❶ (1) $y=ax^2$ のグラフは，$y=x^2$ のグラフ上の1つ1つの点について，y 座標を a 倍にした点の集合である。

　(2) $y=3x^2$ のグラフは，$y=x^2$ のグラフ上の点について，y 座標を3倍にした点をとり，それらの点をなめらかな曲線で結べばかくことができる。

❷ (1) $y=ax^2$ で $a<0$ のもの。

　(2) a の値の絶対値が等しく符号が異なるもの。

　ア $\dfrac{1}{2}=0.5$ より，$y=\dfrac{1}{2}x^2=0.5x^2$

ポイント

関数 $y=ax^2$ のグラフ
・$a>0$ のとき，上に開き，
$a<0$ のとき，下に開く。
・a の絶対値が等しく符号が異なる2つのグラフは，x 軸について対称である。

❸ 関数 $y=ax^2$ について，x の値が増加すると，対応する y の値は，次のように変化する。

・$a>0$ のとき

x	負	0	正
y	↘	0	↗

・$a<0$ のとき

x	負	0	正
y	↗	0	↘

❹ (2) $x=-4$ のとき，$y=2\times(-4)^2=32$
　　　$x=-2$ のとき，$y=2\times(-2)^2=8$
　　よって，y の変域は，$8 \leqq y \leqq 32$

　(3) **ミス注意** $y=2x^2$ は，$x=0$ のとき，$y=0$ で最小の値となる。x の変域に0がふくまれているときは注意すること。

❶ (1) ① 8　　② 12

　(2) ① -12　　② -18

❷ (1) 秒速2 m　　(2) 秒速4 m

　(3) 秒速5 m

❸ (1) $y=2x^2$　　(2) $y=-4x^2$

❹ (1) $y=-3x^2$　　(2) $y=\dfrac{1}{2}x^2$

━━ 解説 ━━

❶ 変化の割合 $=\dfrac{y\text{の増加量}}{x\text{の増加量}}$ ←$y=ax^2$ の変化の割合は一定ではない。

　(1) ① $\dfrac{2\times3^2-2\times1^2}{3-1}=\dfrac{18-2}{2}=8$

　　② $\dfrac{2\times4^2-2\times2^2}{4-2}=\dfrac{32-8}{2}=12$

　(2) ① $\dfrac{-3\times3^2-(-3\times1^2)}{3-1}=\dfrac{-27+3}{2}=-12$

　　② $\dfrac{-3\times4^2-(-3\times2^2)}{4-2}=\dfrac{-48+12}{2}=-18$

❷ 平均の速さ $=\dfrac{\text{進んだ距離}}{\text{かかった時間}}$ ←平均の速さは変化の割合である。

　(1) 進んだ距離は，$\dfrac{1}{2}\times3^2-\dfrac{1}{2}\times1^2=4$

　　これより，$\dfrac{4}{3-1}=2$

　(2) 進んだ距離は，$\dfrac{1}{2}\times6^2-\dfrac{1}{2}\times2^2=16$

　　これより，$\dfrac{16}{6-2}=4$

　(3) 進んだ距離は，$\dfrac{1}{2}\times10^2-\dfrac{1}{2}\times0^2=50$

　　これより，$\dfrac{50}{10-0}=5$

❸ (1) $8=a\times2^2$　$a=2$　　よって，$y=2x^2$

　(2) **ミス注意** 負の数を代入するときは，かっこをつける。$-36=a\times(-3)^2$　$9a=-36$
$a=-4$　　よって，$y=-4x^2$

❹ (1) $-12=a\times2^2$　$4a=-12$　$a=-3$
よって，$y=-3x^2$

　(2) $8=a\times(-4)^2$　$16a=8$
$a=\dfrac{1}{2}$　　よって，$y=\dfrac{1}{2}x^2$

ポイント

グラフが通る点の x 座標，y 座標の値を，それぞれ $y=ax^2$ に代入して，a の値を求める。

p.52〜53 ■ ステージ**2**

❶ (1)　$y = 5\pi x^2$　　　　(2)　**100 倍**

❷ (1)　　　　　　　　　　(2)

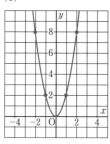

❸ (1)　イ　　(2)　ウ　　(3)　ア　　(4)　エ

❹ (1)　$-32 \leqq y \leqq -2$

　(2)　$-18 \leqq y \leqq 0$

　(3)　$-50 < y \leqq 0$

❺ (1)　-3　　　(2)　$-\dfrac{5}{3}$　　　(3)　4

❻ (1)　秒速 40 m

　(2)　4 秒後から 5 秒後までの間

❼ (1)　$y = -18x^2$　　　(2)　$y = \dfrac{1}{20}x^2$

❽ ア　$y = 2x^2$　　　　イ　$y = \dfrac{1}{4}x^2$

　ウ　$y = -x^2$　　　　エ　$y = -\dfrac{1}{4}x^2$

・・・・・・・

① (1)　$a = 2$　　　　(2)　$a = -\dfrac{1}{2}$

② (1)　$\left(-2,\ \dfrac{4}{3}\right)$　　　(2)　2

　(3)　$t = 3$

■■■■■■■ 解 説 ■■■■■■■

❷ (1)　点 $(-2,\ 8)$, $(-1,\ 2)$, $(0,\ 0)$, $(1,\ 2)$,
$(2,\ 8)$ などをとって，なめらかな曲線で結ぶ。

> 点と点を直線で結ばず，なめらかな
> 曲線で結ぼう。
> y 軸について対称になっているか，
> 確認しようね。

❸　$y = ax^2$ のグラフは，$a > 0$ のとき上に開く。

$1 > \dfrac{1}{3}$ であり，a の絶対値が大きいほどグラフの

開き方は小さくなるから，(1)はイ，(2)はウである。

ポイント

どの関数のグラフか判断するには，x^2 の係数の正
負や絶対値の大小に着目する。

❹　$y = -2x^2$ のグラフは下に開いていることに注
意して y の変域を考える。

　(2)　$x = -3$ のとき，
$y = -2 \times (-3)^2 = -18$ で最小。
$x = 0$ のとき，$y = 0$ で最大。
よって，$-18 \leqq y \leqq 0$

❺ (1)　y の増加量は，

$$-\dfrac{1}{3} \times 6^2 - \left(-\dfrac{1}{3}\right) \times 3^2 = -9$$

これより，$\dfrac{-9}{6-3} = -3$

❻ (1)　$\dfrac{10 \times 3^2 - 10 \times 1^2}{3-1} = \dfrac{80}{2} = 40$ （m/s)

　(2)　x 秒後から $(x+1)$ 秒後までの間に平均の速
さが秒速 90 m になるとすると，

$\dfrac{10(x+1)^2 - 10x^2}{(x+1) - x} = 90$ より，

$\left.\begin{array}{l} 10(x+1)^2 - 10x^2 = 90 \\ (x+1)^2 - x^2 = 9 \end{array}\right\}$ 両辺を 10 でわる。

これを整理すると，
$2x = 8$ より，$x = 4$
よって，4 秒後から 5 秒後までの間。

❼ (1)　$-2 = a \times \left(\dfrac{1}{3}\right)^2$　　$a = -18$

❽ イ　点 $(4,\ 4)$ を通るから，$4 = a \times 4^2$

$a = \dfrac{1}{4}$　よって，$y = \dfrac{1}{4}x^2$

エ　イのグラフと x 軸について対称だから，

$y = -\dfrac{1}{4}x^2$

別解　点 $(4,\ -4)$ を通ることから求めてもよい。

① (2)　$\dfrac{9a-a}{3-1} = -2$　　$\dfrac{8a}{2} = -2$　　$a = -\dfrac{1}{2}$

② (2)　点 B の x 座標が 6 のとき，B$(6,\ 36)$,
A$(6,\ 12)$, C$(-6,\ 12)$

直線 BC の傾きは，$\dfrac{36-12}{6-(-6)} = 2$

　(3)　A$\left(t,\ \dfrac{1}{3}t^2\right)$, B$(t,\ t^2)$, C$\left(-t,\ \dfrac{1}{3}t^2\right)$

AB = AC のとき，$t^2 - \dfrac{1}{3}t^2 = t - (-t)$

$\dfrac{2}{3}t^2 = 2t$　　$t^2 = 3t$　　$t^2 - 3t = 0$

$t(t-3) = 0$　　$t = 0,\ t = 3$

$t > 0$ より，$t = 3$

4
章

❶ (1) $y = \dfrac{3}{400}x^2$

(2) **48 m**　　　(3) **時速 40 km**

❷ (1) $a = 5,\ y = 5x^2$

(2) **45 m**

❸ (1) $y = x^2$

(2) $0 \leqq x \leqq 4,\ 0 \leqq y \leqq 16$

(3) **右の図**

(4) $x = 2\sqrt{2}$

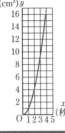

━━━━━━━━ 解説 ━━━━━━━━

❶ (1) 制動距離 y は，速さ x の 2 乗に比例する
から，$y = ax^2$ に $x = 60,\ y = 27$ を代入して，
$27 = a \times 60^2$ より，

$a = \dfrac{3}{400}$　　よって，$y = \dfrac{3}{400}x^2$

(2) $y = \dfrac{3}{400}x^2$ に $x = 80$ を代入して，

$y = \dfrac{3}{400} \times 80^2 = 48$　　よって，48 m

(3) $y = \dfrac{3}{400}x^2$ に $y = 12$ を代入して，

$12 = \dfrac{3}{400}x^2$　$3x^2 = 4800$　　$x^2 = 1600$

$x > 0$ より，$x = 40$　　よって，時速 40 km

❷ (1) $y = ax^2$ に，$x = 2,\ y = 20$ を代入して，
$20 = a \times 2^2$　$a = 5$
よって，$y = 5x^2$

(2) $y = 5x^2$ に，$x = 3$ を代入して，
$y = 5 \times 3^2 = 45$
よって，45 m 落ちる。

❸ (1) $AP = x$ cm，$AQ = 2x$ cm だから，

$y = \dfrac{1}{2} \times x \times 2x$ より，$y = x^2$

(2) $AB = 4$ cm だから，$0 \leqq x \leqq 4$
$AD = 8$ cm だから，$0 \leqq 2x \leqq 8$
$\qquad\qquad\qquad\quad 0 \leqq x \leqq 4$
よって，$0 \leqq x \leqq 4$
$x = 0$ のとき，$y = 0$
$x = 4$ のとき，$y = 4^2 = 16$
よって，$0 \leqq y \leqq 16$

(4) $x^2 = 4 \times 8 \times \dfrac{1}{4}$ より，$x^2 = 8$

$x > 0$ だから，$x = \sqrt{8} = 2\sqrt{2}$

❶ (1) **75 cm…900 円，120 cm…1300 円**

(2) **100 cm まで**

❷ (1) **C(0, 4)**　(2) **A(−1, 2)，B(2, 8)**

(3) **6**

❸ (1) $a = \dfrac{1}{2}$　(2) $A\left(-3,\ \dfrac{9}{2}\right)$　(3) **14**

━━━━━━━━ 解説 ━━━━━━━━

❶ (1) **ミス注意**「•」はふくむ，「◦」はふくま
ないから，120 cm の荷物は「•」のところの
料金を読み取る。

❷ (2) $2x^2 = 2x + 4$　　$2x^2 - 2x - 4 = 0$
$\qquad x^2 - x - 2 = 0$　　$(x+1)(x-2) = 0$
よって，$x = -1,\ x = 2$
x の値を $y = 2x^2$ に代入して，
$\qquad y = 2,\ y = 8$
よって，A(−1, 2)，B(2, 8)

(3) C(0, 4) より，OC = 4
△OAB を，底辺を OC とする △OAC と △OBC
に分けると，高さはそれぞれ x 座標の絶対値
の 1 と 2 である。

$\triangle OAB = \dfrac{1}{2} \times 4 \times 1 + \dfrac{1}{2} \times 4 \times 2 = 6$

❸ (1) $8 = a \times 4^2$ より，$a = \dfrac{1}{2}$

(2) $\dfrac{1}{2}x^2 = \dfrac{1}{2}x + 6$　　$x^2 = x + 12$

$\qquad x^2 - x - 12 = 0$　　$(x+3)(x-4) = 0$
よって，$x = -3,\ x = 4$
点 A の x 座標は −3 であり，このとき，

$y = \dfrac{1}{2} \times (-3)^2 = \dfrac{9}{2}$

よって，$A\left(-3,\ \dfrac{9}{2}\right)$

(3) 点 B，C は，y 軸について対称だから，
$\qquad BC = 4 \times 2 = 8$

BC を底辺とみると高さは，$8 - \dfrac{9}{2} = \dfrac{7}{2}$

よって，$\triangle ABC = \dfrac{1}{2} \times 8 \times \dfrac{7}{2} = 14$

ポイント

$y = ax^2$ のグラフは，y 軸について対称だから，y
座標が等しい点の x 座標の絶対値は等しい。

❶ (1) $\dfrac{9}{4}$ m　　(2) 2秒　　(3) 2 m

❷ (1) $a=1.2$, $y=1.2x^2$

(2) 1080N

❸ (1) 右の図

(2) 6秒後，グラフは右の図

(3) 2秒後

❹ (1) $y=\dfrac{1}{2}x^2$

(2) $0\leqq y\leqq 32$

(3) 2 cm²

(4) $x=4\sqrt{2}$

• • • • • •

① (1) $x=1$ のとき，$y=1$
$x=4$ のとき，$y=12$

(2) 8秒後　　　　　(3) ウ

(4) $x=\sqrt{6}$, $\dfrac{22}{3}$

━━━━ 解説 ━━━━

❶ (1) $y=\dfrac{1}{4}\times 3^2=\dfrac{9}{4}$ (m)

(2) $1=\dfrac{x^2}{4}$ より，$x^2=4$

$x>0$ だから，$x=2$ (秒)

(3) $y=\dfrac{1}{4}\times 1^2=\dfrac{1}{4}$ (m)

$\dfrac{9}{4}-\dfrac{1}{4}=2$ (m)

❸ (2) Aさんが坂を下り始めてから x 秒間に進む距離を y m とすると，$y=2x$ と表せる。

$y=2x\,(x\geqq 0)$ のグラフをかき，$y=\dfrac{1}{3}x^2$ のグラフと交わったところが，Aさんがボールに追いつかれた地点を表している。交点の座標を求めると，$(6,\ 12)$ だから，$x=6$ より，6秒後。

(3) $y=\dfrac{1}{3}x^2$ で，$x=3$ のとき，$y=\dfrac{1}{3}\times 3^2=3$

$x=6$ のとき，$y=\dfrac{1}{3}\times 6^2=12$ より，Bさんのグラフは，点 $(3,\ 3)$, $(6,\ 12)$ を通る直線となる。この直線は点 $(2,\ 0)$ を通るから，Bさんが出発したのは，Aさんが出発してから2秒後。

❹ (1) $y=\dfrac{1}{2}\times x\times x$ より，$y=\dfrac{1}{2}x^2$

(2) $x=0$ のとき，$y=0$

$x=8$ のとき，$y=\dfrac{1}{2}\times 8^2=32$

よって，$0\leqq y\leqq 32$

(3) $y=\dfrac{1}{2}\times 2^2=2$ より，2 cm²

(4) もとの直角二等辺三角形の面積は，

$\dfrac{1}{2}\times 8\times 8=32$

この面積の半分は 16 だから，$16=\dfrac{1}{2}x^2$

$x^2=32$　　$x>0$ だから，$x=4\sqrt{2}$

① (2) 2点 P，Q が進んだ距離と正方形の周の長さが等しくなるときで，t 秒後に出会うとすると，

$2t+t=6\times 4$　　$3t=24$

よって，$t=8$

(3) 点 P が点 B に着くのは3秒後，点 C に着くのは6秒後，点 Q が点 D に着くのは6秒後である。

よって，△APQ の面積は，次の3つに分けて考える。

(ア) $0\leqq x\leqq 3$ のとき

$y=\dfrac{1}{2}\times x\times 2x=x^2$

(イ) $3\leqq x\leqq 6$ のとき

$y=\dfrac{1}{2}\times x\times 6=3x$

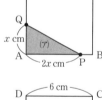

参考 (1)の $x=4$ のときは，この場合であるから，

$y=\dfrac{1}{2}\times 4\times 6=12$

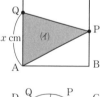

(ウ) $6\leqq x\leqq 8$ のとき

$PQ=6\times 4-(2x+x)$
$=24-3x$ (cm)

$y=\dfrac{1}{2}\times (24-3x)\times 6$
$=-9x+72$

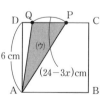

ポイント

点 P，Q がどの辺上にあるかで分けて，三角形の底辺をどこにみればよいか考える。

4
章

p.60~61 ■■■ ステージ**3**

❶ (1) 25 倍　　(2) $y=-36$　　(3) $a=-\dfrac{2}{3}$

❷ (1) 右の図

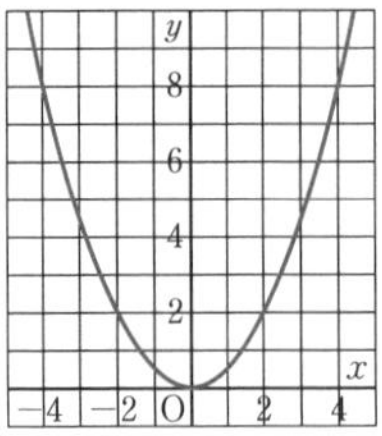

(2) $y=-\dfrac{1}{2}x^2$

(3) $y=\dfrac{2}{5}x^2$

❸ (1) $-12 \leqq y \leqq 0$

(2) $a=\dfrac{1}{2}$

❹ (1) -18　　　　　　(2) $a=-\dfrac{1}{5}$

❺ (1) $y=\dfrac{1}{2}x^2$　　(2) $y=8$

(3) $0 \leqq y \leqq 32$　　(4) 6 cm

❻ (1) $a=\dfrac{3}{4}$　　　　(2) $y=-\dfrac{3}{2}x+6$

(3) 24　　　　　　　(4) $\dfrac{8}{3}$

❼ (1) 600 円　　　　　(2) 800 円

◢◣◢◣◢◣ 解 説 ◢◣◢◣◢◣

❶ (1) $y=6x^2$ と表せるから，x の値が 5 倍になると，y の値は 5^2 倍になる。

(2) $y=ax^2$ に $x=2$，$y=-16$ を代入して，
$a=-4$
$y=-4x^2$ に $x=-3$ を代入して，
$y=-4\times(-3)^2=-36$

(3) $y=ax^2$ に $x=3$，$y=-6$ を代入して，
$-6=a\times3^2$　　$a=-\dfrac{2}{3}$

❷ (2) 2 つの関数 $y=ax^2$ と $y=-ax^2$ のグラフは，x 軸について対称である。

(3) $\dfrac{1}{2}$ と $\dfrac{2}{5}$ では，$\dfrac{2}{5}$ のほうが絶対値が小さいので，$y=\dfrac{2}{5}x^2$ のグラフのほうが開き方が大きい。

❸ (1) $x=-2$ のとき最小値 $y=-12$
$x=0$ のとき最大値 $y=0$
をとる。

(2) $0 \leqq y \leqq 8$ より，グラフは x 軸より上にあるから，$a>0$ である。
$x=0$ のとき最小値 $y=0$
$x=4$ のとき最大値 $y=16a$ をとる。
よって，$16a=8$

❹ (2) $y=-2x+3$ の変化の割合は -2 だから，
$\dfrac{a\times6^2-a\times4^2}{6-4}=-2$　　$10a=-2$ より $a=-\dfrac{1}{5}$

別解 関数 $y=ax^2$ について，x の値が p から q まで増加するときの変化の割合は $a(p+q)$ で求められる（本冊 p51 参照）から，
$a(4+6)=-2$ より $a=-\dfrac{1}{5}$

❺ (1) BP$=$QC$=x$ cm であるから，
$y=\dfrac{1}{2}\times x\times x=\dfrac{1}{2}x^2$

(2) (1)の式に $x=4$ を代入すると，$y=8$

(3) x の変域は $0 \leqq x \leqq 8$　このとき，y の変域は (1)より，$0 \leqq y \leqq 32$

❻ (1) B$(-4,\ 12)$ は関数 $y=ax^2$ のグラフ上にあるから，$y=ax^2$ に $x=-4$，$y=12$ を代入すると，
$12=a\times(-4)^2$　　よって，$a=\dfrac{3}{4}$

(2) A の x 座標 2 を $y=\dfrac{3}{4}x^2$ に代入すると，
$y=3$　　よって，A の座標は $(2,\ 3)$
直線 AB の傾きは，$\dfrac{3-12}{2-(-4)}=-\dfrac{3}{2}$
直線 AB の式を $y=-\dfrac{3}{2}x+b$ とおき，
$x=2$，$y=3$ を代入すると，$3=-3+b$
より $b=6$

(3) $y=-\dfrac{3}{2}x+6$ に $y=0$ を代入すると，$x=4$
だから，C$(4,\ 0)$　　OC$=4$ を △OBC の底辺とすると，高さは $12-0=12$
よって，△OBC$=\dfrac{1}{2}\times4\times12=24$

(4) P$\left(t,\ \dfrac{3}{4}t^2\right)$ $(t>0)$ とすると，PQ$=2t$，
PR$=\dfrac{3}{4}t^2$ だから，$2t=\dfrac{3}{4}t^2$
これを解くと，$t=0$，$t=\dfrac{8}{3}$
$t>0$ より，$t=\dfrac{8}{3}$

❼ (1) 50 cm の料金は，60 cm までの料金になるので，グラフから $y=600$

(2) 端の点をふくむ場合が・なので，グラフから $y=800$

5章　相似と比

p.62〜63　ステージ1

❶ イとエ，ウとオ

❷ (1)　辺 DF　　　　　　　(2)　∠B

　(3)　△ABC ∽ △DEF　　(4)　3 : 2

　(5)　EF = 10 cm，AC = 18 cm

❸ (1)

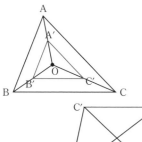

　(2)

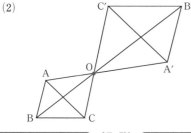

━━━━ 解　説 ━━━━

❶ 拡大または縮小した図形は，大きさはちがうが形が同じである。

　図形イは，図形エを2倍に拡大した図形である。

　（エはイを $\frac{1}{2}$ 倍に縮小した図形）

　図形オは，図形ウを2倍に拡大した図形である。

　（ウはオを $\frac{1}{2}$ 倍に縮小した図形）

❷ (3)　記号 ∽ を使って表すときは，頂点は対応する順に書く。

　(4)　相似比は，対応する辺の比に等しいので，
　　AB : DE = 12 : 8 = 3 : 2

　(5)　EF = x cm とすると，15 : x = 3 : 2
　　$3x = 30$　　$x = 10$　　よって，10 cm
　　AC = y cm とすると，y : 12 = 3 : 2
　　$2y = 36$　　$y = 18$
　　よって，18 cm

> $a : b = c : d$
> ならば
> $ad = bc$

ポイント

相似な図形では，対応する線分の比はすべて等しい。

❸ (1)　点 O を相似の中心として
　　OA : OA′ = OB : OB′ = OC : OC′ = 2 : 1
　　となるように，A′，B′，C′ を決める。

p.64〜65　ステージ1

❶ ①と⑦　3組の辺の比がすべて等しい。

　④と⑤　2組の角がそれぞれ等しい。

　⑥と⑧　2組の辺の比が等しく，その間の角が等しい。

❷ (1)　△ABC ∽ △AED
　　2組の角がそれぞれ等しい。

　(2)　△ABC ∽ △AED
　　2組の辺の比が等しく，その間の角が等しい。

❸ 〈仮定〉AB = 10 cm，AC = 8 cm，
　　　　　AD = 4 cm，AE = 5 cm
　〈結論〉△ABC ∽ △AED
　〈証明〉△ABC と △AED で，仮定から，
　　AB : AE = 10 : 5 = 2 : 1　……①
　　AC : AD = 8 : 4 = 2 : 1　……②
　　共通な角だから，∠BAC = ∠EAD　……③
　　①，②，③から，2組の辺の比が等しく，その間の角が等しいので，
　　　　△ABC ∽ △AED

━━━━ 解　説 ━━━━

❶ ①と⑦ ; 12 : 9 = 10 : 7.5 = 8 : 6 = 4 : 3 より，
　　　　3組の辺の比がすべて等しい。

　④と⑤ ; **ミス注意!** 三角形の内角の和は180°
　　　　④の残りの角は，180° − (67° + 63°) = 50°
　　　　よって，2組の角がそれぞれ等しい。

　⑥と⑧ ; 9 : 6 = 6 : 4 = 3 : 2
　　　　よって，2組の辺の比が等しく，その間の角が等しい。

❷ (1)　共通な角だから，∠BAC = ∠EAD
　　　∠ABC = ∠AED = 50°

　(2)　AB : AE = 8 : 4 = 2 : 1
　　　AC : AD = 6 : 3 = 2 : 1
　　　対頂角は等しいから，∠BAC = ∠EAD

❸

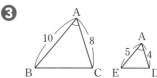

ポイント

上の図のように，対応する角や辺がわかるように，図をかいてみるとよい。

❶ ① 相似　　　② 3：2
　　③ 相似の位置　　④ 相似の中心

❷ (1)　△ABC∽△EDC
　　　2組の角がそれぞれ等しい。
　　(2)　△ABC∽△ADB
　　　2組の辺の比が等しく,その間の角が等しい。

❸ (1)　△ABCと△ADBで,
　　　仮定から, ∠ABC＝∠ADB＝90°　……①
　　　共通な角だから, ∠BAC＝∠DAB　……②
　　　①, ②から, 2組の角がそれぞれ等しいの
　　　で, △ABC∽△ADB
　　(2)　$\dfrac{12}{5}$ cm
　　(3)　△ABC, △ADB
　　(4)　4 cm

❹ △ABCと△AEDで, 仮定から,
　AB：AE＝(5＋3)：4＝2：1　……①
　AC：AD＝(4＋6)：5＝2：1　……②
　共通な角だから, ∠BAC＝∠EAD　……③
　①, ②, ③から, 2組の辺の比が等しく, そ
　の間の角が等しいので, △ABC∽△AED

❺ (1)　△AED∽△CEB
　　　2組の角がそれぞれ等しい。
　　(2)　2：5
　　(3)　25 cm

　　　• • • • • •

① (1)　90−a°
　　(2)　△ABDと△CHGで, 仮定から,
　　　∠ADB＝∠CGH＝90°　……①
　　　だから, △ABDで,
　　　∠ABD＋∠BAD＝90°　……②
　　　また,
　　　∠ACD＋∠HCG＝90°　……③
　　　△ABCは二等辺三角形だから,
　　　∠ABD＝∠ACD　……④
　　　②, ③, ④より,
　　　∠BAD＝∠HCG　……⑤
　　　①, ⑤から, 2組の角がそれぞれ等しいので,
　　　△ABD∽△CHG
　　(3)　$\dfrac{22}{5}$ cm

❷ (2)　△ABCと△ADBで,
　　AC：AB＝9：6＝3：2
　　AB：AD＝6：4＝3：2
　　∠Aは共通
　　よって, 2組の辺の比が等しく, その間の角が
　　等しいので, △ABC∽△ADB

❸ (2)　BD＝x cmとすると, CB：BD＝AC：AB
　　だから, 4：x＝5：3　　5x＝12
　　x＝$\dfrac{12}{5}$　　よって, BD＝$\dfrac{12}{5}$ cm
　　(3)　△ABC∽△ADBであり, 同じようにして,
　　　△ABC∽△BDCが証明できるから,
　　　△BDC∽△ADBである。
　　(4)　△BDC∽△ADBだから, BD＝x cmとす
　　　ると, BD：AD＝DC：DB
　　　x：2＝8：x　　x^2＝16
　　　x＞0より, x＝4　　よって, BD＝4 cm

❺ (1)　△AEDと△CEBで,
　　　AD∥BCより, 錯角が等しいから,
　　　　　∠ADE＝∠CBE
　　　(または, ∠DAE＝∠BCE)
　　　対頂角は等しいから, ∠AED＝∠CEB
　　(2)　AE：CE＝AD：CB＝AD：(2.5×AD)
　　　　　　　＝1：2.5＝10：25＝2：5
　　(3)　BE＝x cmとすると, DE：BE＝AE：CE
　　　だから, (35−x)：x＝2：5
　　　175−5x＝2x　　7x＝175　　x＝25
　　　よって, BE＝25 cm

① (1)　∠EAF＝180°−(∠AEF＋∠AFE)
　　　　　　＝180°−(a°＋90°)＝90°−a°
　　(2)　(1)が(2)の証明のヒントになっている。
　　　∠ABD＋∠BAD＝90°　……②
　　　∠ACD＋∠HCG＝90°　……③
　　　④より, ──部分が等しいから,
　　　∠BAD＝∠HCGが導かれる。
　　(3)　BD＝x cmとすると, (2)より,
　　　AB：CH＝BD：HGだから,
　　　　11：5＝x：2　　5x＝22
　　　　x＝$\dfrac{22}{5}$　　よって, BD＝$\dfrac{22}{5}$ cm

p.68〜69 ステージ1

❶ (1) $x=4$, $y=4$　　(2) $x=6$, $y=6$

　　(3) $x=4.8$, $y=\dfrac{25}{3}$　(4) $x=12$, $y=\dfrac{32}{3}$

❷ (1) BC∥DE

　　AD:DB $=5:(7.5+10)=50:175=2:7$

　　AE:EC $=8:(12.5+15.5)=8:28=2:7$

　　よって，AD:DB $=$ AE:EC が成り立つ

　　から，BC∥DE

　　(2) AC∥FD

　　BF:FA $=20:12=5:3$

　　BD:DC $=25:15=5:3$

　　よって，BF:FA $=$ BD:DC が成り立つ

　　から，AC∥FD

❸ (1) $x=6$, $y=7.5$　(2) $x=2.5$, $y=12$

　　(3) $x=15$, $y=\dfrac{15}{4}$　(4) $x=3$, $y=2.5$

━━━━━━ **解 説** ━━━━━━

❶ (1) $6:3=8:x$　　$6:(6+3)=y:6$

　　　$6x=24$　　　　　$9y=36$

　　　$x=4$　　　　　　$y=4$

　　(2) $x:12=4:8$　　$3:y=4:8$

　　　$8x=48$　　　　　$4y=24$

　　　$x=6$　　　　　　$y=6$

　　(3) $6:10=x:8$　　$6:10=5:y$

　　　$10x=48$　　　　$6y=50$

　　　$x=4.8$　　　　　$y=\dfrac{25}{3}$

　　(4) $x:18=8:12$　　$y:16=8:12$

　　　$12x=18\times8$　　$12y=16\times8$

　　　$x=12$　　　　　$y=\dfrac{32}{3}$

❷ 三角形と比の定理の逆を利用する。

　(1) AD:DF $=$ AE:EG ならば，DE∥FG…ア

　　AF:FB $=$ AG:GC ならば，FG∥BC…イ

　　であるが，ア，イは成り立たない。

❸ (2) $5:x=6:3$　　$2.5:7.5=3:(y-3)$

　　　$6x=15$　　　　$1:3=3:(y-3)$

　　　$x=2.5$　　　　$y-3=9$　　$y=12$

　　(4) $5:x=(12.8-4.8):4.8$　$3:y=4.8:4$

　　　$8x=24$　　　　　　　　$4.8y=12$

　　　$x=3$　　　　　　　　　$y=2.5$

p.70〜71 ステージ1

❶ (1) $x=24$　　　　(2) $x=50$

　　(3) $x=5$

❷ (証明)　対角線 BD をひく。

　　△ABD で，点 P，S はそれぞれ辺 AB，AD

　　の中点であるから，中点連結定理より，

　　　　PS∥BD，PS $=\dfrac{1}{2}$BD　……①

　　△CBD で，点 Q，R はそれぞれ辺 CB，CD

　　の中点であるから，中点連結定理より，

　　　　QR∥BD，QR $=\dfrac{1}{2}$BD　……②

　　①，②から，PS∥QR，PS $=$ QR

　　よって，1 組の対辺が平行で長さが等しいか

　　ら，四角形 PQRS は平行四辺形になる。

❸ (1) $x=\dfrac{10}{3}$　　　(2) $x=9$

❹ (1) $3:2$　　　　(2) $2:3$

━━━━━━ **解 説** ━━━━━━

❶ (2) MN∥BC より，平行線の同位角は等しい

　　から，∠AMN $=$ ∠ABC $=50°$ である。

ポイント

△ABC において，点 M，N はそれぞれ辺 AB，
AC の中点であるから，中点連結定理より，
MN∥BC，MN $=\dfrac{1}{2}$BC になっている。

❷ 点 P，Q，R，S は，それぞれ線分の中点であ

　　るから，中点連結定理の利用を考える。

　　対角線 BD をひいて，2 つの三角形をつくればよ

　　い。なお，対角線 AC をひいても証明できる。

❸ (1) $3:5=2:x$　　よって，$x=\dfrac{10}{3}$

　　(2) $15:10=x:(15-x)$　　$15(15-x)=10x$

　　　$25x=15\times15$　　よって，$x=9$

ポイント

∠BAD $=$ ∠CAD より，△ABC において，
AB:AC $=$ BD:CD が成り立つ。

❹ (2) △AOB，△COB の底辺をそれぞれ OA，

　　OC とみると高さが等しいから，

　　　△AOB:△COB $=$ OA:OC

　　　　　　　　　　 $=$ AD:BC

　　　　　　　　　　 $=2:3$

p.72〜73 ステージ**2**

❶ (1) $x = 1.8$, $y = 7.5$　(2) $x = 6$, $y = 9$

　(3) $x = 7$, $y = \dfrac{28}{5}$　(4) $x = 3$, $y = \dfrac{3}{2}$

　(5) $x = 3.2$, $y = 8$　(6) $x = \dfrac{32}{3}$

❷ (1) 二等辺三角形　(2) 平行四辺形

❸ (1) 仮定より，$\mathrm{AD} \parallel \mathrm{EC}$ ……①

　　平行線の同位角は等しいから，

　　　　$\angle \mathrm{BAD} = \angle \mathrm{AEC}$

　　平行線の錯角は等しいから，

　　　　$\angle \mathrm{DAC} = \angle \mathrm{ACE}$

　　仮定より，$\angle \mathrm{BAD} = \angle \mathrm{DAC}$ だから，

　　　　$\angle \mathrm{AEC} = \angle \mathrm{ACE}$

　　よって，$\triangle \mathrm{ACE}$ は二等辺三角形であり，

　　　　$\mathrm{AC} = \mathrm{AE}$ ……②

　(2) (1)の①より，$\triangle \mathrm{BCE}$ で三角形と比の定
　　理から，$\mathrm{BA} : \mathrm{AE} = \mathrm{BD} : \mathrm{DC}$ ……③

　　②，③より，$\mathrm{AB} : \mathrm{AC} = \mathrm{BD} : \mathrm{CD}$

❹ $\mathrm{DF} = 15\ \mathrm{cm}$, $\mathrm{EF} = 6\ \mathrm{cm}$

❺ $8\ \mathrm{cm}$

・・・・・・

① $\dfrac{27}{7}\ \mathrm{cm}$

② $6 : 11$

◆◆◆◆ 解 説 ◆◆◆◆

❶ (1) $x : 4.5 = 2 : 5$　　$3 : y = 2 : 5$

　(2) $(15 - x) : x = 6 : 4$　　$y : 15 = 6 : (6 + 4)$

　(3) $(x + 3) : 5 = 8 : 4$　　$(8 - y) : 4 = 3 : 5$

　(4) $x : 4.5 = 4 : 6$　　$y : (6 - y) = 1 : 3$

　(5) $4 : 10 = x : 8$

　　y を求めるには，図のように平行線をひいて，
　　左側の三角形で三角形と
　　比の定理を利用する。
　　右の図で，
　　$4 : (4 + 10) = z : (13 - 6)$
　　$4 : 14 = z : 7$ より，$z = 2$
　　よって，$y = 2 + 6 = 8$

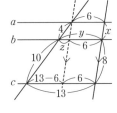

　(6) $6 : x = 3.6 : 6.4$

❷ (1) $\triangle \mathrm{ABC}$ で中点連結定理より，$\mathrm{MQ} = \dfrac{1}{2}\mathrm{AB}$

　　$\triangle \mathrm{ACD}$ で同じように，$\mathrm{PM} = \dfrac{1}{2}\mathrm{DC}$

　　$\mathrm{AB} = \mathrm{CD}$ だから，$\mathrm{MQ} = \mathrm{PM}$

　(2) $\triangle \mathrm{ACD}$ で中点連結定理より，

　　　　$\mathrm{PN} \parallel \mathrm{DC}$, $\mathrm{PN} = \dfrac{1}{2}\mathrm{DC}$

　　$\triangle \mathrm{BCD}$ で同じように，

　　　　$\mathrm{MQ} \parallel \mathrm{DC}$, $\mathrm{MQ} = \dfrac{1}{2}\mathrm{DC}$

　　よって，$\underline{\mathrm{PN} \parallel \mathrm{MQ},\ \mathrm{PN} = \mathrm{MQ}}$
　　↖1組の対辺が平行で長さが等しい。

❹ $\mathrm{AB} \parallel \mathrm{CD}$ より，

　　$\mathrm{BE} : \mathrm{EC} = \mathrm{AB} : \mathrm{CD} = 10 : 15 = 2 : 3$

　$\mathrm{EF} \parallel \mathrm{CD}$ より，$\mathrm{BE} : \mathrm{EC} = \mathrm{BF} : \mathrm{FD}$ だから，

　　$2 : 3 = (25 - \mathrm{DF}) : \mathrm{DF}$　　$\mathrm{DF} = 15\ \mathrm{cm}$

　また，$\mathrm{BE} : \mathrm{BC} = \mathrm{EF} : \mathrm{CD}$

　　$2 : (2 + 3) = \mathrm{EF} : 15$　　$\mathrm{EF} = 6\ \mathrm{cm}$

ポイント

まず，$\triangle \mathrm{ABE}$ と $\triangle \mathrm{DCE}$ で，三角形と比の定理を
利用して $\mathrm{BE} : \mathrm{CE}$ を求める。
そして，それを用いて，$\triangle \mathrm{BDC}$ でもう一度，三角
形と比の定理を利用する。

❺ $\mathrm{AD} \parallel \mathrm{EF} \parallel \mathrm{BC}$ より，線分 AC と EF の交点
を P とすると，

　　$\mathrm{DF} : \mathrm{FC} = \mathrm{AP} : \mathrm{PC} = \mathrm{AE} : \mathrm{EB} = 1 : 1$

　よって，中点連結定理より，

　　$\mathrm{EF} = \mathrm{EP} + \mathrm{PF} = \dfrac{1}{2}\mathrm{BC} + \dfrac{1}{2}\mathrm{AD}$

　　　　$= 5 + 3 = 8$ (cm)

① $\mathrm{BD} : \mathrm{DC} = \mathrm{AB} : \mathrm{AC} = 6 : 8 = 3 : 4$ だから，

　　$\mathrm{BD} = \dfrac{3}{3 + 4}\mathrm{BC} = \dfrac{3}{7} \times 9 = \dfrac{27}{7}$ (cm)

② $\triangle \mathrm{ABF}$ で，点 D, E はそれぞれ辺 AB, AF
の中点だから，中点連結定理より，$\mathrm{BF} = 2\mathrm{DE}$
$\mathrm{DE} \parallel \mathrm{HF}$ だから，$\mathrm{CH} : \mathrm{HD} = \mathrm{CF} : \mathrm{FE} = 1 : 1$
$\triangle \mathrm{CED}$ で中点連結定理より，$\mathrm{DE} = 2\mathrm{HF}$
$\mathrm{HF} = t$ とすると，$\mathrm{DE} = 2t$, $\mathrm{BF} = 4t$ で，
$\mathrm{BH} = \mathrm{BF} - \mathrm{HF} = 4t - t = 3t$
$\mathrm{DG} : \mathrm{GH} = \mathrm{DE} : \mathrm{BH} = 2 : 3$ だから，
$\triangle \mathrm{BGD} = 2a$ とすると，$\triangle \mathrm{BHG} = 3a$
$\triangle \mathrm{DBH} : \triangle \mathrm{EBF} = \mathrm{BH} : \mathrm{BF} = 3 : 4$ だから，

$\triangle \mathrm{EBF} = \dfrac{4}{3}\triangle \mathrm{DBH} = \dfrac{4}{3} \times (2a + 3a) = \dfrac{20}{3}a$

$S : T = 2a : \left(\dfrac{20}{3}a - 3a\right) = 2a : \dfrac{11}{3}a$

　　　　$= 6 : 11$

p.74〜75 ◆◆ ステージ**1**

❶ ① $5r$　　　② $9\pi r^2$　　　③ $25\pi r^2$
　④ $9:25$

❷ (1)　相似比　$4:7$　　面積の比　$16:49$
　(2)　$245\ \mathrm{cm}^2$

❸ (1)　相似比　$2:3$　　表面積の比　$4:9$
　　体積の比　$8:27$
　(2)　$63\pi\ \mathrm{cm}^2$
　(3)　$32\pi\ \mathrm{cm}^3$

❹ (1)　$5:2$　　　　　(2)　$3:4$

◆◆◆◆◆◆◆◆ 解説 ◆◆◆◆◆◆◆◆

❶ 円の面積 $=\pi\times(半径)^2$
　　$S=\pi\times(3r)^2=9\pi r^2$
　　$S'=\pi\times(5r)^2=25\pi r^2$
　よって，$S:S'=9\pi r^2:25\pi r^2=9:25$

❷ (1)　$\triangle ABC \backsim \triangle DEF$ のとき，辺 AB に対応する辺は辺 DE だから，相似比は，
　　$8:14=4:7$
　(2)　相似比が $m:n$ である 2 つの図形の面積の比は $m^2:n^2$ だから，
　　$80:\triangle DEF=4^2:7^2$　　$16\triangle DEF=80\times49$
　　　　　　　　　　　　　　$\triangle DEF=245\ \mathrm{cm}^2$

❸ (1)　相似比は高さの比を求めればよいから，
　　$8:12=2:3$
　　相似比が $m:n$ である 2 つの立体の表面積の比は $m^2:n^2$，体積の比は $m^3:n^3$ だから，
　　表面積の比　$2^2:3^2=4:9$
　　体積の比　　$2^3:3^3=8:27$
　(2)　円柱イの表面積を $S\ \mathrm{cm}^2$ とすると，
　　$28\pi:S=4:9$　　$4S=28\pi\times9$
　　$S=63\pi\ (\mathrm{cm}^2)$
　(3)　円柱アの体積を $V\ \mathrm{cm}^3$ とすると，
　　$V:108\pi=8:27$　　$27V=108\pi\times8$
　　$V=32\pi\ (\mathrm{cm}^3)$

❹ (1)　表面積の比が $25:4=5^2:2^2$ だから，
　　<u>高さの比</u>は，$5:2$
　　　↑相似比
　(2)　体積の比が $27:64=3^3:4^3$ だから，
　　<u>底面の半径の比</u>は，$3:4$
　　　↑相似比

p.76〜77 ◆◆ ステージ**1**

❶ $5\ \mathrm{m}$
❷ 約 $16.5\ \mathrm{m}$
❸ (1)　$1:2$　　　　　(2)　$840\ \mathrm{cm}^3$
❹ (1)　$x=1,\ y=1.6$　　(2)　$x=2$

◆◆◆◆◆◆◆◆ 解説 ◆◆◆◆◆◆◆◆

❶ $\triangle ACB \backsim \triangle DFE$ になるから，
　　$AB:DE=BC:EF$
　$DE=x\ \mathrm{m}$ とすると，
　　$1:x=0.8:4$　　$0.8x=4$　　$x=5$

ポイント

影でできる図形は相似になると考える。

❷ 例えば，$\triangle ABP$ の辺 PB が 6 cm の縮図を実際にかくと，辺 AB は 5 cm になる。
　　$AB:PB=5:6$
　　$AB:1800=5:6$
　　　$AB=1500\ (\mathrm{cm})$
　よって，$AB=15\ \mathrm{m}$ だから，
　ミス注意! $15+1.5=16.5\ (\mathrm{m})$　←目の高さ 1.5 m を忘れないように！

❸ (1)　容器の高さの半分のところまで水を入れたから，水が入っている部分の高さを 1 とすると，容器の高さは 2 となる。
　　よって，相似比は $1:2$
　(2)　(1)より，水が入っている部分の容積と容器の容積の比は，$1^3:2^3=1:8$
　　よって，求める水の量を $x\ \mathrm{cm}^3$ とすると，
　　$120:x=1:(8-1)$
　　　$x=840$

ポイント

水が入っている部分と入っていない部分の容積の比は，$1:(8-1)=1:7$ である。

❹ (1)　三角形の重心は，中線を $2:1$ に分けるので，
　　$2:x=2:1$　　$y:0.8=2:1$
　　$x=1$　　　　$y=1.6$
　(2)　対角線 AC をひき，BD との交点を O とする。
　　M，O はそれぞれ BC，AC の中点であるから，G は $\triangle ABC$ の重心である。
　　よって，$4:x=2:1$
　　　　　$x=2$

p.78〜79 ■■■**ステージ2**

❶ (1) 7 : 4　　　　　(2) 49 : 16

　　(3) 16 : 33

❷ (1) 2 : 3　　　　　(2) 144π cm²

　　(3) 64π cm³

❸ イの体積　$7V$ cm³，ウの体積　$19V$ cm³

❹ 約 6.7 m

❺ (1)　平行四辺形 ABCD の対角線だから，

　　　AO = CO

　　　BO = DO　……①

　　　△ABC で，AE，BO は中線で，点 P はそ

　　　の交点だから，重心である。

　　　よって，BP : PO = 2 : 1　……②

　　　同様に，点 Q は △ACD の重心であるから，

　　　DQ : QO = 2 : 1　……③

　　　①，②，③より，

　　　BP : PQ = BP : (PO + OQ) = 1 : 1

　　　同様にして，PQ : QD = 1 : 1

　　　よって，BP = PQ = QD

　　(2)　3 : 2

　　　　　　● ● ● ● ●

① (1)　3 cm　　　　　(2)　8 倍

② (1)　9 cm　　　　　(2)　$\dfrac{32}{5}$ 倍

■■■ **解説** ■■■

❶ (1)　AB : AD = (4 + 3) : 4 = 7 : 4

　　(2)　相似比が 7 : 4 より，面積の比は，

　　　　$7^2 : 4^2 = 49 : 16$

　　(3)　台形 DBCE = △ABC − △ADE より，

　　　　面積の比は，16 : (49 − 16) = 16 : 33

❷ (1)　底面の半径から，円柱ア，イの相似比は，

　　　　4 : 6 = 2 : 3

　　(2)　面積の比は，$2^2 : 3^2 = 4 : 9$

　　　　よって，円柱イの側面積を

　　　　S cm² とすると，

　　　　$64\pi : S = 4 : 9$

　　　　　　$4S = 64\pi \times 9$

　　　　　　　$S = 144\pi$ （cm²）

> 側面積の比も
> 相似比の2乗
> だよ。

　　(3)　体積の比は，$2^3 : 3^3 = 8 : 27$

　　　　よって，円柱アの体積を V cm³ とすると，

　　　　$V : 216\pi = 8 : 27$　　$27V = 216\pi \times 8$

　　　　　　　　$V = 64\pi$ （cm³）

❸ 相似比は，ア : (ア + イ) : (ア + イ + ウ)

　　　　　= 1 : (1 + 1) : (1 + 1 + 1) = 1 : 2 : 3

　　よって，体積の比は，$1^3 : 2^3 : 3^3 = 1 : 8 : 27$

　　(イの体積) = (アとイの体積) − (アの体積)

　　　　　　　= $8V − V = 7V$ （cm³）

　　(ウの体積) = (アとイとウの体積) − (アとイの体積)

　　　　　　　= $27V − 8V = 19V$ （cm³）

❹ A，B，C，D を A′，B′，C′，D′ として 100 分

　　の 1 の縮図をかいて求めると，BC = 600 cm より，

　　　B′C′ = $600 \times \dfrac{1}{100}$ = 6 （cm）

　　直線 BC と木との交点を D として，A′D′ を測る

　　と 5.2 cm となる。

　　　$5.2 \times 100 = 520$ （cm）　　520 cm = 5.2 m

　　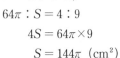 よって，5.2 + 1.5 = 6.7 （m）← 目の高さ
　　　　　　　　　　　　　　　　　　　　　　　を忘れな
　　　　　　　　　　　　　　　　　　　　　　　いこと！

❺ (2)　E，F はそれぞれ辺 BC，DC の中点なので，

　　　　中点連結定理より，EF ∥ BD

　　　　よって，PQ ∥ EF より，△AEF で，

　　　　AE : AP = EF : PQ

　　　　P は，△ABC の重心だから，

　　　　AP : PE = 2 : 1 より，

　　　　AE : AP = (2 + 1) : 2 = 3 : 2

　　　　よって，EF : PQ = 3 : 2

① (1)　水面のふちでつくる円の半径を x cm とす

　　　　ると，円錐の容器と水が入っている部分の円錐

　　　　は相似だから，$\underline{12 : 2x} = \underline{12 : 6}$　　$x = 3$

　　　　　　　　　　　↑底面の直径の比　↑高さの比

　　(2)　2 つの円錐の相似比は 2 : 1 だから，体積の

　　　　比は，$2^3 : 1^3 = 8 : 1$　　よって，8 倍。

② (1)　線分 BG は ∠ABC の二等分線だから，

　　　　∠DBG = ∠GBC

　　　　DG ∥ BC だから，∠DGB = ∠GBC　←錯角

　　　　∠DBG = ∠DGB より，△DBG は二等辺三角

　　　　形である。

　　　　AD = x cm とすると，△ADE ∽ △ABC だか

　　　　ら，$x : 12 = 2 : 8$　　$x = 3$

　　　　よって，DG = DB = 12 − 3 = 9 （cm）

　　(2)　△ADE と △ABC の相似比は 1 : 4 だから，

　　　　面積の比は，$1^2 : 4^2 = 1 : 16$

　　　　△ADE = S とすると，△ABC = $16S$

　　　　AF : FC = BA : BC = 12 : 8 = 3 : 2 だから，

　　　　△FBC = $\dfrac{2}{5}$ △ABC = $\dfrac{2}{5} \times 16S = \dfrac{32}{5}$ △ADE

1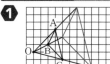

2 (1)　△AEC ∽ △BED

　　2組の辺の比が等しく,その間の角が等しい。

　(2)　△ABE ∽ △ADF

　　2組の角がそれぞれ等しい。

　(3)　△ABC ∽ △BDC

　　2組の辺の比が等しく,その間の角が等しい。

3 (1)　$x = \dfrac{15}{2}$　(2)　$x = \dfrac{7}{3}$　(3)　$x = \dfrac{48}{5}$

4 約 20.1 m（約 20 m）

5 (1)　$x = 3.3$,　$y = 8$　(2)　$x = \dfrac{27}{5}$

　(3)　$x = \dfrac{22}{5}$　　　(4)　$x = 8$,　$y = 2$

　(5)　$x = \dfrac{5}{2}$,　$y = 6$　(6)　$x = \dfrac{12}{5}$,　$y = \dfrac{9}{2}$

6 (1)　△DBF と △FCE で,正三角形の角だから,

　　∠DBF = ∠FCE = 60° ……①

　　∠BFD = 180° − ∠DFE − ∠CFE

　　　　　= 180° − 60° − ∠CFE

　　　　　= 120° − ∠CFE ……②

　　∠CEF = 180° − ∠FCE − ∠CFE

　　　　　= 180° − 60° − ∠CFE

　　　　　= 120° − ∠CFE ……③

　　②, ③より, ∠BFD = ∠CEF ……④

　　①, ④より, 2組の角がそれぞれ等しいの

　　で, △DBF ∽ △FCE

　(2)　$\dfrac{21}{2}$ cm

7 (1)　$\dfrac{175}{3}$ cm³　　(2)　$\dfrac{1600}{147}$ cm³

━━━━━━━━━━ 解説 ━━━━━━━━━━

2 (1)　AE : BE = CE : DE = 2 : 1

　　対頂角だから, ∠AEC = ∠BED

　(2)　∠AEB = ∠AFD = 90°

　　平行四辺形の対角は等しいから,

　　∠ABE = ∠ADF

　(3)　AC : BC = 18 : 12 = 3 : 2

　　BC : DC = 12 : (18 − 10) = 3 : 2

　　よって, AC : BC = BC : DC　　∠C は共通

3 (1)　AB : AD = AC : AE = 2 : 3

　　対頂角だから, ∠BAC = ∠DAE

　　2組の辺の比が等しく, その間の角が等しいの

　　で, △ABC ∽ △ADE

　　よって, 5 : x = 2 : 3　　$x = \dfrac{15}{2}$

　(2)　∠A は共通, ∠ABC = ∠ADE = 40° より,

　　2組の角がそれぞれ等しいので,

　　△ABC ∽ △ADE

　　よって, (6 + x) : 5 = (5 + 5) : 6

　　6(6 + x) = 50 より, $x = \dfrac{7}{3}$

　(3)　∠BAC = ∠BDA = 90°, ∠B は共通より,

　　2組の角がそれぞれ等しいので,

　　△ABC ∽ △DBA

　　よって, 12 : x = 15 : 12　　$x = \dfrac{48}{5}$

4 50 m = 5000 cm より, 500 分の 1 の縮図をかく

　と, 右の図のようになる。

　3.7 × 500 = 1850 (cm) = 18.5 (m)

　よって, 18.5 + 1.6 = 20.1 (m)

5 (1)　10 : 5 = 6.6 : x　　10 : (10 + 5) = y : 12

　(2)　3 : x = 5 : 9

　(3)　6 : 9 = x : (11 − x)

　(4)　6 : x = 9 : 12　　12 : 3 = 8 : y

　(5)　4 : 2 = 5 : x

　　右の図のように平行線を　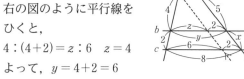

　　ひくと,

　　4 : (4 + 2) = z : 6　z = 4

　　よって, y = 4 + 2 = 6

　(6)　BE : ED = AB : DC = 6 : 4 = 3 : 2

　　x : 4 = 3 : (3 + 2)　　y : 3 = 3 : 2

6 (2)　AE = FE だから, FE を求めればよい。

　(1)で, △DBF ∽ △FCE より,

　DB : FC = DF : FE だから, 8 : 12 = 7 : FE

　FE = $\dfrac{21}{2}$ cm　　よって, AE = $\dfrac{21}{2}$ cm

⬡**ポイント**

折り曲げてできる図形は, 折り目に関して対称であ

り, 合同な図形である。

(1)では, ∠DFE = 60°, (2)では AE = FE に着目する。

7 (1)　$\dfrac{1}{3} \times 5^2 \times 7 = \dfrac{175}{3}$ （cm³）

　(2)　体積の比は, $4^3 : (4 + 3)^3 = 4^3 : 7^3$

p.82〜83 ステージ1

❶ (1) ∠APB, ∠AQB　(2) $\overset{\frown}{CB}$
　(3) ∠AQB = ∠x, ∠AOB = 2∠x

❷ (1) $x = 120$　　　　(2) $x = 20$
　(3) $x = 105$　　　　(4) $x = 50$
　(5) $x = 25$　　　　 (6) $x = 40$

❸ (1) $x = 40$　　　　 (2) $x = 25$
　(3) $x = 50$　　　　 (4) $x = 55$

■ 解説 ■

❷ (1) 中心角は円周角の2倍だから，
　　∠AOB = 2∠APB
　　　　　= 2×60° = 120°

　(2) ∠APB = $\dfrac{1}{2}$∠AOB
　　　　　= $\dfrac{1}{2}$×40° = 20°

　(3) ∠APB = $\dfrac{1}{2}$∠AOB
　　　　　= $\dfrac{1}{2}$×210° = 105°

　(4) **ミス注意!**
　　∠APB = $\dfrac{1}{2}$∠AOB
　　　　　= $\dfrac{1}{2}$×(360°−260°) = 50°

　(5) 1つの弧に対する円周角は等しいから，
　　∠AQB = ∠APB = 25°

　(6) ∠BPD = ∠BPC+∠CPD
　　　　　= ∠BAC+∠CED
　　70° = 30°+x°
　　x° = 40°

❸ (1) 半円の弧に対する円周
　　角は90°だから，
　　∠PAB
　= 180°−(90°+50°)
　= 40°

∠APB = 90°

　(3) ∠AQB = ∠APB = x°
　　だから，
　　x° = 180°−(90°+40°)
　　　　= 50°

p.84〜85 ステージ1

❶ (1) $x = 42$　　　　(2) $x = 7$
　(3) $x = 2$　　　　 (4) $x = 36$

❷ $x = 30$, $y = 60$

❸ (1) イ
　(2) ① $x = 35$　　② $x = 30$

■ 解説 ■

❶ 弧と円周角では，次の定理が成り立つ。

> 1つの円で，
> 1　等しい円周角に対する弧は等しい。
> 2　等しい弧に対する円周角は等しい。

　(1) 定理2から，x° の角に対する弧は8 cm で，
　　42° の角に対する弧の8 cm と等しいから，
　　$x = 42$

　(2) 定理1から，38° の角に対する弧は7 cm だ
　　から，$x = 7$

　(3) 1つの円で，弧の長さは，その弧に対する円
　　周角の大きさに比例するから，
　　55÷11 = 5（倍）より，
　　$x = 10÷5 = 2$

　(4) 8÷4 = 2（倍）より，$x = 18×2 = 36$

❷ 円全体の円周角は，$360° × \dfrac{1}{2} = 180°$
　$\overset{\frown}{AB}$ は円周を6つの等しい長さの弧に分けている
　1つ分だから，$x° = 180° × \dfrac{1}{6} = 30°$
　$\overset{\frown}{FD}$ は2つ分だから，$y° = 180° × \dfrac{2}{6} = 60°$

❸ (1) イは，∠BAC = ∠BDC = 90° より，4点 A,
　　B，C，D が1つの円周上にある。
　(2) ① ∠CAD = ∠CBD = 28° より，4点 A, B, C,
　　　D は1つの円周上にあり，
　　　∠ACD = ∠ABD = 35°
　　② ∠BAC = ∠BDC = 90° より，4点 A, B, C,
　　　D は1つの円周上にある。
　　　∠ACB = 180°−90°−60° = 30° だから，
　　　∠ADB = ∠ACB = 30°

p.86〜87 ステージ2

❶ (1) $x=114$, $y=57$
　(2) $x=230$, $y=115$
　(3) $x=110$　　(4) $x=55$
　(5) $x=120$　　(6) $x=48$
❷ (1) $x=14$　　(2) $x=16$
　(3) $x=24$
❸ (1) $72°$　　(2) $72°$
❹ (1) いえる。
　(2) 線分 AB を直径とする半円の弧。
❺ (1) △ABE で，三角形の内角と外角の性質
　　から，$∠ABE=100°−65°=35°$
　　よって，点 B，C は直線 AD の同じ側にあ
　　り，$∠ABD=∠ACD=35°$ なので，円周
　　角の定理の逆より，4 点 A，B，C，D は 1
　　つの円周上にある。
　(2) $x=28$

・・・・・・

① 71°
② 54°

━━━━ 解説 ━━━━

❶ (2) ミス注意！ 点 B のない側の $\overset{\frown}{AC}$ に対する
中心角は，$∠AOC=2×65°=130°$
よって，$x=360−130=230$
　(3) $∠ACB=∠ADB=43°$
△EBC で，$x=180−(27+43)=110$
　(4) OB=OC だから，△OBC は二等辺三角形で
ある。
$∠BOC=180°−2×35°=110°$
$∠BAC=\frac{1}{2}∠BOC=\frac{1}{2}×110°=55°$

ポイント
円の半径を 2 辺とする三角形は，二等辺三角形であ
るから，底角が等しい。

　(5) 2 点 A と O を結ぶと，△AOB，△AOC は
二等辺三角形だから，
　　$∠OAB=25°$，$∠OAC=35°$
よって，$∠BAC=25°+35°=60°$ より，
　　$∠BOC=2×60°=120°$
　(6) 2 点 A と D を結ぶ。
$∠BAD=\underline{90°}$ だから，←直径に対する円周角は90°

━━━ 右列 ━━━

$∠ADB=180°−90°−42°=48°$
よって，$∠ACB=∠ADB=48°$
❷ (1) $∠ADB:∠DAC=35:25=7:5$
1 つの円で，弧の長さは，その弧に対する円周
角の大きさに比例するから，
$\overset{\frown}{AB}:\overset{\frown}{CD}=7:5$ より，$x:10=7:5$
よって，$x=14$
❸ (1) 円周を 5 等分した点が A，B，C，D，E だ
から，円の中心を O とすると，$\overset{\frown}{BCD}$ に対する
中心角 $∠BOD$ は，
$∠BOD=360°÷5×2=144°$
$∠BED=\frac{1}{2}∠BOD=\frac{1}{2}×144°=72°$
　(2) 2 点 A と B を結ぶと，
$\overset{\frown}{BCD}=2\overset{\frown}{AE}=2\overset{\frown}{BC}$
より，$∠ABE=∠BAC$
$=\frac{1}{2}∠BED=36°$

△ABP において，
$∠BPC=36°+36°=72°$
←三角形の内角と外角の性質
❹ (1) $∠APB=∠ACB(=90°)$ より，4 点 A，B，
C，P は 1 つの円周上にある。
　(2) P は直線 AB について C と同じ側を動くの
で，(1)より，点 P はすべて，3 点 A，B，C を
通る円の円周上にある。$∠C=90°$ より，AB
はその円の直径で，P は直径 AB の上側を動く
から，P の動いたあとは半円の弧になる。
❺ (2) (1)より，$∠BDC=∠BAC=65°$
△BCD で，
$∠DBC=180°−65°−35°−52°=28°$
よって，$∠DAC=∠DBC=28°$

ポイント
(1)で，4 点 A，B，C，D が 1 つの円周上にあるこ
とを証明したので，(2)では，円周角の定理を利用し
て，大きさの等しい角を見つける。

① 三角形の内角と外角の関係から，
$∠ABD=73°−54°=19°$
$∠ACD=∠ABD=19°$
$∠x=∠BCD−∠ACD$
$=90°−19°=71°$
←半円の弧に対する円周角は90°

6章

② 円 O の円周の長さは,

$2\pi \times 5 = 10\pi$ （cm）

だから,

$\angle COD = 360° \times \dfrac{2\pi}{10\pi} = 72°$

$\angle CBD = \dfrac{1}{2}\angle COD = \dfrac{1}{2}\times 72° = 36°$

$\triangle ECB$ で, $\angle CED = 180° -(90°+36°) = 54°$

---

p.88〜89 ■ ステージ**1**

❶ 線分 OP は直径だから,

$\angle PAO = \angle PBO = 90°$

よって, PA, PB は円 O の接線となる。

❷

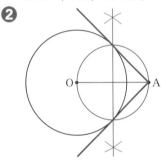

❸ (1) $\triangle PAC$ と $\triangle PDB$ で,

$\overset{\frown}{BC}$ に対する円周角だから,

$\angle PAC = \angle PDB$ ……①

$\overset{\frown}{AD}$ に対する円周角だから,

$\angle PCA = \angle PBD$ ……②

①, ②から, 2 組の角がそれぞれ等しいの

で, $\triangle PAC \backsim \triangle PDB$

(2) 3 cm

━━━ 解 説 ━━━

❷ 次の手順で作図していく。

① 2 点 A, O を結ぶ。

② 線分 OA の垂直二等分線をひき, OA の中点 M を求める。

③ M を中心とする半径 MO の円をかき, 円 O との交点をそれぞれ B, C とする。

④ A と B, A と C を結ぶ。

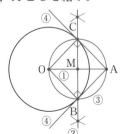

ポイント

OA は円 M の直径になっているから,

$\angle OBA = \angle OCA = 90°$ である。

$OB \perp AB$, $OC \perp AC$ より, 半直線 AB と AC は, 円 O の接線になる。

❸ (2) (1)より, $\triangle PAC \backsim \triangle PDB$

よって, PA : PD = PC : PB だから,

4.5 : PD = 3 : 2

3PD = 4.5×2

PD = 3 （cm）

相似比を利用して, 辺の長さを求めよう。

---

p.90〜91 ■ ステージ**2**

❶

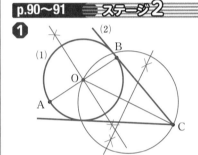

❷

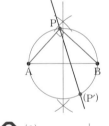

❸ (1)　　　(2)

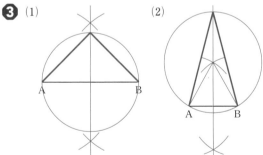

❹ (1) $\triangle PAD$ と $\triangle PBC$ で,

$\overset{\frown}{AB}$ に対する円周角だから,

$\angle ADP = \angle BCP$ ……①

$\overset{\frown}{CD}$ に対する円周角だから,

$\angle DAP = \angle CBP$ ……②

①, ②から, 2 組の角がそれぞれ等しいの

で, $\triangle PAD \backsim \triangle PBC$

(2) $\triangle QAC$ と $\triangle QBD$ で,

$\overset{\frown}{CD}$ に対する円周角だから,

∠QAC = ∠QBD ……①
共通の角だから，∠AQC = ∠BQD …②
①，②から，2組の角がそれぞれ等しいので，△QAC ∽ △QBD

(3) 3 cm

❺ △ADC と △ACE で，
$\overset{\frown}{AB} = \overset{\frown}{AC}$ より，∠ACB = ∠ADC
すなわち，∠ADC = ∠ACE ……①
共通な角だから，∠DAC = ∠CAE ……②
①，②より，2組の角がそれぞれ等しいので，
△ADC ∽ △ACE

• • • • • •

①

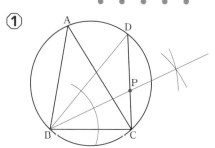

② △GAD と △GBF で，共通の角だから，
∠AGD = ∠BGF ……①
$\overset{\frown}{DE} = \overset{\frown}{EC}$ だから，
∠GBF = ∠CBD = $\dfrac{1}{2}$∠CAD = ∠EAD
= ∠GAD ……②
①，②から，2組の角がそれぞれ等しいので，
△GAD ∽ △GBF

━━━━ 解説 ━━━━

❶ (1) 線分 AB を直径とする円 O を作図するために，まず線分 AB の垂直二等分線をひいて，円 O の中心 O を求める。

(2) 点 C を通り円 O に接する接線は，接点を通る円 O の半径と垂直になる。このため，線分 OC を直径とする円 M を作図する。円 O と円 M の交点をそれぞれ D，E とすると，∠ODC = ∠OEC = 90° なので，点 D，E は円 O の接点となる。

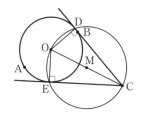

② 線分 AB を直径とする円と直線 ℓ との交点が求める点 P で，このような点は 2 つある。

ポイント

90° の角は，半円の弧に対する円周角を利用する。

❸ (1) 線分 AB を直径とする円と，その円の中心を通り，直径に垂直な直線との交点を，三角形の頂点とすればよい。

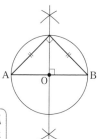

ここでも，半円の弧に対する円周角は 90° を使っているね。

(2) ①線分 AB を底辺とする正三角形を作図する。
②正三角形の頂点を中心とし，2 点 A，B を通る円をかく。
③線分 AB の垂直二等分線と円の交点を三角形の頂点とすればよい。

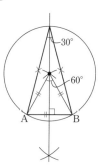

ポイント

30° の角は，中心角 60° の弧に対する円周角として，60° の角は正三角形を利用すればよい。

❹ (3) (2)より，QA : QB = QC : QD
よって，7.5 : 5 = QC : 2
5QC = 7.5×2   QC = 3 cm

❺ 等しい弧に対する円周角は等しい，という定理を利用する。

① 2 点 B，D を結ぶと，$\overset{\frown}{AD}$ に対する円周角だから，∠ABD = ∠ACD = 30°
∠DBC = ∠ABC − ∠ABD = 80°−30° = 50°
∠DBC の二等分線と線分 CD の交点を P とすると，∠CBP = 25°

p.92〜93 ステージ③

❶ (1) $x=110$ (2) $x=90$

(3) $x=35$ (4) $x=121$

(5) $x=48$ (6) $x=23$

❷ $x=48$, $y=62$, $z=97$

❸ (1) $x=36$, $y=108$

(2) $x=45$, $y=100$

❹

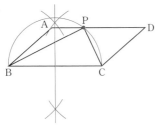

❺ A と C を結ぶ。

$\overarc{AB}=\overarc{CD}$ より，∠ACB＝∠CAD

よって，錯角が等しいから，AD∥BC

❻ △ADC と △EBC で，

仮定から，∠ACD＝∠ECB ……①

直径 BC に対する円周角だから，

∠DAC＝∠BEC＝90° ……②

①，②から，2組の角がそれぞれ等しいので，

△ADC∽△EBC

❼ A と D を結ぶ。

△ADP で，内角と外角の性質から，

∠APC＝∠ADP＋∠PAD

∠ADP は $\overarc{AC}$ に対する円周角，

∠PAD は $\overarc{BD}$ に対する円周角である。

したがって，∠APC の大きさは，

$\overarc{AC}$ に対する円周角と $\overarc{BD}$ に対する円周角の

和に等しい。

━━━━ 解説 ━━━━

❶ (2) $x°=30°+60°=90°$

よって，$x=90$

(4) 右の図において，

$\overarc{AQB}$ に対する中心角は，

∠AOB＝2∠APB

$=2×59°=118°$

$\overarc{APB}$ に対する中心角は，$360°-118°=242°$

∠AQB$=\dfrac{1}{2}×242°=121°$ よって，$x=121$

(5) 右の図において，

AB∥DC より，

∠BAC＝∠ACD＝24°

∠BOC＝2×24°＝48°

よって，$x=48$

(6) $x°=76°-53°=23°$ よって，$x=23$

❷ 右の図のように，四角形 ABCD が内接する円 O をかくと，

$x°=48°$

∠ACD＝27°

$y°=27°+35°=62°$

$z°=180°-(48°+35°)$

$=97°$

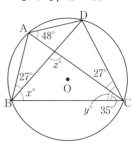

❸ (1) A〜E は円周を5等分する点だから，$\overarc{CD}$ に対する中心角は，$360°÷5=72°$

よって，$x°=\dfrac{1}{2}×72°=36°$ より，$x=36$

また，$\overarc{BAE}=2\overarc{CD}$ だから，

∠BDE＝2×36°＝72°

三角形の内角と外角の性質から，

$y°=72°+36°=108°$ よって，$y=108$

> 円周角の大きさは，弧の長さに比例する。

(2) ∠ACB＝90° であり，$\overarc{AD}=\overarc{BD}$ だから，

$x°=90°÷2=45°$ よって，$x=45$

また，∠ABC＝180°-90°-35°=55° より，

$y°=45°+55°=100°$ よって，$y=100$

得点アップのコツ

角の大きさを求める問題で，

・半円の弧に対する円周角は直角

・等しい弧に対する円周角は等しい

・三角形の1つの外角は，それととなり合わない2つの内角の和に等しい

などは，よく使う定理，性質である。必要な場面で使えるようになっておこう。

❹ 半円の弧に対する円周角は直角であることを利用して作図する。線分 BC を直径とする円と辺 AD の交点が求める点 P となる。

❼ 右の図のように，補助線 AD をひいて，△ADP をつくり考える。

7章 三平方の定理

p.94～95 **ステージ1**

❶ (1) $\dfrac{1}{2}ab$　　　　(2) 正方形，$(a-b)^2$

(3) $\triangle ABH \equiv \triangle BCE \equiv \triangle CDF \equiv \triangle DAG$

より，$HE = EF = FG = GH = a-b$ ……①

$\angle HEF = \angle EFG = \angle FGH = \angle GHE$
$= 90°$ ……②

①，②より，四角形 EFGH は1辺の長さが $a-b$ の正方形である。面積の関係は，

正方形 ABCD ＝ 正方形 EFGH＋4×△ABH

だから，$c^2 = (a-b)^2 + 4 \times \dfrac{1}{2}ab$

この式から，$a^2 + b^2 = c^2$

❷ (1) $x = 10$　　　　(2) $x = 3\sqrt{13}$

(3) $x = 4$　　　　(4) $x = 12$

(5) $x = 3$　　　　(6) $x = \sqrt{2}$

❸ イ，ウ

━━━━━ **解　説** ━━━━━

❷ (1) $x^2 = 6^2 + 8^2 = 100$
$x = 10$

(2) $x^2 = 9^2 + 6^2 = 117$
$x = \sqrt{117} = 3\sqrt{13}$

(3) $x^2 = (\sqrt{7})^2 + 3^2 = 16$
$x = 4$

(4) $x^2 = 13^2 - 5^2 = 144$
$x = 12$

(5) $x^2 = (3\sqrt{2})^2 - 3^2 = 9$
$x = 3$

(6) $x^2 = (\sqrt{10})^2 - (2\sqrt{2})^2 = 2$
$x = \sqrt{2}$

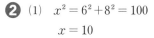

(1)と(4)は，ピタゴラス数だよ。

❸ ア　$4^2 = 16,\ 5^2 = 25,\ 6^2 = \underline{36}$　$16 + 25 = \underline{41}$

イ　$9^2 = 81,\ 40^2 = 1600,\ 41^2 = \underline{1681}$

$81 + 1600 = \underline{1681}$　よって，直角三角形。

ウ　$(\sqrt{6})^2 = 6,\ (\sqrt{7})^2 = 7,\ (\sqrt{13})^2 = \underline{13}$

$6 + 7 = \underline{13}$　よって，直角三角形。

エ　$4^2 = 16,\ 6^2 = \underline{36},\ (\sqrt{10})^2 = 10$　$16 + 10 = \underline{26}$

ポイント

斜辺はいちばん長い辺だから，$a^2 + b^2 = c^2$ の c に最も大きい値を代入し，等式が成り立つか調べる。$a^2 + b^2 = c^2$ が成り立てば，直角三角形である。

---

p.96～97 **ステージ2**

❶ 台形 ABCD の面積は，

$\dfrac{1}{2}(a+b)\times(a+b) = \dfrac{1}{2}(a^2 + 2ab + b^2)$

また，台形 ABCD を3つの直角三角形に分けると，

$\triangle ABE + \triangle AED + \triangle EBC$

$= \dfrac{1}{2}c^2 + \dfrac{1}{2}ab + \dfrac{1}{2}ab = \dfrac{1}{2}(c^2 + 2ab)$

よって，$\dfrac{1}{2}(a^2 + 2ab + b^2) = \dfrac{1}{2}(c^2 + 2ab)$

したがって，$a^2 + b^2 = c^2$

❷ (1) $\sqrt{41}$ cm　　　(2) $2\sqrt{3}$ cm

❸ (1) $x = 3\sqrt{2}$　　　(2) $x = 2\sqrt{5}$

(3) $x = 9$　　　　(4) $x = 6$

(5) $x = 2\sqrt{6}$　　　(6) $x = 2.5$

❹ (ア) 4　(イ) 5　(ウ) 25　(エ) 8　(オ) 40

❺ ア，ウ，エ

❻ (1) $\triangle ACD$，$\triangle CBD$

(2) $x = \dfrac{b^2}{c}$，$y = \dfrac{a^2}{c}$

(3) $x + y = c$ だから，(2)より，

$\dfrac{b^2}{c} + \dfrac{a^2}{c} = c$

両辺に c をかけると，$b^2 + a^2 = c^2$
よって，$a^2 + b^2 = c^2$

● ● ● ● ●

① (1) ③　　　(2) $x+2$　　　(3) $x-1$

(4) （例）辺 $\boxed{AB}$ の長さを x とすると，

$BC = x+1$，$CA = x+2$ だから，
$x^2 + (x+1)^2 = (x+2)^2$
$x^2 - 2x - 3 = 0$
$(x+1)(x-3) = 0$　　$x = -1,\ x = 3$

$x > 0$ より，$x = 3$

このとき，3辺の長さは，3，4，5
これは問題にあっている。
よって，$AB = 3$，$BC = 4$，$CA = 5$

━━━━━ **解　説** ━━━━━

❷ 求める長さを x cm とする。

(1) 求める辺は斜辺である。

$x^2 = 4^2 + 5^2 = 16 + 25 = 41$　　$x = \sqrt{41}$

(2) $x^2 + (\sqrt{3})^2 = (\sqrt{15})^2$　　$x^2 = 15 - 3 = 12$

$x = \sqrt{12} = 2\sqrt{3}$

❸ (1) $x^2 = (3\sqrt{3})^2 - 3^2 = 18$　　$x = \sqrt{18} = 3\sqrt{2}$

(2) $x^2 = (\sqrt{10})^2 + (\sqrt{10})^2 = 20$　　$x = \sqrt{20} = 2\sqrt{5}$

(3) $x^2 = 15^2 - 12^2 = 81$　　$x = 9$

(4) $x^2 = (2\sqrt{5})^2 + 4^2 = 36$　　$x = 6$

(5) $x^2 = 7^2 - 5^2 = 24$　　$x = \sqrt{24} = 2\sqrt{6}$

(6) $x^2 = (1.5)^2 + 2^2 = \left(\dfrac{3}{2}\right)^2 + \left(\dfrac{4}{2}\right)^2 = \dfrac{25}{4}$

$x = \dfrac{5}{2} = 2.5$

❺ ア　$4^2 = 16$, $(2\sqrt{5})^2 = \underline{\underline{20}}$ で, $16 < 20$ だから,

$2 < 4 < 2\sqrt{5}$　←斜辺は $2\sqrt{5}$ cm

$2^2 + 4^2 = \underline{\underline{20}}$　よって, 直角三角形。

イ　$(\sqrt{6})^2 = 6$, $(3\sqrt{2})^2 = 18$, $5^2 = \underline{\underline{25}}$ で,

$6 < 18 < 25$ だから, $\sqrt{6} < 3\sqrt{2} < 5$

$(\sqrt{6})^2 + (3\sqrt{2})^2 = \underline{\underline{24}}$

ウ　$1^2 = 1$, $2^2 = \underline{\underline{4}}$, $(\sqrt{3})^2 = 3$ で,

$1 < 3 < 4$ だから, $1 < \sqrt{3} < 2$

$1^2 + (\sqrt{3})^2 = \underline{\underline{4}}$　よって, 直角三角形。

エ　$4 < \dfrac{21}{5} < \dfrac{29}{5}$　　$4^2 + \left(\dfrac{21}{5}\right)^2 = \left(\dfrac{20}{5}\right)^2 + \left(\dfrac{21}{5}\right)^2 = \underline{\underline{\dfrac{841}{25}}}$

$\left(\dfrac{29}{5}\right)^2 = \underline{\underline{\dfrac{841}{25}}}$　　よって, 直角三角形。

ポイント

辺の長さが平方根で表されているときは, 各辺を2乗して大小関係を調べ, いちばん長い辺を斜辺とする。

❻ (2) △ABC∽△ACD より, AB:AC＝AC:AD

$c:b = b:x$ より, $cx = b^2$　　$x = \dfrac{b^2}{c}$

△ABC∽△CBD より, AB:CB＝BC:BD

$c:a = a:y$ より, $cy = a^2$　　$y = \dfrac{a^2}{c}$

① (1)　AB＜BC＜CA だから, 辺 CA が斜辺となっている三角形③を選ぶ。

(2), (3)　連続する3つの整数を3辺の長さとするから,

　　　　AB　＜　BC　＜　CA

　　　　x　　　$x+1$　　$x+2$　←AB＝x とする場合。

　　　　$x-1$　　x　　　$x+1$　←BC＝x とする場合。

(4) 別解 辺 BC の長さを x とすると,

$(x-1)^2 + x^2 = (x+1)^2$

$x^2 - 4x = 0$　　$x(x-4) = 0$

$x > 1$ より, $x = 4$

このとき, 3辺の長さは, 3, 4, 5

---

p.98〜99 ◢ステージ**1**

❶ (1)　$5\sqrt{2}$ cm　　　(2)　$\sqrt{2}\,a$ cm

(3)　$\sqrt{13}$ cm　　　(4)　$\sqrt{a^2 + b^2}$ cm

❷ (1)　$5\sqrt{3}$ cm, $25\sqrt{3}$ cm^2

(2)　$3\sqrt{5}$ cm, $6\sqrt{5}$ cm^2

❸ (1)　$x = \sqrt{2}$, $y = 2$　　(2)　$x = 4$, $y = 4\sqrt{3}$

❹ (1)　5 cm　　　(2)　$2\sqrt{10}$ cm

◆▶ 解 説 ◀◆

❶ 求める対角線の長さを x cm とすると, 三平方の定理から,

(1)　$x^2 = 5^2 + 5^2 = 50$

$x > 0$ だから, $x = 5\sqrt{2}$ （cm）

(2)　$x^2 = a^2 + a^2 = 2a^2$

$x > 0$ だから, $x = \sqrt{2}\,a$ （cm）

(3)　$x^2 = 2^2 + 3^2 = 13$

$x > 0$ だから, $x = \sqrt{13}$ （cm）

❷ (2)　右の図で三平方の定理より,

$x^2 + 2^2 = 7^2$　　$x^2 = 49 - 4 = 45$

$x > 0$ だから, $x = 3\sqrt{5}$

高さは $3\sqrt{5}$ cm で面積は,

$\dfrac{1}{2} \times 4 \times 3\sqrt{5} = 6\sqrt{5}$ （cm^2）

❸ 直角三角形の辺の比より,

(1)　$x : \sqrt{2} = 1 : 1$　　　$x = \sqrt{2}$

$\sqrt{2} : y = 1 : \sqrt{2}$　　$y = 2$

(2)　$x : 8 = 1 : 2$　　　$x = 4$

$8 : y = 2 : \sqrt{3}$　　$y = 4\sqrt{3}$

ポイント

45°, 45°, 90° の三角形　$1 : 1 : \sqrt{2}$

30°, 60°, 90° の三角形　$1 : 2 : \sqrt{3}$

で辺の長さを求める。

❹ (1)　OA＝OB より, △OAB は二等辺三角形だから, AH＝BH＝$6 \div 2 = 3$ （cm）

この円の半径を x cm とすると,

△OAH で三平方の定理より,

$x^2 = 3^2 + 4^2 = 25$

$x > 0$ だから, $x = 5$

(2)　円の接線は, 接点を通る半径に垂直だから, △OPA は直角三角形である。PA＝x cm とすると, 三平方の定理より,

$x^2 + 3^2 = 7^2$　　$x^2 = 40$

$x > 0$ だから, $x = 2\sqrt{10}$

p.100〜101 ステージ**1**

❶ (1) $5\sqrt{2}$　　　(2) $\sqrt{41}$

❷ (1) 7 cm　　(2) $10\sqrt{3}$ cm

❸ (1) $3\sqrt{2}$ cm　(2) $\sqrt{82}$ cm

　 (3) $12\sqrt{82}$ cm³　(4) $3\sqrt{91}$ cm²

　 (5) $(36+12\sqrt{91})$ cm²

❹ 体積…96π cm³，表面積…96π cm²

━━━━━ 解説 ━━━━━

❶ (1) $AB^2=\{2-(-3)\}^2+\{4-(-1)\}^2=50$
　　 ＿＿＿＿＿＿＿　＿＿＿＿＿＿
　　 x座標の差　　y座標の差

　　 $AB=5\sqrt{2}$

　 (2) $PQ^2=\{1-(-3)\}^2+\{2-(-3)\}^2=41$
　　 $PQ=\sqrt{41}$

❷ (1) 直角三角形 EFG で，$EG^2=6^2+3^2$
　　 直角三角形 AEG で，$AG^2=2^2+EG^2$
　　 　　　　　　　　　　　$=2^2+6^2+3^2=49$

　　 $AG>0$ より，$AG=7$ cm

　　 別解 直方体の対角線の公式 $\sqrt{a^2+b^2+c^2}$ に
　　 あてはめて，$\sqrt{3^2+6^2+2^2}=\sqrt{49}=7$

ポイント

縦 a，横 b，高さ c の直方体の対角線の長さは
$\sqrt{a^2+b^2+c^2}$

❸ (1) △HAB は直角二等辺三角形だから，
　　 $AH:6=1:\sqrt{2}$

　　 $AH=\dfrac{6}{\sqrt{2}}=3\sqrt{2}$ (cm)

　 (2) △OAH で三平方の定理より，
　　 $OH^2=10^2-(3\sqrt{2})^2=82$
　　 $OH>0$ であるから，$OH=\sqrt{82}$ cm

　 (3) $\dfrac{1}{3}\times6^2\times\sqrt{82}=12\sqrt{82}$ (cm³)

　 (4) △OAB は，$OA=OB$ の二等辺三角形である。
　　 右の図で三平方の定理より，
　　 $x^2=10^2-3^2=91$
　　 $x>0$ であるから，$x=\sqrt{91}$
　　 よって，△OAB の面積は，
　　 $\dfrac{1}{2}\times6\times\sqrt{91}=3\sqrt{91}$ (cm²)

　 (5) 正四角錐は，底面が正方形で，側面は 4 つの
　　 合同な二等辺三角形である。よって，表面積は，
　　 (底面積)+(側面積)＝正方形 ABCD+4×△OAB
　　 $=6^2+4\times3\sqrt{91}=36+12\sqrt{91}$ (cm²)

❹ 底面の円の半径を x cm とすると，△AOB は
直角三角形だから，$x^2=10^2-8^2=36$
$x>0$ であるから，$x=6$

円錐の体積は，$\dfrac{1}{3}\times\pi\times6^2\times8=96\pi$ (cm³)
　　　　　　　 ＿＿＿＿＿＿＿　＿
　　　　　　　 底面積　　　高さ

p.102〜103 ステージ**1**

❶ 74 m

❷ 高さ $3\sqrt{15}$ cm，面積 $21\sqrt{15}$ cm²

❸ (1) 64 cm²　　(2) $\dfrac{51\sqrt{3}}{2}$ cm²

　 (3) $32\sqrt{3}$ cm²　(4) $32\sqrt{2}$ cm²

━━━━━ 解説 ━━━━━

❶ $70^2+24^2=5476$
電卓を使って，$\sqrt{5476}$ を計算すると，
$AB=74$ m

❷ $AH=h$ cm，$BH=x$ cm とすると，
△ABH で，$h^2=12^2-x^2$ ……①
△AHC で，$h^2=16^2-(14-x)^2$ ……②
①，②より，$12^2-x^2=16^2-(14-x)^2$　$28x=84$
$x=3$　これを①に代入して，$h^2=12^2-3^2=135$
$h>0$ だから，$h=3\sqrt{15}$
よって，$AH=3\sqrt{15}$ cm

また，△ABC $=\dfrac{1}{2}\times14\times3\sqrt{15}=21\sqrt{15}$ (cm²)

❸ (1) 右の図で，
　　 $x^2=10^2-8^2=36$
　　 $x>0$ より，$x=6$
　　 台形の面積は，
　　 $\{5+(6+5)\}\times8\times\dfrac{1}{2}$
　　 $=64$ (cm²)

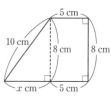

　 (3) △ABC は正三角形
　　 だから，$AC=8$ cm
　　 △ABO は 30°，60°，
　　 90° の三角形だから，
　　 $BD=2BO$
　　 　　$=2\times\sqrt{3}$ AO
　　 　　$=2\times\sqrt{3}\times4=8\sqrt{3}$ (cm)
　　 ひし形の面積は，
　　 $8\times8\sqrt{3}\times\dfrac{1}{2}=32\sqrt{3}$ (cm²)

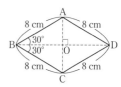

7
章

38 解答と解説

p.104～105 **ステージ2**

❶ (1) $2\sqrt{6}$ cm　　(2) $2\sqrt{3}$ cm

❷ (1) $x=2\sqrt{2}$, $y=2\sqrt{2}$

　 (2) $x=\dfrac{5\sqrt{3}}{3}$, $y=\dfrac{10\sqrt{3}}{3}$

　 (3) $x=3\sqrt{3}$, $y=3\sqrt{6}$

❸ (1) $8\sqrt{65}$ cm²　(2) 20 cm²　(3) 84 cm²

❹ 60　　❺ $4\sqrt{5}$ cm　　❻ $6\sqrt{5}$ cm

❼ (1) $3\sqrt{13}$ cm　　(2) $468\sqrt{13}\,\pi$ cm³

　 (3) 468π cm²

❽ $6\sqrt{5}$ cm

❾ (1) $90°$　　　　(2) およそ 336 km

● ● ● ● ● ●

① $\sqrt{21}$ cm

② (1) $3\sqrt{3}$ cm　　(2) $\dfrac{4\sqrt{6}}{3}$ cm

━━━━━ **解説** ━━━━━

❷ (1) $45°$, $45°$, $90°$ の直角三角形だから,
　 $x:4=1:\sqrt{2}$　　$x=2\sqrt{2}$
　 また, $y=x=2\sqrt{2}$

(2) $30°$, $60°$, $90°$ の直角三角形だから,
　 $x:5=1:\sqrt{3}$　　$x=\dfrac{5}{\sqrt{3}}=\dfrac{5\sqrt{3}}{3}$

　 $x:y=1:2$　　$y=2x=\dfrac{10\sqrt{3}}{3}$

❸ (2) 右の図のように, 正
方形と直角三角形に分け
る。直角三角形で三平方
の定理より,
$x^2=(2\sqrt{5})^2-4^2=4$
$x>0$ であるから, $x=2$
台形の面積は, $\dfrac{1}{2}\times(4+2+4)\times4=20$ (cm²)

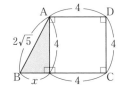

(3) 頂点 A から底辺 BC に垂線 AH をひき,
AH $=h$ cm とする。BH $=x$ cm とすると,
△ABH と △ACH で三平方の定理より,
$h^2=10^2-x^2$ …①
$h^2=17^2-(21-x)^2$ …②
①, ②より,
$10^2-x^2=17^2-(21-x)^2$
これより, $x=6$
①に $x=6$ を代入して, $h=8$
△ABC の面積は, $\dfrac{1}{2}\times21\times8=84$ (cm²)

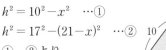

❼ (1) 切り口の円の面積が, 81π cm²$=\pi\times9^2$ (cm²)
であるから, 円の半径は 9 cm
球の半径を x cm とすると, △OPH で三平方
の定理より, $x^2=6^2+9^2=117$
$x>0$ であるから, $x=\sqrt{117}=3\sqrt{13}$

❽ 直方体の展開図は次のようになる。
進んだ距離が最も短く
なるとき, その距離は
右の展開図の線分 AH
の長さである。
$\angle AEH=90°$, AE $=6$ cm
EH $=4+4+4=12$ (cm)
△AEH で三平方の定理より,
AH²$=6^2+12^2=180$　　AH >0 であるから,
AH $=\sqrt{180}=6\sqrt{5}$ (cm)

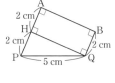

❾ (2) AB²$=(r+h)^2-r^2$ から, 電卓で計算する。

① 中心 Q から半径 AP に
垂線 QH をひくと,
AH $=$ BQ $=2$ (cm)
HP $=$ AP$-$AH $=4-2$
　 $=2$ (cm)
△PQH で三平方の定理より, QH²$=5^2-2^2=21$
QH >0 より, QH $=\sqrt{21}$ cm
AB $=$ QH $=\sqrt{21}$ (cm)

② (1) BF $=\sqrt{3}$ CF $=\sqrt{3}\times\dfrac{1}{2}$ CD $=3\sqrt{3}$ (cm)

(2) 点 A, E から △BCD に
それぞれ垂線 AH, EH′ を
下ろすと, 点 H, H′ は辺
BF 上にある。
AF $=$ BF $=3\sqrt{3}$ cm だ か
ら, FH $=x$ cm とすると,
$(3\sqrt{3})^2-x^2=6^2-(3\sqrt{3}-x)^2$
　　$6\sqrt{3}\,x=18$　　$x=\sqrt{3}$
AH²$=(3\sqrt{3})^2-(\sqrt{3})^2=24$
AH >0 より, AH $=2\sqrt{6}$ cm
AH ∥ EH′ だから, BE : BA $=$ EH′ : AH
$2:(2+1)=$ EH′ $:2\sqrt{6}$
3EH′ $=4\sqrt{6}$　　EH′ $=\dfrac{4\sqrt{6}}{3}$ cm

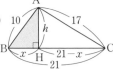

別解 点 H は △BCD の重心だから,
　 FH $=\dfrac{1}{3}$ BF $=\sqrt{3}$ (cm) としてもよい。

p.106〜107 ステージ**3**

❶ (1) $x = 25$　　(2) $x = \sqrt{2}$　　(3) $x = 6\sqrt{2}$

❷ ア，エ

❸ (1) $36\sqrt{3}$ cm² (2) $8\sqrt{3}$ cm² (3) 504 cm²

❹ (1) $4\sqrt{2}$ cm　 (2) $\dfrac{3\sqrt{2}}{2}$ cm (3) $\sqrt{77}$ cm

❺ (1) $2\sqrt{10}$ cm

　 (2) ① AB $3\sqrt{5}$，　BC $3\sqrt{5}$，　CA $3\sqrt{10}$

　　 ② ∠B $= 90°$ の直角二等辺三角形

　　 ③ $\dfrac{45}{2}$

❻ $4\sqrt{6}$ cm

❼ 体積…$\dfrac{256\sqrt{161}}{3}$ cm³，表面積…736 cm²

❽ $9\sqrt{3}$ cm

━━━━━ 解説 ━━━━━

❶ (3) △ABH は，$45°$，$45°$，$90°$ の直角三角形だから，$\underset{AB}{AH}:6 = 1:\sqrt{2}$　　$AH = 3\sqrt{2}$

△ACH は，$30°$，$60°$，$90°$ の直角三角形だから，

$\underset{AH}{3\sqrt{2}}:x = 1:2$　　$x = 6\sqrt{2}$

❸ (2) 右の図のように，点 E をとる。△ABE で三平方の定理より，

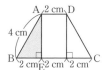

$AE^2 = 4^2 - 2^2 = 12$

$AE > 0$ であるから，$AE = 2\sqrt{3}$ cm

よって，台形 ABCD の面積は，

$\dfrac{1}{2} \times (2+6) \times 2\sqrt{3} = 8\sqrt{3}$ （cm²）

(3) $h^2 = 26^2 - x^2$ ……①

$h^2 = 40^2 - (42-x)^2$ ……②

①，②より，

$26^2 - x^2 = 40^2 - (42-x)^2$

これより，$x = 10$

①に $x = 10$ を代入して，$h^2 = 26^2 - 10^2 = 576$

$h > 0$ であるから，$h = 24$

よって，面積は，$\dfrac{1}{2} \times 42 \times 24 = 504$ （cm²）

❺ (1) △OAP で三平方の定理より，←∠OAP=90°

$PA^2 = 7^2 - 3^2 = 40$

$PA > 0$ であるから，$PA = \sqrt{40} = 2\sqrt{10}$ （cm）

(2) ① $AB^2 = \{2-(-4)\}^2 + (4-1)^2 = 45$

$BC^2 = \{-1-(-4)\}^2 + \{1-(-5)\}^2 = 45$

$CA^2 = \{2-(-1)\}^2 + \{4-(-5)\}^2 = 90$

② $CA^2 = AB^2 + BC^2$，AB $=$ BC が成り立つから，∠B $= 90°$ の直角二等辺三角形である。

③ $\dfrac{1}{2} \times \underset{AB}{3\sqrt{5}} \times \underset{BC}{3\sqrt{5}} = \dfrac{45}{2}$

❻ $OG = \dfrac{1}{2} EG = \dfrac{1}{2} \times \sqrt{2}\, EF = \dfrac{1}{2} \times \sqrt{2} \times 8 = 4\sqrt{2}$ （cm）

△COG で三平方の定理より，

$OC^2 = 8^2 + (4\sqrt{2})^2 = 96$

$OC > 0$ であるから，$OC = \sqrt{96} = 4\sqrt{6}$ （cm）

❼ △OAB で，AO:16$ = 1:\sqrt{2}$ より，AO $= 8\sqrt{2}$ cm

頂点 V から，底面に垂線 VO をひく。

正四角錐の高さを h とすると，

△VAO で三平方の定理より，

$h^2 = 17^2 - (8\sqrt{2})^2 = 161$

$h > 0$ であるから，$h = \sqrt{161}$

体積は，$\dfrac{1}{3} \times 16^2 \times \sqrt{161} = \dfrac{256\sqrt{161}}{3}$ （cm³）

次に，側面積は，△VAB×4 で求められる。

△VAB の高さを t とすると，$t^2 = 17^2 - 8^2 = 225$

$t > 0$ であるから，$t = 15$

よって，側面積は，

$\left(\dfrac{1}{2} \times 16 \times 15 \right) \times 4 = 480$ （cm²）

表面積は，（側面積）+（底面積）より，

$480 + 16^2 = 480 + 256 = 736$ （cm²）

❽ 展開図をかいて考えると，最短となるのは，弦 BC を通る場合である。

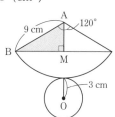

側面のおうぎ形の中心角を $x°$ とすると，

$2\pi \times 9 \times \dfrac{x}{360} = 2\pi \times 3$　←底面の円の周の長さ

$x = 120$

A から BC に垂線 AM をひくと，△ABM は，$30°$，$60°$，$90°$ の直角三角形だから，

$\underset{AB}{9}:BM = 2:\sqrt{3}$　　$BM = \dfrac{9\sqrt{3}}{2}$ cm

よって，$BC = \dfrac{9\sqrt{3}}{2} \times 2 = 9\sqrt{3}$ （cm）

ポイント

最短コースは展開図上で直線となり，おうぎ形の場合，スタート地点とゴール地点を結ぶ弦となる。

7 章

8章 標本調査

❶ (1) 全数調査　　　(2) 標本調査
　 (3) 標本調査　　　(4) 全数調査

❷ (1) A 市の 15 歳以上の人
　 (2) 無作為に選んだ A 市の 15 歳以上の人
　　 標本の大きさ…500

❸ (1) 24.3 語　　　(2) およそ 34000 語

❹ およそ 210 匹　　❺ およそ 0.3

--- 解説 ---

❶ (1) 入学希望者に行う学力検査だから，希望者全員を調べる必要がある。よって，全数調査である。
　 (2) 果物の糖度検査は，すべての果物で行ってしまうと，出荷し販売することができなくなるので，一部を調べる。よって，標本調査である。
　 (3) (2)同様に，一部を調べるから，標本調査である。
　 (4) 入出国時の金属探知機検査は，入出国者全員に行う必要がある。よって，全数調査である。

❸ (1) $\dfrac{27+16+29+18+21+42+23+15+30+22}{10}$
　　 $= 24.3$（語）
　 (2) $24.3 \times 1400 = 34020$（語）　　およそ 34000 語

❹ 池にいるコイを x 匹とすると，
　　 $x : 29 = 29 : 4$　　$x = 210.25$　　およそ 210 匹

❺ $7 \div (7+16) = 0.304\cdots$　　およそ 0.3

❶ ① 標本調査　② 母集団　③ 標本

❷ (1) ○　　(2) ×　　(3) ×

❸ (1) 60 g，52 g，59 g，56 g，58 g
　 (2) 57 g

❹ およそ 120 匹　　❺ およそ 0.081

● ● ● ● ● ●

① (1) 20 個　　　(2) ア
　 (2) 〈理由の例〉
　　 実験を 5 回行った結果の赤球と白球それぞれの個数の平均値から，標本として抽出した 60 個の球のうち白球は 20 個，赤球は 40 個である。
　　 この値をもとに推測すると，袋の中の赤

球の個数はおよそ $400 \times \dfrac{40}{20} = 800$（個）
したがって，袋の中の赤球の個数は 640個以上であると考えられる。

② イ
〈理由の例〉
母集団から無作為に選んでいるので最も適切である。

--- 解説 ---

❷ (2) 標本調査でも，例えば年齢に関係なく調査したいのに，十代の者だけを選んでしまっては，正しい推測は得られない。よって，誤りである。
　 (3) 「自分の気に入った人」を選んでは，無作為に取り出したことにはならないので，標本調査としては不適切である。よって，誤りである。

❸ (1) 番号は 1～20 までで，乱数のうち 1～20 は，04，06，10，13，01 だから，番号4，6，10，13，1 を選ぶ。
　 (2) $\dfrac{60+52+59+56+58}{5} = 57$（g）

❺ $3 \div (3+34) = 0.0810\cdots$

ポイント

あたりの割合は，$\dfrac{\text{あたりの枚数}}{\text{すべてのくじの枚数}}$ で求める。

❶ (1) 標本調査，母集団…電球全部
　 (2) イ

❷ およそ 1200 粒　　❸ およそ 230 個

❹ およそ 5800 個　　❺ およそ 18000 匹

--- 解説 ---

❷ 米びつの中に入っている米粒の数を x 粒とすると，
　　 $x : 250 = (206+54) : 54$　　$x = 1203.7\cdots$

得点アップのコツ

標本の割合を，母集団の割合と考えて，比の式をつくって解く。

❸ 袋の中に入っている赤玉の個数を x 個とすると，
　　 $2000 : x = 60 : 7$　　$x = 233.3\cdots$

❹ 袋の中に入っている白玉の個数を x 個とすると，
　　 $x : 400 = (200-13) : 13$　　$x = 5753.8\cdots$

❺ 湖にいるフナの数を x 匹とすると，
　　 $x : 742 = 143 : 6$　　$x = 17684.3\cdots$

定期テスト対策 得点アップ！予想問題

p.114〜115 第 **1** 回

1 (1) $3x^2-15xy$　　(2) $2ab+3b^2-1$

　　(3) $-10x+5y$　　(4) $-a^2+9a$

2 (1) $2x^2+x-3$

　　(2) $a^2+2ab-7a-8b+12$

　　(3) $x^2-9x+14$　　(4) x^2+x-20

　　(5) $y^2-y+\dfrac{1}{4}$　　(6) $9x^2-12xy+4y^2$

　　(7) $25x^2-81$　　(8) $16x^2+8x-15$

　　(9) $a^2+4ab+4b^2-10a-20b+25$

　　(10) $x^2-y^2+8y-16$

3 (1) x^2+16　　(2) $-4a+20$

4 (1) $2y(2x-1)$　　(2) $5a(a-2b+3)$

5 (1) $(x-2)(x-5)$　　(2) $(x+3)(x-4)$

　　(3) $(m+4)^2$　　(4) $(y+6)(y-6)$

6 (1) $6(x+2)(x-4)$　　(2) $2b(2a+1)(2a-1)$

　　(3) $(2x+3y)^2$　　(4) $(a+b-8)^2$

　　(5) $(x-4)(x-9)$

　　(6) $(x+y+1)(x-y-1)$

7 (1) 2401　　(2) 2800

8 連続する 2 つの整数を n, $n+1$ とすると，

$$(n+1)^2-n^2=n^2+2n+1-n^2$$
$$=2n+1=n+(n+1)$$

よって，連続する 2 つの整数で，大きいほうの数の 2 乗から小さいほうの数の 2 乗をひいた差は，もとの 2 つの整数の和になる。

9 3　　**10** $20\pi a+100\pi$ （cm²）

解説

1 (3) $(6xy-3y^2)\div\left(-\dfrac{3}{5}y\right)$

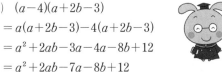

$$=(6xy-3y^2)\times\left(-\dfrac{5}{3y}\right)$$
$$=-10x+5y$$

2 (2) $(a-4)(a+2b-3)$

$$=a(a+2b-3)-4(a+2b-3)$$
$$=a^2+2ab-3a-4a-8b+12$$
$$=a^2+2ab-7a-8b+12$$

　　(5) $\left(y-\dfrac{1}{2}\right)^2=y^2-2\times\dfrac{1}{2}\times y+\left(\dfrac{1}{2}\right)^2$　←公式3

$$=y^2-y+\dfrac{1}{4}$$

　　　　　　$(x-a)^2$
$$=x^2-2ax+a^2$$

(6) $(3x-2y)^2=(3x)^2-2\times2y\times3x+(2y)^2$

$$=9x^2-12xy+4y^2$$

(9) $(a+2b-5)^2=(A-5)^2$　←$a+2b=A$ と置く。

$$=A^2-10A+25=(a+2b)^2-10(a+2b)+25$$
$$=a^2+4ab+4b^2-10a-20b+25$$

(10) $(x+y-4)(x-y+4)$　←かっこでくくって共通な因数をつくる。

$$=\{x+(y-4)\}\{x-(y-4)\}=(x+A)(x-A)$$
$$=x^2-A^2=x^2-(y-4)^2$$
$$=x^2-(y^2-8y+16)=x^2-y^2+8y-16$$

3 (1) $2x(x-3)-(x+2)(x-8)$

$$=2x^2-6x-(x^2-6x-16)=x^2+16$$

　　(2) $(a-2)^2-(a+4)(a-4)$

$$=a^2-4a+4-(a^2-16)=-4a+20$$

6 (1) $6x^2-12x-48=6(x^2-2x-8)$

$$=6(x+2)(x-4)$$

　　(2) $8a^2b-2b=2b(4a^2-1)=2b(2a+1)(2a-1)$

　　(3) $4x^2+12xy+9y^2=(2x)^2+2\times3y\times2x+(3y)^2$

$$=(2x+3y)^2$$

　　(4) $a+b=A$ と置く。

$$(a+b)^2-16(a+b)+64=A^2-16A+64$$
$$=(A-8)^2=(a+b-8)^2$$

　　(5) $x-3=A$ と置く。

$$(x-3)^2-7(x-3)+6=A^2-7A+6$$
$$=(A-1)(A-6)$$
$$=(x-3-1)(x-3-6)=(x-4)(x-9)$$

　　(6) $x^2-y^2-2y-1=x^2-(y^2+2y+1)$

$$=x^2-(y+1)^2=x^2-A^2=(x+A)(x-A)$$
$$=(x+y+1)\{x-(y+1)\}=(x+y+1)(x-y-1)$$

得点アップのコツ

因数分解の公式をそのままでは使えないとき，
・共通な因数をくくり出してから公式を使う。
・共通な部分があれば A と置いて公式を使う。
・4 項式のとき，3 項と 1 項に分けて公式を使う。
など，式の形からどの方法がよいか判断する。

9 $75=5^2\times3$ より，3 をかければよい。

このとき，$5^2\times3^2=(5\times3)^2=15^2=225$ となる。

10 小さいほうの円の半径を a cm とすると，大きいほうの円の半径は $(a+10)$ cm だから，

$$\pi(a+10)^2-\pi a^2=\pi\{(a+10)^2-a^2\}$$
$$=\pi(a^2+20a+100-a^2)=(20a+100)\pi \text{（cm²）}$$

p.116〜117 第**2**回

1 (1) ± 7　(2) 8　(3) 9　(4) 6

2 (1) $6 > \sqrt{30}$　(2) $-4 < -\sqrt{10} < -3$

(3) $\sqrt{15} < 4 < 3\sqrt{2}$

3 $\sqrt{15}$, $\sqrt{50}$

4 (1) $4\sqrt{7}$　(2) $\dfrac{\sqrt{7}}{8}$

5 (1) $\dfrac{\sqrt{6}}{3}$　(2) $\sqrt{5}$

6 (1) 173.2　(2) 0.1732

7 (1) $4\sqrt{3}$　(2) 30

(3) $\dfrac{4\sqrt{3}}{3}$　(4) $-3\sqrt{3}$

8 (1) $-\sqrt{6}$　(2) $\sqrt{5} + 7\sqrt{3}$　(3) $3\sqrt{2}$

(4) $9\sqrt{7}$　(5) $3\sqrt{3}$　(6) $\dfrac{5\sqrt{6}}{2}$

9 (1) $9 + 3\sqrt{2}$　(2) $1 + \sqrt{7}$

(3) $21 - 6\sqrt{10}$　(4) $-9\sqrt{2}$

(5) 13　(6) $13 - 5\sqrt{3}$

10 (1) 7　(2) $4\sqrt{10}$

11 (1) 8 個　(2) 2, 6, 7　(3) 3

(4) 28, 63　(5) 7　(6) $5 - 2\sqrt{5}$

◀ **解説** ▶

2 (2) $3^2 = 9$, $4^2 = 16$ より, $3 < \sqrt{10} < 4$

負の数は絶対値が大きいほど小さい。

(3) $(3\sqrt{2})^2 = 18$, $4^2 = 16$

$\sqrt{15} < \sqrt{16} < \sqrt{18}$ より, $\sqrt{15} < 4 < 3\sqrt{2}$

5 (2) $\dfrac{5\sqrt{3}}{\sqrt{15}} = \dfrac{5\sqrt{3}}{\sqrt{3} \times \sqrt{5}} = \dfrac{5}{\sqrt{5}} = \dfrac{5 \times \sqrt{5}}{\sqrt{5} \times \sqrt{5}} = \dfrac{5\sqrt{5}}{5} = \sqrt{5}$

6 (1) $\sqrt{30000} = 100\sqrt{3} = 100 \times 1.732 = 173.2$

(2) $\sqrt{0.03} = \sqrt{\dfrac{3}{100}} = \dfrac{\sqrt{3}}{10} = 1.732 \div 10 = 0.1732$

7 (3) $8 \div \sqrt{12} = \dfrac{8}{\sqrt{12}} = \dfrac{8}{2\sqrt{3}} = \dfrac{4}{\sqrt{3}} = \dfrac{4\sqrt{3}}{3}$

(4) $3\sqrt{6} \div (-\sqrt{10}) \times \sqrt{5} = -\dfrac{3\sqrt{6} \times \sqrt{5}}{\sqrt{10}}$

$= -\dfrac{3\sqrt{2} \times \sqrt{3} \times \sqrt{5}}{\sqrt{2} \times \sqrt{5}} = -3\sqrt{3}$

8 (3) $\sqrt{98} - \sqrt{50} + \sqrt{2} = 7\sqrt{2} - 5\sqrt{2} + \sqrt{2} = 3\sqrt{2}$

(4) $\sqrt{63} + 3\sqrt{28} = 3\sqrt{7} + 3 \times 2\sqrt{7} = 9\sqrt{7}$

(6) $\dfrac{18}{\sqrt{6}} - \dfrac{\sqrt{24}}{4} = \dfrac{18\sqrt{6}}{6} - \dfrac{2\sqrt{6}}{4} = 3\sqrt{6} - \dfrac{\sqrt{6}}{2}$

$= \left(3 - \dfrac{1}{2}\right)\sqrt{6} = \dfrac{5\sqrt{6}}{2}$

9 (2) $(\sqrt{7} + 3)(\sqrt{7} - 2) = (\sqrt{7})^2 + (3-2)\sqrt{7} + 3 \times (-2)$

$= 7 + \sqrt{7} - 6 = 1 + \sqrt{7}$

(3) $(\sqrt{6} - \sqrt{15})^2 = (\sqrt{6})^2 - 2 \times \sqrt{15} \times \sqrt{6} + (\sqrt{15})^2$

$= 6 - 6\sqrt{10} + 15 = 21 - 6\sqrt{10}$

(4) $\dfrac{10}{\sqrt{2}} - 2\sqrt{7} \times \sqrt{14} = 5\sqrt{2} - 14\sqrt{2} = -9\sqrt{2}$

(5) $(2\sqrt{3} + 1)^2 - \sqrt{48} = 12 + 4\sqrt{3} + 1 - 4\sqrt{3} = 13$

(6) $\sqrt{5}(\sqrt{45} - \sqrt{15}) - (\sqrt{5} - \sqrt{3})(\sqrt{5} + \sqrt{3})$

$= 15 - 5\sqrt{3} - (5-3) = 13 - 5\sqrt{3}$ ↖ $(x+a)(x-a)$ $= x^2 - a^2$

10 (1) $x^2 - 2x + 5 = x(x-2) + 5$

$= (1-\sqrt{3})\{(1-\sqrt{3}) - 2\} + 5$

$= -(1-\sqrt{3})(1+\sqrt{3}) + 5 = -(1-3) + 5 = 7$

(2) $a+b = 2\sqrt{5}$, $a-b = 2\sqrt{2}$

$a^2 - b^2 = (a+b)(a-b) = 2\sqrt{5} \times 2\sqrt{2} = 4\sqrt{10}$

11 (1) $4^2 = 16$, $(\sqrt{n})^2 = n$, $5^2 = 25$ だから,

$16 < n < 25$

n は 17, 18, 19, 20, 21, 22, 23, 24 の 8 個。

(2) n は自然数だから, $22 - 3n < 22$

よって, $\sqrt{22-3n}$ が整数になるのは, $\sqrt{0}$,

$\sqrt{1}$, $\sqrt{4}$, $\sqrt{9}$, $\sqrt{16}$ の値をとるとき。

$22 - 3n = 0$ のとき, n は整数にならない。

$22 - 3n = 1$ のとき, $n = 7$

$22 - 3n = 4$ のとき, $n = 6$

$22 - 3n = 9$ のとき, n は整数にならない。

$22 - 3n = 16$ のとき, $n = 2$

(3) $48 = 2^4 \times 3$ だから, 3 をかけると,

$2^4 \times 3 \times 3 = (2^2 \times 3)^2 = 12^2$ となる。

(4) $63 = 3^2 \times 7$ だから, $n = 7$, 7×2^2, 7×3^2,

7×4^2, $\cdots$ であれば, 根号の中の数が自然数の

2 乗になるので, $\sqrt{63n}$ は自然数になる。

$7 \times 2^2 = 28$, $7 \times 3^2 = 63$, $7 \times 4^2 = 112$, $\cdots$ だから,

2 桁の n は 28 と 63

(5) $49 < 58 < 64$ より, $7 < \sqrt{58} < 8$

よって, $\sqrt{58}$ の整数部分は 7

(6) $4 < 5 < 9$ より, $2 < \sqrt{5} < 3$ だから, $\sqrt{5}$ の

整数部分は 2 となる。よって, $a = \sqrt{5} - 2$

$a(a+2) = (\sqrt{5} - 2)(\sqrt{5} - 2 + 2)$

$= (\sqrt{5} - 2) \times \sqrt{5} = 5 - 2\sqrt{5}$

得点アップのコツ

$\sqrt{x}$ の整数部分の値は, $n^2 < x < (n+1)^2$ を満たす自然数 n を見つける。$n < \sqrt{x} < n+1$ より, $\sqrt{x}$ の整数部分は n, 小数部分は $\sqrt{x} - n$ となる。

p.118～119 ◆ 第 **3** 回 ▶

1 (1) ⑦　　　　(2) ①…36, ②…6

2 (1) $x = \pm 3$　　(2) $x = \pm \dfrac{\sqrt{6}}{5}$

(3) $x = 10,\ x = -2$　(4) $x = \dfrac{-5 \pm \sqrt{73}}{6}$

(5) $x = 4 \pm \sqrt{13}$　(6) $x = 1,\ x = \dfrac{1}{2}$

(7) $x = -4,\ x = 5$　(8) $x = 1,\ x = 14$

(9) $x = -5$　　(10) $x = 0,\ x = 12$

3 (1) $x = -8,\ x = 2$　(2) $x = \dfrac{-3 \pm \sqrt{41}}{4}$

(3) $x = 4$　　(4) $x = 2 \pm 2\sqrt{3}$

(5) $x = -5,\ x = 3$　(6) $x = -3,\ x = 2$

4 (1) $a = 3,\ b = -10$　(2) $a = -2$

5 方程式　$x^2 + (x+1)^2 = 85$

答え　$-7,\ -6$ と $6,\ 7$

6 10 cm　　　**7** 5 m

8 $(4 + \sqrt{10})$ cm, $(4 - \sqrt{10})$ cm　**9** $(4,\ 7)$

▶ 解説 ◀

1 (2) 右辺が $(x-a)^2$ の形だから, ①は, 12 の半分の 6 の 2 乗を加える。

2 (1)～(3) 平方根の考えを使って解く。

(2) $25x^2 = 6$　$x^2 = \dfrac{6}{25}$　$x = \pm \sqrt{\dfrac{6}{25}} = \pm \dfrac{\sqrt{6}}{5}$

(4)～(6) 解の公式に代入して解く。

(8)～(10) 左辺を因数分解して解く。

(10) ミス注意! $x(x-12) = 0$　$x = 0,\ x = 12$
$x = 0$ も解であることを忘れないように!

3 (1) $x^2 + 6x = 16$　$x^2 + 6x - 16 = 0$
$(x+8)(x-2) = 0$　$x = -8,\ x = 2$

(2) $4x^2 + 6x - 8 = 0$
両辺を 2 でわって, $2x^2 + 3x - 4 = 0$
$x = \dfrac{-3 \pm \sqrt{3^2 - 4 \times 2 \times (-4)}}{2 \times 2} = \dfrac{-3 \pm \sqrt{41}}{4}$

(3) $\dfrac{1}{2}x^2 = 4x - 8$　両辺に 2 をかけて,
$x^2 = 8x - 16$　$x^2 - 8x + 16 = 0$
$(x-4)^2 = 0$　$x = 4$

(4) $x^2 - 4(x+2) = 0$　$x^2 - 4x - 8 = 0$
$x = \dfrac{-(-4) \pm \sqrt{(-4)^2 - 4 \times 1 \times (-8)}}{2 \times 1}$
$= \dfrac{4 \pm \sqrt{48}}{2} = \dfrac{4 \pm 4\sqrt{3}}{2} = 2 \pm 2\sqrt{3}$

(5) $(x-2)(x+4) = 7$
$x^2 + 2x - 8 = 7$　$x^2 + 2x - 15 = 0$
$(x+5)(x-3) = 0$　$x = -5,\ x = 3$

(6) $x + 3 = A$ と置く。$A^2 = 5A$　$A^2 - 5A = 0$
$A(A-5) = 0$　$(x+3)\{(x+3)-5\} = 0$
$(x+3)(x-2) = 0$　$x = -3,\ x = 2$

4 (1) 解が 2 と -5 であるから, もとの方程式は,
$(x-2)(x+5) = 0$　$x^2 + 3x - 10 = 0$
よって, $a = 3,\ b = -10$

別解 2 が解だから, $4 + 2a + b = 0$ ……①
-5 が解だから, $25 - 5a + b = 0$ ……②
①, ②を連立方程式にして解く。

6 もとの紙の縦の長さを x cm とすると, 紙の横の長さは $2x$ cm になるから,
$2(x-4)(2x-4) = 192$　$(x-4)(x-2) = 48$
$x^2 - 6x - 40 = 0$　$(x+4)(x-10) = 0$
$x = -4,\ x = 10$
$x - 4 > 0$ より, $x > 4$ だから, $x = 10$

┌─ 得点アップのコツ ─┐

縦の長さを x cm として, 容積 = 縦×横×高さ より, x の方程式をつくる。紙の 4 隅から 1 辺が 2 cm の正方形を切り取るから, 直方体の縦の長さ $(x - 2 \times 2)$ cm, 横の長さ $(2x - 2 \times 2)$ cm となる。

7 道の幅を x m とすると,
$(30 - 2x)(40 - 2x) = 40 \times 30 \times \dfrac{1}{2}$
$(15 - x)(20 - x) = 10 \times 15$　$x^2 - 35x + 150 = 0$
$(x-5)(x-30) = 0$　$x = 5,\ x = 30$
$30 - 2x > 0$ より, $x < 15$ だから, $x = 5$

8 $BP = x$ cm のとき, △PBQ の面積が $3\ \mathrm{cm}^2$ になるとすると, $\dfrac{1}{2} \times x \times (8-x) = 3$
$x(8-x) = 6$　$x^2 - 8x + 6 = 0$　$x = 4 \pm \sqrt{10}$
$0 < x < 8$ より, $x = 4 \pm \sqrt{10}$

9 P の x 座標を p とすると, y 座標は $p+3$
$A(2p,\ 0)$ より, $OA = 2p$
OA を底辺としたときの △POA の高さは P の y 座標に等しいから, $\dfrac{1}{2} \times 2p \times (p+3) = 28$
$p(p+3) = 28$　$p^2 + 3p - 28 = 0$
$(p-4)(p+7) = 0$　$p = 4,\ p = -7$
$p > 0$ より, $p = 4$
P の y 座標は, $y = 4 + 3 = 7$

p.120～121　第**4**回

1 (1) $y=-2x^2$　　(2) $y=-18$
　　(3) $x=\pm5$

2 右の図

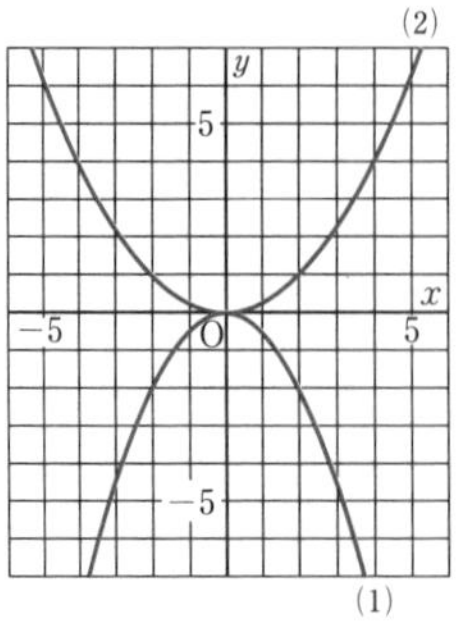

3 (1) ⑦, ⑦, ⑦
　　(2) ⑦
　　(3) ⑦, ⑦, ①
　　(4) ⑦

4 (1) $-2\leqq y\leqq6$
　　(2) $0\leqq y\leqq27$
　　(3) $-18\leqq y\leqq0$

5 (1) -2　　(2) -12　　(3) 6

6 (1) $a=-1$　　(2) $a=3,\ b=0$
　　(3) $a=3$　　(4) $a=-\dfrac{1}{2}$　　(5) $a=-\dfrac{1}{3}$

7 (1) $y=x^2$　　(2) $y=36$
　　(3) $0\leqq y\leqq100$　　(4) 5 cm

8 (1) $a=16$　　(2) $y=x+8$
　　(3) $(6,\ 9)$

▶ **解　説** ◀

1 (1) $y=ax^2$ に $x=2$, $y=-8$ を代入して，
　　$-8=a\times2^2$　　$a=-2$
　(2) $y=-2\times(-3)^2=-18$
　(3) $-50=-2x^2$　　$x^2=25$　　$x=\pm5$

3 (1) $y=ax^2$ で，$a<0$ となるもの。
　(2) $y=ax^2$ で，a の絶対値がいちばん大きいもの。
　(3) $y=ax^2$ で，$a>0$ となるもの。
　(4) $y=ax^2$ のグラフと $y=-ax^2$ のグラフが x 軸について対称になる。

4 (1) $x=-3$ のとき，$y=2\times(-3)+4=-2$
　　$x=1$ のとき，$y=2\times1+4=6$
　(2) $y=3x^2$ のグラフは上に開いていて，x の変域に 0 をふくむから，$x=0$ のとき最小となり，$y=0$　-3 と 1 では -3 のほうが絶対値が大きいから，$x=-3$ のとき最大となり，
　　$y=3\times(-3)^2=27$
　(3) $y=-2x^2$ のグラフは下に開いていて，x の変域に 0 をふくむから，$x=0$ のとき最大となり，$y=0$　また，$x=-3$ のとき最小となり，
　　$y=-2\times(-3)^2=-18$

5 (1) $y=ax+b$ の変化の割合は一定で，a
　(2) $\dfrac{2\times(-2)^2-2\times(-4)^2}{(-2)-(-4)}=\dfrac{-24}{2}=-12$

　(3) $\dfrac{-(-2)^2-\{-(-4)^2\}}{(-2)-(-4)}=\dfrac{12}{2}=6$

6 (1) x の変域に 0 をふくみ，-1 と 2 では 2 のほうが絶対値が大きいから，$x=2$ のとき $y=-4$　これを $y=ax^2$ に代入して，
　　$-4=a\times2^2$　　$4a=-4$
　(2) $x=-2$ のとき y は 18 にならないから，
　　$x=a$ のとき $y=18$　これを $y=2x^2$ に代入して，$18=2a^2$　　$-2\leqq a$ より，$a=3$
　　x の変域に 0 をふくむから，$b=0$
　(3) $\dfrac{a\times3^2-a\times1^2}{3-1}=12$　　$4a=12$
　(4) $y=-4x+2$ の変化の割合は一定で，-4
　　$\dfrac{a\times6^2-a\times2^2}{6-2}=-4$　　$8a=-4$
　(5) A の y 座標は，$y=-2\times3+3=-3$
　　$y=ax^2$ に $x=3$, $y=-3$ を代入して，
　　$-3=a\times3^2$　　$9a=-3$

7 (1) Q は P の 2 倍の速さだから，BQ$=2x$
　　$y=\dfrac{1}{2}\times2x\times x=x^2$

8 (1) $y=\dfrac{1}{4}x^2$ に $x=8$, $y=a$ を代入して，
　　$a=\dfrac{1}{4}\times8^2=16$
　(2) 直線②の式を $y=mx+n$ とおく。
　　A$(8,\ 16)$ を通るから，$16=8m+n$
　　B$(-4,\ 4)$ を通るから，$4=-4m+n$
　　これを連立方程式にして解くと，$m=1$, $n=8$
　(3) C$(0,\ 8)$ より，OC$=8$
　　$\triangle$OAB$=\triangle$OAC$+\triangle$OBC
　　　　$=\dfrac{1}{2}\times8\times8+\dfrac{1}{2}\times8\times4=48$
　　$\triangle$OBC$=16$ で，$\triangle$OAB の面積の半分より小さいから，点 P は①のグラフの O から A までの部分にある。点 P の x 座標を t とすると，
　　$\triangle$OCP$=\dfrac{1}{2}\triangle$OAB より，
　　$\dfrac{1}{2}\times8\times t=\dfrac{1}{2}\times48$　　$t=6$

得点アップの**コツ**
$\triangle$OAB の面積は，$\triangle$OAC と $\triangle$OBC の面積の和として求める。また，OC を底辺とみると高さは，それぞれ点 A，B の x 座標の絶対値となる。

定期テスト対策　予想問題

p.122〜123 ◀ 第**5**回 ▶

1 (1) 2：3　　(2) 9 cm　　(3) 115°

2 (1) △ABC ∽ △DBA
2組の角がそれぞれ等しい。
$x = 5$
(2) △ABC ∽ △EBD
2組の辺の比が等しく，その間の角が等しい。
$x = 15$

3 △ABC と △CBH で，
∠ACB ＝ ∠CHB ＝ 90°　……①
∠B は共通　……②
①，②より，2組の角がそれぞれ等しいので，
△ABC ∽ △CBH

4 (1) △PCQ　　(2) $\dfrac{8}{3}$ cm

5 (1) $x = \dfrac{24}{5}$　(2) $x = 6$　(3) $x = \dfrac{18}{5}$

6 (1) 1：1　　(2) 3倍

7 (1) $x = 9$　(2) $x = 2$　(3) $x = 10$

8 (1) $x = 6$　　(2) $x = 12$

9 (1) 20 cm²
(2) 相似比 3：4，体積の比 27：64

――――― 解説 ―――――

1 (1) 対応する辺は AB と PQ だから，相似比は，
AB：PQ ＝ 8：12 ＝ 2：3
(2) BC：QR ＝ AB：PQ より，6：QR ＝ 2：3
2QR ＝ 18　　QR ＝ 9
(3) 相似な図形の対応する角は等しいから，
∠A ＝ ∠P ＝ 70°，∠B ＝ ∠Q ＝ 100°
四角形の内角の和は 360° だから，
∠C ＝ 360°－(70°＋100°＋75°) ＝ 115°

2 (1) ∠BCA ＝ ∠BAD，∠B は共通だから，
△ABC ∽ △DBA
AB：DB ＝ BC：BA より，6：4 ＝ (4＋x)：6
4(4＋x) ＝ 36　　4＋x ＝ 9　　x ＝ 5
(2) BA：BE ＝ (18＋17)：21 ＝ 5：3
BC：BD ＝ (21＋9)：18 ＝ 5：3
よって，BA：BE ＝ BC：BD
また，∠B は共通だから，△ABC ∽ △EBD
AC：ED ＝ BA：BE より，
25：x ＝ 5：3
5x ＝ 75　　x ＝ 15

4 (1) ∠B ＝ ∠C ＝ 60°　……①
∠APC は △ABP の外角だから，
∠APC ＝ ∠B＋∠BAP ＝ 60°＋∠BAP
また，∠APC ＝ ∠APQ＋∠CPQ
　　　　　 ＝ 60°＋∠CPQ
よって，∠BAP ＝ ∠CPQ　……②
①，②より，2組の角がそれぞれ等しいので，
△ABP ∽ △PCQ
(2) PC ＝ BC－BP ＝ 12－4 ＝ 8 (cm)
(1)より △ABP ∽ △PCQ だから，
BP：CQ ＝ AB：PC
4：CQ ＝ 12：8 ＝ 3：2　　3CQ ＝ 8

得点アップのコツ

(1)の②を示すのに，∠APC の大きさを次のように2通りに表した。
　　∠APC ＝ 60°＋∠●
　　∠APC ＝ 60°＋∠■
このことから，∠● ＝ ∠■ を導いている。
このとき，三角形の内角と外角の性質や正三角形の角は 60° であることを用いている。ここで証明は問われていないが，できるようになっておこう。

5 (1) DE：BC ＝ AD：AB より，
x：8 ＝ 6：(6＋4) ＝ 3：5　　5x ＝ 24
(2) AD：DB ＝ AE：EC より，
12：x ＝ 10：(15－10) ＝ 2：1　　2x ＝ 12
別解 AD：AB ＝ AE：AC より，
12：(12＋x) ＝ 10：15　　10(12＋x) ＝ 180
12＋x ＝ 18
(3) AE：AC ＝ DE：BC より，
x：6 ＝ 6：10 ＝ 3：5　　5x ＝ 18

6 (1) △CFB で，G は辺 CF の中点，D は辺 CB の中点だから，中点連結定理より，
DG ∥ BF
△ADG で，EF ∥ DG より，
AF：FG ＝ AE：ED ＝ 1：1
(2) △ADG で，中点連結定理より，
EF ＝ $\dfrac{1}{2}$DG　　DG ＝ 2EF
△CFB で，中点連結定理より，
DG ＝ $\dfrac{1}{2}$BF　　BF ＝ 2DG
よって，BF ＝ 2×2EF ＝ 4EF
BE ＝ BF－EF ＝ 4EF－EF ＝ 3EF

三角形の2辺の中点を結ぶ線分があるときは，中点連結定理の利用を考えてみよう。

46 解答と解説

7 (1) $15 : x = 20 : 12 = 5 : 3$ $5x = 45$

(2) $x : 4 = 3 : (9-3) = 1 : 2$ $2x = 4$

(3) 右の図のように点
A〜F を定め, A を通
り DF に平行な直線を
ひいて, BE, CF との
交点をそれぞれ P, Q
とする。四角形 APED と四角形 AQFD は平
行四辺形になるから,

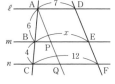

PE $=$ QF $=$ AD $= 7$

BP $= x - 7$, CQ $= 12 - 7 = 5$

△ACQ で, BP : CQ $=$ AB : AC

$(x-7) : 5 = 6 : (6+4) = 3 : 5$

$5(x-7) = 15$ $x = 10$

(3)のような問題では, 平行四辺形となるような補助
線をひいて考える。

8 (1) △ABE ∽ △DCE だから,

BE : CE $=$ AB : DC $= 10 : 15 = 2 : 3$

△BDC で, EF : CD $=$ BE : BC

$x : 15 = 2 : (2+3) = 2 : 5$ $5x = 30$

(2) AM と BD の交点を P とする。

△APD ∽ △MPB より,

DP : BP $=$ AD : MB $= 2 : 1$

DP : BD $= 2 : (1+2) = 2 : 3$

$x : 18 = 2 : 3$ $3x = 36$

9 (1) B の面積を x cm² とする。相似な図形の面
積の比は相似比の 2 乗に等しいから,

$125 : x = 5^2 : 2^2$ $125 : x = 25 : 4$

$25x = 125 \times 4$ $x = 5 \times 4$

(2) 相似な立体の表面積の比は相似比の 2 乗に等
しい。$9 : 16 = 3^2 : 4^2$ だから, P と Q の相似比
は $3 : 4$

相似な立体の体積の比は相似比の 3 乗に等しい
から, P と Q の体積の比は, $3^3 : 4^3 = 27 : 64$

相似比が $m : n$ である
・2 つの図形の面積の比は, $m^2 : n^2$
・2 つの立体の表面積の比は, $m^2 : n^2$
・2 つの立体の体積の比は, $m^3 : n^3$

---

p.124〜125 第 **6** 回

1 (1) $x = 50$ (2) $x = 52$ (3) $x = 119$

(4) $x = 90$ (5) $x = 37$ (6) $x = 35$

2 (1) $x = 70$ (2) $x = 47$ (3) $x = 60$

(4) $x = 76$ (5) $x = 32$ (6) $x = 13$

3 (1) $x = 18$ (2) $x = 30$ (3) $x = 22$

4 ∠BOC は △ABO の外角だから,

∠BAC $+ 45° = 110°$, ∠BAC $= 65°$

よって, ∠BAC $=$ ∠BDC だから, 円周角の
定理の逆より, 4 点 A, B, C, D は 1 つの
円周上にある。

5 (1)

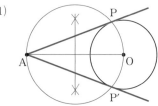

(2) $140°$

6 △BPC と △BCD で,

$\overset{\frown}{AB} = \overset{\frown}{BC}$ より, ∠PCB $=$ ∠CDB   ……①

共通な角だから, ∠PBC $=$ ∠CBD   ……②

①, ②より, 2 組の角がそれぞれ等しいので,

△BPC ∽ △BCD

▶ 解説

1 (1) ∠ACB $= \dfrac{1}{2}$∠AOB   円周角 $= \dfrac{1}{2} \times$ 中心角

$= \dfrac{1}{2} \times 100° = 50°$

(2) ∠BOC $= 2$∠BAC

$= 2 \times 26° = 52°$

(3) ミス注意 点 C のない側の $\overset{\frown}{AB}$ に対する円
周角であるから, 中心角は,

∠AOB $= 360° - 122° = 238°$

よって, ∠ACB $= \dfrac{1}{2} \times 238° = 119°$

(4) ∠BAC $= \dfrac{1}{2}$∠BOC $= \dfrac{1}{2} \times 180° = 90°$

半円の弧に対する円周角は $90°$ である。

(5) $\overset{\frown}{CD}$ の円周角だから, ∠CAD $=$ ∠CBD

よって, ∠CAD $= 37°$

(6) $\overset{\frown}{BC} = \overset{\frown}{CD}$ より, ∠BAC $=$ ∠CAD

よって, ∠BAC $= 35°$

2 (1) $\angle \text{OAB} = \angle \text{OBA} = 16°$　←△OAB は，OA＝OB の二等辺三角形。

$\angle \text{OAC} = \angle \text{OCA} = 19°$

$\angle \text{BAC} = 16° + 19° = 35°$

$\angle \text{BOC} = 2\angle \text{BAC} = 2×35° = 70°$

(2) $\angle \text{OBC} = \angle \text{OCB} = 43°$　←△OBC は，OB＝OC の二等辺三角形。

$\angle \text{BOC} = 180° - 43° × 2 = 94°$

$\angle \text{BAC} = \dfrac{1}{2}\angle \text{BOC} = \dfrac{1}{2}×94° = 47°$

(3) $\angle \text{BPC}$ は△OBP の外角だから，

$\angle \text{BOC} + 10° = 110°$　$\angle \text{BOC} = 100°$

$\angle \text{BAC} = \dfrac{1}{2}\angle \text{BOC} = \dfrac{1}{2}×100° = 50°$

$\angle \text{BPC}$ は△APC の外角でもあるから，

$\angle \text{OCA} + 50° = 110°$　$\angle \text{OCA} = 60°$

(4) $\overset{\frown}{\text{BC}}$ の円周角だから，

$\angle \text{BAC} = \angle \text{BDC} = 55°$

$\angle \text{BPC}$ は△ABP の外角だから，

$\angle \text{BPC} = 21° + 55° = 76°$

(5) AB は直径だから，$\angle \text{ACB} = 90°$

$\angle \text{BAC} = 180° - (90° + 58°) = 32°$

$\overset{\frown}{\text{BC}}$ の円周角だから，$\angle \text{BDC} = \angle \text{BAC} = 32°$

(6) $\angle \text{ABC}$ は△BPC の外角だから，

$\angle \text{ABC} = x° + 44°$

$\overset{\frown}{\text{BD}}$ の円周角だから，$\angle \text{BAD} = \angle \text{BCD} = x°$

$\angle \text{AQC}$ は△ABQ の外角だから，

$(x° + 44°) + x° = 70°$　$2x° = 26°$

得点アップのコツ♪

円の問題では，三角形の内角と外角の性質を使うことが多い。必要な場面で利用できるようになっておこう。

3 (1) $9 : x = 37 : 74$　よって，$x = 18$

(2) $24 : x = 4 : 5$　よって，$x = 30$

(3) 線分 AB は直径より，$\angle \text{APB} = 90°$

三角形の内角の和より，

$\angle \text{ABP} = 180° - (\angle \text{BAP} + \angle \text{APB})$

$= 180° - (46° + 90°) = 44°$

$x : 23 = 44 : 46$　よって，$x = 22$

5 (2) 円 O の中心と接点 P，P′ をそれぞれ結び四角形 OPAP′ をつくる。点 P，P′ は円 O の接点だから，$\angle \text{APO} = \angle \text{AP′O} = 90°$

四角形の内角の和は 360° であり，

$\angle \text{PAP′} = 40°$ より，

$\angle \text{POP′} = 360° - (40° + 90° + 90°) = 140°$

---

p.126〜127 第**7**回

1 (1) $x = \sqrt{34}$　(2) $x = 7$

(3) $x = 4\sqrt{2}$　(4) $x = 4\sqrt{3}$

2 (1) $x = \sqrt{58}$　(2) $x = 2\sqrt{13}$

(3) $x = 2\sqrt{3} + 2$

3 (1) ○　(2) ×　(3) ○　(4) ○

4 (1) $7\sqrt{2}$ cm　(2) $16\sqrt{3}$ cm²

(3) $h = 2\sqrt{15}$

5 (1) $\sqrt{58}$　(2) $6\sqrt{5}$ cm　(3) $6\sqrt{10}\,\pi$ cm³

6 (1) $9^2 - x^2 = 7^2 - (8 - x)^2$

(2) 6 cm　(3) $3\sqrt{5}$ cm

7 3 cm

8 表面積 $(32\sqrt{2} + 16)$ cm²，体積 $\dfrac{32\sqrt{7}}{3}$ cm³

9 (1) 6 cm　(2) $2\sqrt{13}$ cm　(3) 18 cm²

解　説

2 (1) $\text{AD}^2 + 4^2 = 7^2$　$\text{AD}^2 = 33$

$x^2 = \text{AD}^2 + 5^2 = 33 + 25 = 58$

(2) D から BC に垂線 DH をひく。BH = 3

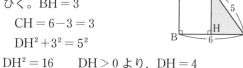

$\text{CH} = 6 - 3 = 3$

$\text{DH}^2 + 3^2 = 5^2$

$\text{DH}^2 = 16$　$\text{DH} > 0$ より，$\text{DH} = 4$

$\text{AB} = \text{DH} = 4$

$x^2 = \text{AB}^2 + \text{BC}^2 = 4^2 + 6^2 = 52$

(3) 直角三角形 ADC で，

$4 : \text{DC} = 2 : 1$　$\text{DC} = 2$

$4 : \text{AD} = 2 : \sqrt{3}$　$\text{AD} = 2\sqrt{3}$

直角三角形 ABD で，$\text{BD} = \text{AD} = 2\sqrt{3}$

$x = \text{BD} + \text{DC} = 2\sqrt{3} + 2$

4 (2) 正三角形の高さは $4\sqrt{3}$ cm

(3) $\text{BH} = 2$，$h^2 + 2^2 = 8^2$　$h^2 = 60$

5 (1) $\text{AB}^2 = \{-2 - (-5)\}^2 + \{4 - (-3)\}^2$

$= 3^2 + 7^2 = 58$

(2) O から AB に垂線 OH をひく。

$\text{AH}^2 + 6^2 = 9^2$　$\text{AH}^2 = 45$

$\text{AH} > 0$ より，$\text{AH} = 3\sqrt{5}$

$\text{AB} = 2\text{AH} = 2 × 3\sqrt{5} = 6\sqrt{5}$

(3) 円錐の高さを h cm とする。

$h^2 + 3^2 = 7^2$　$h^2 = 40$

$h > 0$ より，$h = 2\sqrt{10}$

体積は，$\dfrac{1}{3} × \pi × 3^2 × 2\sqrt{10} = 6\sqrt{10}\,\pi$ （cm³）

6 (1) 直角三角形 ABH と直角三角形 AHC で
　　　 AH^2 を 2 通りの x の式で表す。
　(2) (1)の方程式を解く。
　　　　　$81-x^2=49-64+16x-x^2$
　　　　　　$-16x=-96$　　$x=6$
　(3) $AH^2=9^2-x^2=9^2-6^2=45$

7 $BE=x$ cm とする。$AE=8-x$
　折り返したから，$EF=AE=8-x$
　直角三角形 EBF で，$x^2+4^2=(8-x)^2$
　　　$x^2+16=64-16x+x^2$　　$16x=48$　　$x=3$

8 A から BC に垂線 AP をひく。$BP=2$
　　　$AP^2+2^2=6^2$　　$AP^2=32$
　$AP>0$ より，$AP=4\sqrt{2}$
　△ABC の面積は，$\frac{1}{2}\times4\times4\sqrt{2}=8\sqrt{2}$
　表面積は，$8\sqrt{2}\times4+4\times4=32\sqrt{2}+16$
　BD と CE の交点を H とする。$BH=2\sqrt{2}$
　直角三角形 ABH で，$AH^2+(2\sqrt{2})^2=6^2$
　$AH^2=28$　　　$AH>0$ より，$AH=2\sqrt{7}$
　体積は，$\frac{1}{3}\times4^2\times2\sqrt{7}=\frac{32\sqrt{7}}{3}$

9 (1) 直角三角形 MBF で，$MF^2=2^2+4^2=20$
　　　$MF>0$ より，$MF=2\sqrt{5}$
　　　直角三角形 MFG で，
　　　$MG^2=MF^2+4^2=20+16=36$
　(2) 右の展開図で，MG の
　　　長さが求める長さ。
　　　直角三角形 MGC で，
　　　$MG^2=(4+2)^2+4^2=52$
　(3) $FH=\sqrt{2}\ FG=4\sqrt{2}$
　　　$MN=\sqrt{2}\ AM=2\sqrt{2}$
　　　M から FH に垂線 MP をひく。
　　　$FP=(4\sqrt{2}-2\sqrt{2})\div2$
　　　　　$=\sqrt{2}$
　　　直角三角形 MFP で，$MP^2+(\sqrt{2})^2=(2\sqrt{5})^2$
　　　$MP^2=18$　　$MP>0$ より，$MP=3\sqrt{2}$
　　　四角形 MFHN の面積は，
　　　$\frac{(2\sqrt{2}+4\sqrt{2})\times3\sqrt{2}}{2}=18$

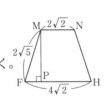

得点アップのコツ

かける糸の長さが最も短くなるときを展開図にかく
と直線になる。必要な部分の展開図をかいて考えよ
う。

---

p.128 第8回

1 (1) ×　(2) ×　(3) ○　(4) ×
2 (1) ある工場で昨日作った 5 万個の製品
　(2) 300　　　　　(3) およそ 1000 個
3 およそ 700 個
4 およそ 440 個
5 (1) およそ 15.7 語（または，16 語）
　(2) およそ 14000 語

▶ **解説** ◀

1 調査の対象となる集団全部を調査するのが全数
　調査で，集団の一部分を調査するのが標本調査で
　ある。
2 (1) 調査の対象となる集団全体が母集団。
　(2) 取り出したデータの個数が標本の大きさ。
　(3) 5 万個の製品の中にある不良品の数を x 個と
　　　すると，
　　　　$300:6=50000:x$　　$x=1000$（個）
3 袋の中の球の総数を x 個とする。印をつけた
　球の割合が，袋の中の球全体と 2 回目に取り出し
　た $4+23=27$（個）の球でほぼ等しいと考えて，
　　　　$4:27=100:x$
　　　　$4x=2700$
　　　　$x=\overset{700}{6\overline{7}5}$（個）

百の位までの概
数で答えるから，
十の位を四捨五
入するよ。

4 白い碁石の数を x 個とする。黒い碁石の割合が，
　袋の中全体の $(x+60)$ 個の碁石と抽出した 50 個
　の碁石でほぼ等しいと考えて，
　　　　$60:(x+60)=6:50$
　　　　$6(x+60)=3000$　　$x=440$（個）
　別解 袋の中の白い碁石と黒い碁石の割合が取
　　　　　り出した 50 個の碁石の中の白い碁石
　　　　　$50-6=44$（個）と黒い碁石 6 個の割合に
　　　　　ほぼ等しいと考えて，
　　　　　$60:x=6:44$
　　　　　$x=440$（個）
5 (1) $\dfrac{18+21+15+16+9+17+20+11+14+16}{10}$
　　　$=157\div10=15.7$
　(2) $15.7\times900=14\overset{000}{130}$（語）

教科書ワーク 数学 特別ふろく②

無料ダウンロード
定期テスト対策問題

こちらにアクセスして，表紙カバーについているアクセスコードを入力してご利用ください。
https://www.kyokashowork.jp/ma11.html

① 実力テスト

基本・標準・発展の3段階構成で無理なくレベルアップできる！

数学1年 | 中学教科書ワーク付録 定期テスト対策問題 文理

実力テスト 基本

1章 正負の数
❶正負の数，加法と減法

20分 / 得点 点

1 次の問いに答えなさい。 【10点×2＝20点】

(1) -4, $+0.6$, 0, -2, $+3$, $+\frac{1}{4}$, -0.6 の7つの数について，絶対値がいちばん小さい数といちばん大きい数をそれぞれ答えなさい。

小さい数 _____ 大きい数 _____

(2) 右の数を小さいほうから順に並べなさい。　-3, $+8$, 0, -9

2 次の計算をしなさい。 【10点×8＝80点】

(1) $11+(-4)$　　　(2) $-27+13$

数学1年 | 中学教科書ワーク付録 定期テスト対策問題 文理

実力テスト 標準

1章 正負の数
❶正負の数，加法と減法

25分 / 得点 点

1 次の問いに答えなさい。 【10点×2＝20点】

(1) 絶対値が3より小さい整数をすべて求めなさい。

(2) 数直線上で，-2 からの距離が5である数を求めなさい。

2 次の計算をしなさい。 【15点×5＝80点】

(1) $-6+(-15)$　　　(差がつく)(2) $-\frac{2}{5}-\left(-\frac{1}{2}\right)$

数学1年 | 中学教科書ワーク付録 定期テスト対策問題 文理

実力テスト 発展

1章 正負の数
❶正負の数，加法と減法

30分 / 得点 点

1 次の問いに答えなさい。 【20点×2＝60点】

(1) 右の数の大小を，不等号を使って表しなさい。　$-\frac{1}{2}$, $-\frac{1}{3}$, $-\frac{1}{5}$

（近畿大附広島〈東広島〉）

〜の人口の変化の，人口の変化は，

（愛知）

② 観点別評価テスト

観点別評価にも対応。苦手なところを克服しよう！

解答用紙が別だから，テストの練習になるよ。

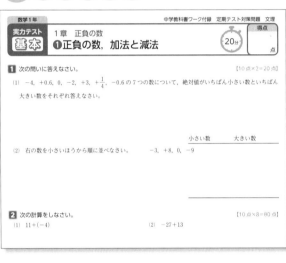

数学1年 | 中学教科書ワーク付録 定期テスト対策問題 文理

第❶回 観点別評価テスト

●答えは，別紙の解答用紙に書きなさい。 40分

1 主体的に学習に取り組む態度

次の問いに答えなさい。

(1) 交換法則や結合法則を使って正負の数の計算の順序を変えることに関して，正しいものを次から1つ選んで記号で答えなさい。

ア　正負の数の計算をするときは，計算の順序をくふうして計算しやすくできる。

イ　正負の数の加法の計算をするときだけ，計算の順序を変えてもよい。

ウ　正負の数の乗法の計算をするときだけ，計算の順序を変えてもよい。

エ　正負の数の計算をするときは，計算の順序を変えるようなことをしてはいけない。

(2) 電卓の使用に関して，正しいものを次から1つ選んで記号で答えなさい。

ア　数学や理科などの計算問題は電卓をどんどん使ったほうがよい。

イ　電卓は会社や家庭で使うものなので，学校で使ってはいけない。

ウ　電卓の利用が有効な問題のときは，先生の指示にしたがって使ってもよい。

3 思考力・判断力・表現力等

次の問いに答えなさい。

(1) 次の各組の数の大小を，不等号を使って表しなさい。

①　$-\frac{3}{4}$, $-\frac{2}{3}$　　②　$-\frac{2}{3}$, $\frac{1}{4}$, $-\frac{1}{2}$

(2) 絶対値が4より小さい整数を，小さい順に答えなさい。

(3) 次の数について，下の問いに答えなさい。

$-\frac{1}{4}$, 0, $\frac{1}{5}$, 1.70, $-\frac{13}{4}$, $\frac{7}{5}$

①　小さいほうから3番目の数を答えなさい。

②　絶対値の大きいほうから3番目の数を答えなさい。

4 思考力・判断力・表現力等

次の問いに答えなさい。

(1) 次の数量を，文字を使った式で表しなさい。

数学1年 第❶回 観点別評価テスト

解答用紙

❶ 【5点×2】　📝主体的に学習に取り組む態度

❷ 【5点×1】　📝主体的に学習に取り組む態度

❸ 【2点×5】　思考力・判断力・表現力等

❹ 【5点×1】

❺ 【5点×5】　📝知識・技能

❻ 【5点×5】

❼ 【5点×1】　📝知識・技能

❽ 【5点×5】　📝知識・技能

大問	観点	配点	評価	評価基準の目安
❶・❷	主体的に学習に取り組む態度	/25		A…20点以上 B…6〜19点 C…0〜5点
❸・❹	思考力・判断力・表現力等	/25		A…20点以上 B…6〜19点 C…0〜5点
❺〜❽	知識・技能	/50		